教育部哲学社会科学研究重大专项一般项目"坚持和完善党对生态文明建设的领导研究"（2022JZDZ018）、兰州大学人文社会科学类高水平著作出版经费资助、兰州大学教育高校思想政治工作创新发展中心系列丛书招标项目"新时代生态伦理构建研究"（LZUSZ2020002）、兰州大学中央高校基本科研业务费重点研究基地项目"中国共产党领导生态文明建设的精神力量研究"。

新时代

生态伦理研究

宫长瑞 著

人民出版社

序　言

　　生态伦理是人类处理人与自然关系的一系列道德规范,与传统意义上的伦理相比,具有扩大伦理范围、延伸伦理主体等显著特点。在生态文明建设有序开展的过程中,我国物质层面即具体化的、可视化的生态文明建设已取得重大成就,随着生态文明建设向更深层面推进,推动生态文明建设迈上新台阶的关键因素由政策保障、法制约束、科技助力等外在力量转向生态意识、道德规范、绿色理念等更具持久性的内在力量。生态伦理构建作为这一内在力量的培育载体,我们对其地位与功能的认知必须全面化、系统化。

　　党的十八大以来,以习近平同志为核心的党中央高度重视社会主义生态文明建设,坚持把生态文明建设作为统筹推进"五位一体"总体布局和协调推进"四个全面"战略布局的重要内容,在党和国家的统筹助推下,生态文明建设成效显著,在排污治污、防风固沙、绿色产业等方面取得了前所未有的成就。而在环境保护、生态治理等生态实践领域取得一系列非凡成就的同时,关于人与自然关系的理论性思考与学理性总结呼唤人类生态意识的觉醒、期盼生态伦理的重塑。习近平总书记也从可持续发展的基本途径即绿色生活方式出发,强调"加快形成绿色生活方式,要在全社会牢固树立生态文明理念,增强全民节约意识、环保意识、生态意识,培养生态道德和行为习惯,让天蓝地绿水清深入人心"①,对生态意识与生态道德培育提出了要求。基于此,新时代生态伦理构建也是生态文明建设的重要方面,且具有现实紧迫性与必要性。

生态伦理从其广义上来理解,就是指人与自然界的道德关系,通过对人与自然主体价值的阐述,明确人与自然的关系,形成人与自然属同一生命共同体、人与自然和谐共生的理念。在马克思主义的生态伦理思想中,人与自然的关系得到系统界定,即"自然界是人为了不致死亡而必须与之处于持续不断的交互作用过程的、人的身体"②,人是自然的产物,并通过作用于自然而形成人与人、人与社会间的交往与联系,自然也在人的作用下得到价值确证,正如没有人的土地只是"不毛之地";西方生态伦理思想以人类中心主义与非人类中心主义之辨为关键,展开了对人与自然关系的进一步论证,赋予自然万物以主体性与伦理性,扩展了传统伦理观的对象及其范围;中国古代生态伦理思想中的"天人合一""自然而然"表明了古老东方对人与自然关系的朴素认知;中国共产党生态伦理思想是党的历代领导人带领全国人民群众在生态文明建设实践中凝结而成的生态智慧,具有鲜明的实践性与时代性。可见,生态伦理作为阐释人与自然关系的系统学说,具有丰富而多元的理论根源。溯源进而开拓,新时代生态伦理的构建有其坚实的理论支撑。

新时代生态伦理构建是创新马克思主义生态伦理思想在新时代、新阶段的有力尝试,是以中国特色丰富生态伦理体系的全新探索。无论是对生态伦理的总体性发展,还是生态伦理学作为一门学科在我国得以创建,都具有起步晚、受西方生态伦理话语体系主导的共同特点。这与我国致力于全球生态环境改善始终承担生态文明建设的坚持者与推进者这一角色存在不完全同步性,因而在生态伦理构建中赋予其中国特色,以传统生态文化底蕴与时代创新

---

① 中共中央宣传部编:《习近平新时代中国特色社会主义思想学习纲要》,学习出版社、人民出版社 2019 年版,第 172 页。

② 《马克思恩格斯文集》第 1 卷,人民出版社 2009 年版,第 161 页。

理念丰富其基本内容与价值意蕴是新时代生态伦理构建的必然选择。此外，在人民对生态宜居家园的需要更显强烈、生态文明建设持续推进、美丽中国征途仍任重而道远等众多诉求下，构建新时代生态伦理，从伦理道德层面提升广大民众投身生态文明建设实践的意识，塑造内化于心、外化于行的生态伦理道德规范，在潜移默化中做好生态文明建设参与者、执行者的思想意识工作，能最大程度为生态文明建设积蓄动力。

本书基于新时代生态伦理构建的迫切现实要求、丰富理论渊源与长远价值功能，以生态伦理在新时代的系统构建为主题，从生态伦理的理论概述、思想渊源及新时代生态伦理的时代价值、发展现状、理论建构、实践指向六个方面展开论述，通过对新时代生态伦理构建的可能性、现实性、必要性的梳理，提升新时代生态伦理构建的内在学理性与外在实操性。总的来看，本书的突出特征主要有：第一，从思想渊源、理论概述出发对生态伦理做了总体性梳理，以坚实的理论根基与丰富的发展经验为进一步探究新时代生态伦理构建提供支撑。第二，从理论创新、精神文化、个体指引、社会实践、全球治理五个方面系统归纳了新时代生态伦理构建的时代价值，明确了新时代构建生态伦理的功能定位。第三，从理论与实践两个维度明晰了新时代生态伦理构建的主要路径，从学理基础、现实要求、基本要素、内在结构、原则遵循等角度创造性地归纳了新时代生态伦理构建的理论维度，提出了伦理精神浇灌生态伦理、伦理责任引导生态伦理、教化育人夯实生态伦理、优化环境滋养生态伦理、开发载体助力生态伦理、法律制度保障生态伦理等新时代构建生态伦理的实践路径。概括而言，本书坚持理论性与实践性相结合、学理性与大众性相统一的原则，为协调推进新时代生态伦理构建提出了相应策略。

新时代生态伦理构建作为一项具有复杂性与长期性的系统工程，学界对其的研究与发展仍处于起步阶段。加之生态伦理在我国属于新兴学科，在研究范围、研究力度等方面较其他学科略显不足，相应的研究成果也较为稀少。

由此,开展新时代生态伦理构建研究具有现实挑战性与艰巨性。再者,限于笔者的学术水平与研究能力,对新时代生态伦理构建的研究仍有诸多有待深入之处,在此诚挚希望各位读者能给予批评指正,我们定虚心采纳您的建议,并进一步完善新时代生态伦理构建研究。

目　录

第一章　生态伦理的理论概述

生态伦理作为协调人与自然、人与社会、人与人的道德规范,内涵丰富、形式多样、意蕴深远。本章将从生态伦理的基础、生态伦理的主要内容、生态伦理的基本原则、生态伦理的表现形式、生态伦理的鲜明特点、生态伦理的重要功能六个方面对生态伦理理论进行概述,力图深化人类对生态伦理的认识、唤起人类的生态意识,形成人类的生态行为,推进生态环境的保护,并以坚实的理论根基为进一步探究新时代生态伦理构建提供有力支撑。

一、生态伦理的基础

生态伦理不是凭空产生的,它既有深厚的理论基础,又有客观的现实基础,还有坚实的制度基础。意蕴深刻、逻辑严密的理论,博大精深、影响深远的文化,成效显著、严密规范的制度为生态伦理的产生奠定了坚实的理论和制度基础。自然承载力的有限性和人与自然的整体性是人类对人与自然关系的重新审视,为生态伦理奠定了深厚的现实基础。

（一）理论基础

生态伦理具有深厚的理论基础。马克思、恩格斯的生态自然观、生态经济观、生态社会观蕴含着协调人与自然、人与社会、自然与社会的关系,为生态伦理提供了理论根基。中华优秀传统文化中蕴藏着丰富的现代生态智慧,儒、释、道的生态智慧为生态伦理奠定理论基础。西方生态伦理思想缘于人类对自然关系的重新审视,其中动物解放论与动物权利论、生物中心论、生态中心主义对协调人与自然的关系具有重要的理论价值和现实意义,为生态伦理提供了一定的理论借鉴。

1. 中华优秀传统文化中的生态伦理思想

虽然生态伦理学是 20 世纪六七十年代新兴起的学科,但生态伦理思想由来已久,中华优秀传统文化中孕育着丰富的生态智慧。例如,道家"天人合一"的和谐态度、儒家"取之有度"的节约理念、佛教"尊重生命"的博爱意识等是生态智慧的有力彰显,是伦理规范的鲜明写照,是人与自然和谐相处的生动体现,蕴藏着丰富的生态智慧,包含着丰富的生态思想,为生态伦理奠定了深厚的理论根基。

道家生态伦理思想蕴藏着丰富的现代生态智慧,道家的生态伦理思想集中体现"知足知止"的消费观、"天人和谐"的环境观和"万物平等"的价值观三个方面。第一,在"知足知止"的消费观上,道家认为人类对自然资源的过度开发和生态环境的严重破坏缘于人类社会的不满足,因此,人类在消费过程中要把握度。在道家看来,人类社会的生存和发展离不开从自然界中获取生存资料和发展资料,然而人类自身的强烈的不满足带来了自然资源的浪费和自然环境的破坏,因此,世上最大的祸害缘于人类社会的不满足,因此道家强调在思想上要保持知足常乐,在行为上要坚持节制。"知止"和"知足"是实现长久生存和发展的重要手段。第二,在"天人和谐"的环境观上,在道家看来,人类与自然环境和世间万物都应保持和谐的关系,遵循天道是人类生存和发展的客观要求,人类应该顺应自然、回归自然、尊重自然以实现人与自然和谐相处。① 深刻而鲜明地呼应了"回归自然、天人合一"的自然大道。"人法地"强调人类的生产活动要以大地为法则,以尊重春生、夏长、秋收、冬藏客观存在的自然规律为前提,事物本身具有自己的发展规律,在不受外界干扰的情况下,人类要按照自然和天时来进行生产劳动活动及休养生息活动以实现人与自然的和谐发展。第三,在"万物平等"的价值观上,在道家看来,万物之间并没有高低贵贱之分,世间万物在本质上应享有一样的生存和发展的权利。道家的生态伦理思想是对人与自然关系的重新审视和思考的结果,将道德关怀扩大至生态领域中所有生命,在本质上与我国新时代人与自然和谐共生的理念是相通的,为生态伦理的产生奠定了深厚的理论基础。

儒家的生态伦理思想主要体现在"天人合一"的自然观、"用之有节"的消费观以及"仁民爱物"的社会观这三个方面。第一,在"天人合一"的自然观上,在儒家看来,"天人合一"的"天"是人类生存和发展的环境,在这个环境中人类可以能动地认识和改造人类生存和发展的环境,因此,人与自然相互联系相互作用,人与自然处于一个统一的共同体中,人类要顺应自然。第二,在"用之有节"的消费观上,儒家强调取用有节、崇尚物尽其用,提倡勤俭节约、反对铺张浪费,崇尚通过"用之有节"实现资源的合理利用和社会的可持续发展。"用之有节"侧重强调资源具有有限性,人类对资源的开发、利用要有限度。"用之有节"在本质上体现了可持续发展观念,对当前解决人类面临的环境问题具有重要的启迪作用。第三,在"仁民爱物"的社会观上,"仁"字是最能体现儒家思想的字,"仁"是儒家思想的核心,"仁"不仅体现在对待人仁爱、对待人宽容的待人之道,也体现在对待自然持尊重和保护的待物之道。儒家的"人民爱物"思想有利于协调人与自然的关系,实现自然和社会的可持续。

佛教生态伦理思想主要体现在"众生平等"的生命价值观,"万物一体"的

① 老子:《道德经》,安伦译,上海交通大学出版社 2021 年版,第 51 页。

生态自然观。在"万物一体"的生态自然观上,佛教认为人与自然之间并没有明确的划分线,人与环境在本质上是一个相辅相成、密不可分的有机统一整体,在这个统一体中事物之间存在因果关系。"万物一体"的生态自然观所认同的是有因必有果,人类对生态环境的破坏最终会受到大自然的报复,因此人类要尊重生命、善待自然。在"众生平等"的生命价值观上,佛教主张人与自然万物都是有生命的,人类不能因为具有思想和意识可以能动地改造世界而去伤害动植物的生命,大到宇宙,小到尘埃,自然界中的一切都值得尊重和保护。"众生平等"的生命价值观体现出彻底的平等观,这一观点有利于协调人与自然的关系,维系生态平衡,实现人与自然的和谐发展。佛教的生态思想体现出佛教对生命的关怀和尊重,夯实了生态伦理的理论基石。

2. 西方现代生态伦理思想

生态环境问题的严峻性和紧迫性要求人类重新审视人与自然的关系,重新反思人类的行为。随着人类对人与自然关系的不断审视和环境问题的不断反思,对人与自然关系认识的不断深化,西方的生态伦理思想在人类认识、反思、实践过程中不断丰富。其中,动物解放论与动物权利论、生物中心论以及生态中心论是西方生态伦理的重要组成部分,是新时代坚实的理论基础。

动物解放论,以彼得·辛格为代表,以功利主义、平等原则为伦理依据,动物解放论认为感觉痛快和快乐的能力不是人类所特有的,除人之外的动物也是具有感觉的生物,动物也具有感觉快乐和痛苦的能力。"在动物解放论者看来,具有感觉能力的存在物至少拥有一种利益,即体验愉快和避免痛苦的利益。"①因此,动物解放论强调人类要关心和保护动物,并试图将人类和动物看作是平等的主体。同时,动物解放论反对对动物的歧视,在动物解放论者看来,最具有代表性的动物歧视的行为是以动物为食和以动物为实验品的行为,

---

① 余谋昌、王耀先:《环境伦理学》,高等教育出版社 2004 年版,第 63 页。

因此,动物解放论倡议人类向素食主义者转变,呼吁人类拒绝食用动物,呼吁人类向素食转变以减轻对动物的歧视和动物所承受的痛苦。动物权利论以汤姆·雷根为代表,以"固有价值假定"和"平等对待原则"为理论依据。在汤姆·雷根看来,人之所以具有内在价值是因为人类是生活的主体,人作为生活的主体具有内在的价值,动物成为生活主体的品格也具有,因此,动物也是具有内在价值的,动物也应该具有被尊重,不被伤害、被保护,不被折磨的权利。动物解放论把道德关怀从人类扩大到动物,但生物中心论认为除了人类、动物还有其他生命的存在,把道德关怀仅仅扩大到人类和动物带有明显的狭隘性,因此应该把道德关怀扩大到所有生命。生物中心论以阿尔贝特·史怀泽和保尔·泰勒为代表。阿尔贝特·史怀泽提出了"敬畏生命"的伦理思想,把关怀的范围扩大至世间万物。他提出:"我们不仅与人,而且与一切存在于我们范围之内的生物发生了联系。关心它们的命运,在危难中救助它们。"[①]这意味着人类与世间万物都是息息相关的,都是相互关联的,因此,人类不能随意伤害他人的生命,也不能伤害其他物种的生命,而要敬畏生命。

生态中心论在批判和继承传统伦理学的基础上,用整体的视角看待万物,把生物中心主义中道德关怀的对象从有机个体本身扩大到整个生态系统,具有鲜明的系统性。生态中心主义以利奥波德提出的"大地伦理学"为初步形成的标志,后在霍尔姆斯·罗尔斯顿、阿恩·奈斯等人的继承和发展中不断完善,最终形成了生态中心主义论。奥尔多·利奥认为生态系统作为一个有机整体,人类应该把生态良知扩大至土壤、水、植物和动物等的大地共同体中,不仅要尊重生命本身,而且要保护整个生命共同体,奥尔多·利奥的最大贡献在于将道德关怀的对象从有机个体中解放出来。霍尔姆斯·罗尔斯顿认为自然界是有价值的,自然界是工具价值和内在价值的统一体。自然界满足了人类生存和发展的需要,就连自然界中具有评价能力的人也是大自然所创造出来

①　[法]阿尔贝特·史怀泽:《敬畏生命——五十年来的基本论述》,上海社会科学院出版社 2003 年版,第 7—8 页。

的,自然界能够创造出形形色色的有机个体,使得生态系统多姿多彩。除此之外,在霍尔姆斯·罗尔斯顿看来,有机体既从工具利用的角度来评判其他有机体和地球资源,也从内在的角度评价某些事物:它们的本身,它们的生命形式。① 霍尔姆斯·罗尔斯顿最大的贡献在于既肯定了自然的生态价值,又肯定了自然的内在价值和工具价值。阿恩·奈斯认为每个生命都享有平等生存和发展的权利,这体现出他所主张的生态中心平等,他又认为我们伤害自然界等于伤害我们自己,这体现出自我实现原则。这两条原则都表明深层生态学主张所有"生命"的平等性和生态系统的整体性,生态中心平等主义和自我实现原则都易于规范和约束人类的行为,促使人们在生产、生活中保护生态环境。

3. 马克思、恩格斯生态伦理思想

在马克思、恩格斯生活的时代,随着人类认识自然和改造自然的能力提高,人类充分发挥主观能动性改造自然,人与自然环境的矛盾加剧,环境问题日益突出,重新审视人与自然的关系是顺应时代发展的需求,回应时代发展的要求。在马克思看来,环境问题的解决需要处理好人与自然的关系、人与社会的关系、自然与社会的关系以实现人与自然的和解,人与社会的和解,其生态伦理思想主要表现在生态自然观、生态经济观和生态社会观这三个方面,为生态伦理奠定了深厚的理论基础。

马克思、恩格斯的生态自然观主要体现在协调人与自然的关系上。人与自然的关系是怎么样的以及怎样实现人与自然关系的和谐发展是马克思、恩格斯生态观所关注的焦点。在马克思、恩格斯看来,人与自然是和谐统一的有机整体,人类是从自然界中产生和发展起来的,人类是自然界的重要组成部分,人类的生存和发展离不开从自然界中获取丰富的物质资料和生存空间,离

---

① 余谋昌、雷毅、杨通进:《环境伦理学》,高等教育出版社 2019 年版,第 69 页。

开了自然,人类将无法生存。恩格斯指出:"我们连同我们的肉、血和头脑都是属于自然界和存在于自然之中的;我们对自然界的全部统治力量,就在于我们比其他一切生物强,能够认识和正确运用自然规律。"①恩格斯的这句话是对人是自然界有机组成部分的最好诠释,同时也是对人可以能动地认识世界和改造世界的有力阐释。在马克思、恩格斯看来,人类通过实践即劳动不仅把人和自然紧密地联系在一起,而且通过劳动发挥人的主观能动性能动地认识世界和改造世界。可见,人类通过实践活动对自然环境产生较大的影响,因此,马克思、恩格斯认为实现人与自然的和谐共处的关键在于人类的实践活动是否满足可持续,因此,人类的实践活动必须在尊重自然规律的基础上进行,以减轻人类对环境的破坏,协调人与自然的关系。

马克思、恩格斯的生态经济观主要体现在生产力理论和发展循环经济这两个方面。在马克思看来,自然界本身存在着天然的生产力、风力、耕地生产力、水力等就是自然界本身存在的力量,它们就是自然生产力。自然生产力本身是一种清洁的生产力,它在生产过程中可以发挥作用,一定程度上减少了其他生产力的耗费。因此,人类可以充分发挥主观能动性,合理利用自然生产力,减轻对自然环境的破坏,实现人类社会的可持续发展。自然生产力充分体现出生态之维,内含着可持续理念。虽然那时可持续理念这个专业术语还没有提出,但已经体现出来了可持续发展的理念,为生态伦理的产生奠定了理论基础。废弃物的再利用和依靠科学技术实现废弃物资源化和减量化体现出循环经济的理念。在马克思看来,生产垃圾和消费垃圾是造成生态环境破坏的主要原因,因此要通过人的行为的规范实现资源的再利用,把生产排泄降到最低。然而,科学技术是实现废弃物的减少和资源转换的重要支撑,因此,要充分利用科学技术以实现废弃物的减少和资源的转换,提高资源的利用率。

---

① 《马克思恩格斯选集》第4卷,人民出版社1995年版,第384页。

马克思、恩格斯的社会生态观主要体现在追求发展的可持续理念之中。马克思主张节约资源,要求土地、矿产等资源的利用要控制在合理的利用范围之内,通过人类对自己行为的约束和规范实现自然资源既满足当代人的需求,又满足后代人的需求。节约资源鲜明地体现出可持续发展理念。马克思、恩格斯的可持续发展观在本质上与当代社会的可持续发展理念是一致的,为生态伦理奠定了深厚的理论根基。

(二) 现实基础

人与自然是一个密不可分的整体,然而,人类可利用的资源是有限的,地球的承载力是有限的,一旦地球环境遭到破坏,在较短的时间内很难恢复,这些现实情况使人类不得不重新审视人与自然的关系,协调人与自然的关系,以还公平、美丽于自然,这为生态伦理奠定了现实之基。

1. 自然资源的有限性

我国人口基数大,人类生存和发展所需的生存资料和发展资料需求量大,然而人类可以利用的资源是有限的。人类可以利用的资源分为可再生资源和不可再生资源。首先,从表面意义上看可再生资源是人类取之不尽,用之不竭的资源。然而,可再生资源在一定的时间和空间内它的数量也是有限的。如在环境恶劣的地方,水资源、生物资源、海洋资源、农业资源、森林资源等其他资源短缺是随处可见的事。其次,不可再生资源是经历漫长的地质时期,在地球长期演化的历史过程中逐渐形成的。不可再生资源的不可再生性主要表现在两个方面,一方面,不可再生的资源用一些会少一些,不可能再重新产生。另一方面,矿藏资源如石油、煤、天然气、铁矿和铜矿等不可再生资源更新的速度远远不及人类利用的速度。不可再生资源一旦枯竭,人类可以利用的不可再生资源在短时间内很难找到。总之,可再生资源和不可再生资源都是有限的。最后,近年来,虽然我国科学技术发展速度快,在技术改进的条件下,人类依靠科学技术进步利用自然、改造自然的能力明显提高,人类通过使用科学技术可以利用的自然资源在一定程度上会有所增加,但自然资源的绝对总量不会增加。然而,科学技术是把双刃剑,人类通过利用科学技术,一定程度上人类可以利用的自然资源增加,但是由于科学技术的发展,人类改造自然界的范围不断扩大,随之带来水土流失严重、土壤肥力下降、沙尘暴肆虐、地球温度升高等环境问题。

人类作为社会历史发展的主体,生态环境治理的生力军、主力军,环境问题的严峻性以及资源的有限性对人类的行为具有强烈的预警作用,每个人都应该承担起社会责任,遵循生态道德规范,合理利用资源,把环境保护落到实处,推动资源节约型和环境友好型社会的建设。

2. 人类与自然的整体性

人与自然是密不可分,有机统一的整体,人是自然界有机的组成部分,自然界孕育着人类,人类从自然界中获取人类赖以生存的发展资料和享受资料,人类可以能动地认识世界和改造世界,人类的行为会对自然界直接或间接产生影响,自然界的变化又反作用于人类的生存和发展。因此,人类与自然是一对矛盾的统一体,人类与自然是相互联系、相互依存、相互渗透的统一整体,是生命共同体。

在马克思看来,人与自然的整体性主要体现在两个方面,第一,自然界是人类社会存在和发展的基础,人类是自然界的一部分,自然界养育着人类,人类的生存和发展离不开自然,马克思认为人类不仅从自然界获取精神食粮还从自然界获取物质食粮。马克思指出:"从理论领域来说,植物、动物、石头、空气、光等等,一方面作为自然科学的对象,一方面作为艺术的对象,都是人的意识的一部分,是人的精神的无机界,是人必须事先进行加工以便享用和消化的精神食粮;同样,从实践领域来说,这些东西也是人的生活和人的活动的一部分。"①第二,人与自然的整体性体现在人与自然是相互依存、相互渗透、相互作用的。人类通过劳动能动地改造世界,然而,人类改造自然界的行为不同,自然界给人类所带来的回报不同。在人类文明的发展过程中,人类认识世界和改造世界的能力不同,人类对自然的不同行为产生了不同的结果。原始文明时代,人类改造世界的能力微弱,人类对自然的态度更多的是崇拜,人类对自然更多是依赖关系。农业文明时代,人类对待自然的态度从崇拜自然转变为改造自然,人类对自然的依赖性减轻,对抗性日益增强,局部环境问题显现。工业文明时代,随着工业革命的开展,技术的不断革新,人类利用和改造自然的能力显著,人类试图变成世界的主宰,试图征服自然。工业化和城市化进程加快,自然灾害、环境污染和生态破坏成为人类面临的环境问题,同时出现了全球性的环境问题,人类受到了大自然的惩罚。生态文明时代,人类重新审视人与自然的关系,呼吁"像保护眼睛一样保护自然",倡导亲和自然、尊重自然、顺应自然、保护自然,有效利用科学技术在生态环境保护中的作用,生态环境在很大程度上有所改善。总之,人类对待自然的态度不同,自然给人类所带来的回报就不同,人与自然是相互影响、相互联系的统一体。

习近平总书记提出:"当人类合理利用、友好保护自然时,自然的回报常常是慷慨的;当人类无序开发、粗暴掠夺自然时,自然的惩罚必然是无情的。人类对大自然的伤害最终会伤及人类自身,这是无法抗拒的规律。"②人与自然的整体性要求我们树立和谐共生观,在认识自然、改造自然的过程中要尊重自然规律及人类社会发展规律,实现人与自然和谐共生,为生态伦理奠定了现实基础。

(三) 制度基础

生态伦理作为一种非正式的环境制度,通过道德即人们内心深处的信念

---

① 《马克思恩格斯选集》第 1 卷,人民出版社 2009 年版,第 161 页。
② 习近平:《推动我国生态文明建设迈上新台阶》,《求是》2019 年第 3 期。

和社会舆论对人们的行为进行约束和规范,使人类用"真心""真行""真爱"去爱护自然。然而,生态伦理最有效、最有影响力的行为是国家的行为,因此,中国共产党对生态建设的领导,以及完善的法律体系能够辅助生态伦理的作用最大限度地发挥。

1.中国共产党对生态建设的制度领导

中国特色社会主义制度的最大优势是坚持中国共产党的全面领导,中国共产党始终发挥着总揽全局、协调各方的领导核心作用,凝聚着全党全国各族人民的磅礴伟力,推动着生态文明建设不断向纵深处进行。

以毛泽东同志为核心的党的第一代中央领导集体面临亟待解决的环境问题,提出了一系列有利于环境保护的发展措施。第一,针对长期的战争带来的植被破坏、土地贫瘠严重的环境问题,制定了"植树造林、绿化祖国"的目标,植树造林计划的实施扩大了我国的绿化面积,提高了我国的植被覆盖率,缓解了水土流失问题,改善了人类生存发展的条件。第二,新中国成立初期,基于落后的经济和文化的现实土壤和人民日益增长的物质文化需要同落后的生产间的矛盾,以毛泽东同志为核心的党的第一代中央领导集体,倡导厉行勤俭节约、反对铺张浪费,这一理念蕴含着合理利用资源、造福子孙后代的生态智慧。改革开放初期,我国经济发展缓慢,经济建设成为重中之重,邓小平提出了"发展是硬道理"。改革开放之后,经济迅速发展,但片面追求经济高速发展带来了巨大的环境问题,特别是以高能耗、低产出为主要特征的传统的生产方式带来了严重的环境问题。随后,以邓小平同志为核心的党的第二代中央领导集体认识到生态环境保护的紧迫性和严峻性,在生态治理的过程中,十分重视科学技术在生态环境保护中的作用,主张推动科技创新,发展绿色技术,运用科学技术减轻经济发展、社会发展等带来的严峻的生态问题。以江泽民同志为核心的党的第三代中央领导集体顺应历史发展的潮流,回应时代发展的需求,提出了可持续发展观,可持续发展观不仅注重当前的发展道路,而且注重未来的发展方向,既注重当代人的利益又兼顾子孙后代的发展利益。可持续发展观要求尊重自然发展规律,处理好人与自然的关系,为人与自然和谐共生的提出奠定了基础。以胡锦涛同志为总书记的党中央提出了以人为本的科学发展观,科学发展观的基本要求是全面协调可持续,根本方法是统筹兼顾,要求发展经济、政治、文化的同时兼顾到环境,促进经济、政治、文化、社会建设共同进步、协调发展。

党的十九大以来,在以习近平同志为核心的党中央的全面领导下,我国生态文明建设在新时代有了新气象、新作为、新成效,生态问题有效解决,生态环境明显改善。以习近平同志为核心的党中央对生态文明思想在继承的基础上进行创新和发展,在理论层面上,坚持把生态文明建设作为统筹"五位一体"总体布局和协调推进"四个全面"战略布局的重要内容,要求必须树立"绿水青山就是金山银山","人与自然和谐共生"的理念。在实践层面,在发展经济上,生态经济、绿色经济、循环经济、低碳经济成为我国经济发展的主要模式,实现资源可持续利用的同时实现生态环境的保护。在政治上,主张建设生态型政府,把生态环境保护纳入了政府考核体系之中,同时提出"用最严格制度,依靠法治保护生态环境"的要求,呼吁人类"携手共建更加美好的地球家园。"

总之,中国共产党对生态建设的领导制度规范和约束着各地区、各部门对党的决策的贯彻落实,辅助着生态伦理作用的有效发挥,为生态伦理奠定了坚实的制度基础。

2. 生态环境的制度和法治不断加强

改革开放之初,我国经济发展缓慢,人民物质生活没有得到满足,片面追求经济发展的速度,没有协调处理好经济效益和环境效益的关系。随着改革开放的进程加快,工业化和城市化的步伐也进一步加快,废气、废水、固体废弃物、噪声污染等问题突出，环境问题的日益严峻引起了社会各界的关注，环境保护日益成为人们关注的焦点。党中央对环境保护日益重视，认识到制度和法治对人的行为的规范作用。以邓小平同志为核心的党的第二代中央领导集体十分重视生态环境保护法治建设，1978 年十一届三中全会开始规划了有利于生态环境保护的森林法、草原法、环境保护法等法律，并将"国家保护环境和自然资源、防治污染和其他公害"写入宪法。《中华人民共和国环境保护法（试行）》《中华人民共和国海洋环境保护法》等系列法律法规相继出台，生态环境保护的体系日益完善，法治化程度越来越高。1983 年，将环境保护上升为我国必须长期坚持的一项基本国策，增强了人们环境保护的法治意识，规范了人们的生态行为，为环境保护奠定了法治化的基础。从此，法治越来越健全，环境保护重视程度越来越高。以江泽民同志为核心的党的第三代中央领导集体推动生态环境保护走上制度化和法治化道路，从制度和法治上为生态环境提供了保障。党的十五大将实施可持续发展战略写入党代会报告，建立环保责任制，要求落实《全国生态环境建设规划》，从法律上为生态环境的建设提供了重要保障。1995 年审议通过《中华人民共和国固体废物污染环境防治法》，1996 年和 1999 年分别修订了《中华人民共和国水污染防治法》和《中华人民共和国海洋环境保护法》，2000 年修订了《中华人民共和国大气污染防治法》。总之，以江泽民同志为核心的党的第三代中央领导集体为生态环境的保护提供了法律保障，辅助生态伦理作用的发挥。以胡锦涛同志为总书记的党中央越来越重视生态文明建设，在党的十七大报告上提出"建设生态文明"的重要命题，倡导转变经济发展方式、消费方式，形成节约能源资源和保护生态环境的产业结构。在党的十八大报告中首次提出生态文明制度建设，生态文明建设的法律法规如《中华人民共和国环境保护税法》《中华人民共和国长江保护法》等利于推动生态环境保护的法律法规相继问世，生态环境保护法律法规越来越健全。

制度是理论向实践转化的保障。习近平总书记强调："只有实行最严格

的制度、最严密的法治，才能为生态文明建设提供可靠保障。"①习近平总书记
高度重视制度和法治在生态环境保护中的作用，主张用制度和法律加快生态
文明建设的步伐。在制度上，习近平总书记强调加强制度创新，强化制度的执
行力度，创新生态补偿制度、创新生态文明追责制度、考核评价制度，加大惩罚
力度，给生态保护画上了任何人都不能超越的红线。党的十八大把生态文明
建设纳入中国特色社会主义"五位一体"总体布局，党的十八大以来出台了
《关于加快推进生态文明建设的意见》《关于全面加强生态环境保护坚决打好
污染防治攻坚战的意见》《水污染防治法》《污水综合排放标准》《排污许可管
理条例》《中华人民共和国黄河保护法》等一系列法规和标准，为新时代我国
生态文明建设提供了制度和法律基础。

总之，我国生态环境保护的制度与法律继承传统，推陈出新，在发展、创新
的基础上越来越严格，越来越完善，为我国生态文明建设提供了坚实支撑，生
态环境的制度和法治虽然以其强大的权威性和规范性约束人的行为，但是从
某种程度来看，生态环境制度和法治的不断完善也不断让人类认识到人类应
该积极主动承担起保护生态环境的责任，在制度和法治的支撑下，人类逐步从
道德层面自觉承担起保护生态环境的责任。

二、生态伦理的主要议题

生态伦理作为人处理自身及与周围的动物、环境和大自然等生态环境的
关系的一系列道德规范，内涵丰富，形式多样，功能强大。生态伦理批判地继
承和发展了传统伦理，将道德关怀对象从人扩大到了自然界中，把人的权利和
义务扩展到自然界之中，从内涵和外延上丰富和发展了生态伦理。传统伦理
与生态伦理在人与自然、权利与义务和内在价值与工具价值这三对关系中存

---

① 《习近平谈治国理政》第一卷，外文出版社2018年版，第210页。

在差异,这三对关系影响着生态环境的保护,是生态伦理中最为关键和关切解决的问题,是生态伦理的主要议题。

（一）　人与自然论

"自然观是世界观的重要组成部分,它是特定时期人们认识、理解和把握自然的本质及其存在方式,以及人与自然之间关系的理论体系。"[1]自然观影响着人们对人与自然关系的认识以及人与自然关系的处理,认识和处理好人与自然的关系自然观面临的重大课题。人类社会的历史发展历经原始文明、农业文明、工业文明、生态文明,环境伦理历经从传统伦理到今天的生态伦理的发展道路,从传统伦理发展到生态伦理,人类对人与自然关系的看法不同,所形成的人对自然环境的态度和行为不同。人与自然的关系贯穿人类社会发展的历史,不论是传统伦理还是生态伦理始终离不开对人与自然关系的研究。

我国人类文明历经原始文明、农业文明、工业文明,不同文明时期人们对人与自然关系的看法和行为存在较大的差异,在原始文明社会,人类改造自然的能力微弱,人类的生存发展依赖自然,人类更多的是对自然存崇拜之心,敬畏之心。农业文明时代,人类认识自然和改造自然的能力显著提高,人类对大自然的依赖性逐渐减弱,人类开始发挥主观能动性改造自然;工业文明时代,人类对自然的依赖性进一步减弱,对抗性增强,人类充分发挥主观能动性利用科学技术的有力支撑开始征服自然,给生态环境带来了较大的破坏;生态文明时代,人类重新审视人与自然的关系,开始顺应自然、尊重自然、保护自然,力图实现人与自然的和谐。人类对人与自然关系的看法随着人类社会的发展而不断发生着变化,人类对人与自然的关系的研究也从未停止过,弄清人与自然的关系是生态伦理的核心问题。马克思站在唯物辩证主义的角度科学辩证地分析了人与自然的关系。马克思、恩格斯认为人与自然是一个相互联系,相互

----

① 余谋昌、雷毅、杨通进:《环境伦理学》,高等教育出版社 2019 年版,第 116 页。

影响,密不可分的有机统一整体。在马克思、恩格斯看来,大自然不仅孕育着世间万物,还孕育着人类,人是自然之子,不能离开自然生存,人类从自然界获取生存空间、物质食粮,除此之外还从自然界中获取精神食粮,人类是在自然界中衍生并不断发展的,人具有主观能动性,人既可以发挥主观能动性能动地认识世界又可以改造世界,在人类与自然的关系中具有主体地位。然而,人与自然的关系是相互的,如果人类不遵循人类社会发展的规律及自然界的规律,那么人类的行为会受到自然界的报复,人类应该对大自然心存敬畏之心,在尊重客观规律的基础上通过实践改造世界。党的十九大报告对人与自然关系作出的新的历史判断,提出了"人与自然是生命共同体"这一论断。"人与自然是生命共同体"是对人与自然关系的全新阐释,具有丰富的内涵和深远的意蕴。

人与自然关系的研究始终是生态伦理中的核心问题,始终贯穿人类社会发展的历史,贯穿生态伦理发展的始终,厘清人与自然的关系是生态伦理的核心议题。

(二) 自然权利论

人类中心主义与自然中心主义对主体和客体的看法不同,对人的权利和义务理解不同,对人是否对自然承担责任和义务的态度不同。人是否对自然有直接的道德义务和道德关怀成为生态伦理一直关注的焦点。

自然中心主义和人类中心主义是生态伦理学发展过程中的两大流派,自然中心主义大体上包括生物中心主义、动物解放论和动物权利论、生态中心主义这三个重要部分。关于人类是否对自然负有直接的道德义务,自然中心主义和人类中心主义存在较大的分歧。人类中心主义认为只有人才是世界的主体,只有人才是理智世界的成员,大自然是为人的利益而创造出来的,是为人类服务的。因此,人相比其他物种具有明显的优越性,人是唯一的道德关怀对象,人类无需把道德关怀的对象扩大到自然界,人类无须对自然界负直接道德义务。与传统伦理相比,生态伦理认为人与自然是一个密不可分的整体,人与自然的作用是相互的，人类不同的行为对自然的作用不同，自然对人类的回报也截然不同，人类对自然的善行会相应得到"善"的回报，人类对自然的恶行会得到"恶"的回报。近年来，片面追求高速度的传统经济发展方式带来了大气污染、水体污染、森林危机等严重的环境问题，人类的生存和发展与客观规律格格不入，严峻的环境问题需要规范和约束人类的行为。自然中心主义从动物解放论到生态中心主义，不断在发展完善。自然中心主义将道德关怀的对象从人、动物扩大到整个自然界。在自然中心主义看来，自然具有生存的权利，人类具有身心健全的人格和善恶分明的道德，人类应给予人类自身以及所处的整个社会环境和自然环境道德关怀，最终形成完整统一的道德关怀。生态伦理从人与自然相统一的角度建立了新的道德评价，强调权利和义务是相对应的，着重把权利与义务的关系从人与人延伸到人与人之间的权利和义务、人与动物之间的权利和义务、人与生命之间的权利和义务，集中体现出人类的认识具有与时俱进的鲜明特点。人类具有生存和发展的权利，动物也具有生存和发展的权利，因此人类要爱护动物、保护动物，不能把人类的利益建立在剥夺动物生存发展的权利之上。人类具有生命，其他物种也具有生命，人类作为具有主观能动性的高级动物应该尊重和保护其他物种的生存和发展的权利。生态伦理学认为人对人以及自然界的其他物种的权利和义务是相辅相成的，人类从自然界中获取生存和发展资料的同时应该履行保护大自然不受破坏的和改善自然环境的义务，在利用自然资源的同时保证合理开发利用资源，只有人类尊重自然、保护自然，大自然才能为人类未来的生存和发展提供不可或缺的资源。

权利和义务是一对哲学范畴，对它的正确理解和应用关乎从源头上解决生态环境问题，权利和义务始终是生态伦理探究的重点问题和难点问题。

（三）自然价值论

人类中心主义和自然中心主义对价值主体和价值客体的看法不同，从而对世间万物的工具价值和内在价值的看法上存在差异。近年来,生态危机成为全人类共同关注的问题,人类开始对人与自然的关系进行审视,自然是否具有内在价值成为各个学派争论的焦点,工具价值与内在价值成为生态伦理的研究中关键和关切的问题。

工具价值和内在价值是自然价值论的两个方面。工具价值与内在价值的核心在于区分价值主体和价值客体。所谓工具价值是外在价值的一部分,任何生物、非生物都具有工具价值,因为他们都可以成为价值客体。"所谓自然内在价值,是指自然界以自身为尺度,维持自身生存发展。在此自然本身就是主体,它作为生命共同体是自我维持系统;它按照一定的自然秩序自我维持和不断再生产,从而实现自身的发展和演化。"[1]在这种观点看,自然界只是满足客观需要的客体。在人类中心主义看来,只有人才具有内在价值,因此,只有人才是道德关怀的对象,人只需对人负道德义务。而自然中心主义认为自然界的其他物种也是具有感情和内在价值的。因此,人类有义务关心自然、呵护自然,需要把道德扩大到自然界中。在动物权利论的代表汤姆·雷根看来,由于我们每个人都是拥有某种对我们自身而言是或好或坏的生活主体,因而我们每个人具有一种没有程度区别的"天赋价值"(亦译固有价值、内生价值)。同时,这种价值应该得到尊重。[2] 然而,动物同样具有成为生活主体的品格,因此,动物也是具有内在价值的。有种倾向认为人具有认识能力、创造能力、创新能力和实践能力,而自然界的物种没有这种能力,因此认为人天生就比其他物种具有优越性。生物中心主义认为在这个统一体里各个个体都是生命的目的中心,各个生命体都是平等的,人并非天生就比其他生物具有优越性。在生物中心主义的代表保罗·泰勒看来,人比其他生物天生具有优越性这一说法是毫无根据的,他认为"人所具有的那些能力只对人来说才具有价

---

① 包庆德、李春娟:《从"工具价值"到"内在价值":自然价值论进展》,《南京林业大学学报(人文社会科学版)》2009年第3期。

② 余谋昌、雷毅、杨通进:《环境伦理学》,高等教育出版社2019年版,第51页。

值,其他生命的生存并不需要这些能力"①。每一个物种都具有内在价值即固定价值,每个物种都应得到道德的关怀,人类应该用平等的眼光去看待生物共同体中的每种生物,每种生物具有不同的价值,这种价值在不同的角度、不同的领域体现出不同的价值。在生态中心主义的代表霍尔姆斯·罗尔斯顿看来,"在生态系统中,有机体既从工具利用的角度来评判其他有机体和地球资源,也从内在的角度来评价某些事物:它们的身体,它们的生命形式。因此,工具价值与内在价值都是客观地存在于生态系统中的。"②

自然价值论关系到生态环境保护的合理性。生态伦理学从自然价值的探究以及对生命和自然界权利的确认,得出人类应该给予大自然道德关怀,对生态环境保护承担应有的责任。因此,关于自然价值的探究一直是生态伦理学的中心问题。

三、生态伦理的基本原则

生态伦理作为一种道德规范,它具有协调人与自然关系,人与社会的关系,实现自然与社会可持续发展的强大功能。推动社会自然的可持续发展、实现人与自然和谐共生的功能,可以推断出生态伦理的可持续性原则、公平正义原则、尊重自然原则这三大原则。

(一) 可持续性原则

可持续性原则是指既满足现代人的需求又不损害后代人需求,是协调人类与生态关系的根本原则。自然界和人类是一个相互联系、相互依赖、相互作用、相互影响的同生存共命运的有机统一整体。从马克思的观点来看,人类的

---

① 余谋昌、雷毅、杨通进:《环境伦理学》,高等教育出版社 2019 年版,第 58 页。
② 余谋昌、雷毅、杨通进:《环境伦理学》,高等教育出版社 2019 年版,第 69 页。

生存和发展离不开从自然界中获取的精神食粮和物质食粮,自然界是人类生存和发展的载体,自然界为人类提供生存和发展所需要的资料,人类不仅从自然界中获取物质资源,还从自然界中获取精神资源。人类能够发挥主观能动性改造自然,从唯物论的角度看,如果人类在尊重客观规律的基础上改造自然,会促进人与自然的和谐发展,如果不合理利用资源,最终会引起自然的报复,影响人类的生存和发展。可持续性原则是生态伦理的基本原则。

可持续性原则主要表现为经济的可持续、环境保护的可持续及社会的可持续,同时它们三者又是相互影响,相互作用的。坚持可持续性原则既要坚持社会与生态的和谐,又要坚持经济与生态的和谐。可持续性原则用长远的眼光对待人类的发展,人类在生存发展的过程中注重为子孙后代谋福利、谋发展,今天的发展要对未来的发展奠定良好的基础。

首先,坚持资源和环境保护的可持续性。生态环境是人类生存和发展的家园,生态环境一旦遭到破坏,一方面会影响人类生存的质量,另一方面环境一旦遭到破坏,往往需要很长的时间才能恢复,有的甚至一旦遭到破坏很难修复。因此,人类要统筹处理好生存发展需要和环境保护的关系,实现资源的可持续和人类社会发展的可持续。其次,坚持经济发展与环境保护的可持续性。在生态伦理中所谓的经济可持续是坚持经济发展与保护环境的统一。良好的生存环境是人类生存和发展的客观需要,追求经济效益和利益不能以牺牲环境为代价。相反,经济的发展应该为生态环境建设提供资金、科技支持以加强对自然环境的修复,建设人类美好的家园。最后,坚持社会的可持续。生态伦理中的社会可持续是指坚持社会发展与生态环境保护的统一。当前我国社会主要矛盾的变化体现出人民对美好生活的追求越来越高,人民对美好生活的追求体现在政治、经济、文化、社会、生态等各个方面。生态可持续是社会可持续的基础,人民在追求物质财富和精神财富,追求获得感、幸福感的同时要兼顾保护环境。

（二）　公平正义原则

在社会生活领域公平正义原指处理事情合情合理,不偏袒任何一方。公平正义原则同样适用于生态领域。生态领域的公平正义原则是指每个人、每个国家在生态环境保护中具有平等的权利和平等的义务。20世纪90年代以来,生态领域存在环境保护中权利与义务不对等的问题,生态环境保护中的权利和义务平等的呼声越来越强烈。全球、全国各族人民有一个共同的家园,那就是地球,每个国家都应该在环境保护中享有平等的权利和承担平等的义务。

生态伦理的公平正义原则主要包括代内公平正义原则和代际公平正义原则两种类型。代内公平正义原则是指在地球这个生命共同体中,所有群体中不同的国家、民族在生态保护中享有平等的权利,承担平等的义务。根据不同的国家、民族,公平正义原则可分为国际公平原则和国内公平原则。生态伦理中的国际公平原则是指发达国家和发展中国家在环境保护中具有平等的权利和义务。然而,长期以来,一些发达国家把污染企业转到发展中国家,对发展中国家资源进行掠夺性开采,发达国家对自己国家环境的保护建立在牺牲其他国家的环境利益之上,在环境保护中权利与义务不对等的问题突出。生态问题的解决需要全球各族人民共同保护、共同努力。各个国家应该公平地承担环境责任,发达国家在科学技术和资金方面往往优于发展中国家,在环境保护上应该承担更多的责任或者在环境保护方面给予发展中国家技术和资金的支持以减轻环境压力,促进全球环境的改变,推动全球生态文明的建设。国内公平原则是指每个地区不论发达还是落后都应承担保护环境的义务。每个地区具有的自然资源和社会资源不同,经济发展水平不同。经济发展具有发达与欠发达之分,经济欠发达地区往往具有自然资源丰富、劳动力廉价的特点。经济发达地区往往把高能耗、高污染的企业转移到欠发达地区以获得更多的经济效益、环境效益。根据生态公平正义原则,发达地区要在保护自身环境的同时,对欠发达地区的生态环境保护与建设方面提供技术、资金的支持以推动欠发达地区生态文明的建设。代际公平正义原则,最早是由美国国际法学者爱迪·B.维斯提出,是指当代人和子孙后代在利用资源、满足自身利益、谋求生存与发展的权利是对等的。当代人有责任保护地球环境并将它完好地交给后代人。因此,不论是当代人还是后代人都应该合理利用资源,实现资源的可持续利用。

(三) 尊重自然原则

人类与自然处于一个相互联系、相互依赖、不可分割的有机统一体中,马克思认为人类从自然中获取各种资料,自然界满足了人类的精神活动和实践活动,离开自然界人类无法生存更不能进行生产实践活动,马克思认为:"没有自然界,没有感性的外部世界,工人什么也不能创造"[①]。地球上的生命系统具有调节气候、调节水流、为人类生存发展提供物质资料和精神资料的强大功能,离开了自然界人类既无法生存又无法进行实践活动。

工业革命以来,随着人类改造自然的能力不断增强,人类为了满足自己的个人利益,并没有在尊重客观规律的基础上改造自然、利用自然,而是在自己的主观意识上对自然资源采取掠夺式的开采和利用,人类的活动引起了自然环境的变化,气候变化和能源浪费、生物多样性减少、化学污染严重等的环境问题突出。全球气候变暖、有毒物品扩散、淡水资源枯竭、臭氧层耗损等环境问题突出,直接威胁人类的身体健康。人类的生存和发展正受到自然界的种种威胁,这种威胁源于人类对自然界的破坏。人类的实践活动改变了自然环境的组成,影响了自然界功能的发挥,加剧了自然环境的恶化。自然环境的变化最终严重威胁到人类的生存和发展。因此,尊重自然无疑成为生态伦理的基本原则。

任何事物的发展是有规律的,任何规律是客观的,它是客观事物本身所固

---

① 《马克思恩格斯文集》第1卷,人民出版社2009年版,第158页。

有的,不以人的意志为转移的,不管人们的意愿如何,规律总是客观地存在并发挥着作用。自然界的发展同样是有规律的,人类的实践活动必须尊重自然界发展的客观规律,一旦打破自然界发展的规律,人类会受到自然界的报复。生态伦理的尊重自然原则要求人类认识到无论是可再生资源还是不可再生资源都是有限的,人类对自然的开发和利用要建立在遵守生态伦理的基础之上。地球生态的承载力是有限的,地球的面积和空间是有限的,人类的活动必须保持在地球承载力的极限之内。

四、生态伦理的表现形式

生态伦理作为环境道德规范,具有不同的使用环境、表现形式和存在形式。根据使用范围可以划分为个体生态伦理和国家生态伦理两种基本类型,根据表达方式不同可以划分为评价性语言和体态性语言,根据存在形式不同可以划分为条文和传统风俗。

（一）国家生态伦理和个体生态伦理

生态伦理具有特定的使用环境和使用范围,从使用的范围大小划分,生态伦理可分为个体生态伦理和国家生态伦理两种基本类型。个体生态伦理是指作为个人在政治、经济、文化及社会生活中所体现出来的作用于生态环境的道德意识和道德行为。[1] 从表面上看,个体生态伦理是站在个人的角度上所形成的,但是个人的道德行为和道德意识会对生态环境产生影响。道德行为和道德意识具有积极和消极之分,那么,不同的道德行为和道德意识会产生不同的结果。积极的道德行为和道德意识具有传播社会正能量的强大作用,创造宝贵的物质财富和精神财富的巨大功能,具有发挥道德模范的强大力量,进而

---

[1]　晏辉:《伦理生态论》,《广东社会科学》1999 年第 5 期。

会提升社会道德水平,推动生态环境的保护。消极的道德行为和道德意识则对社会发展起阻碍作用,不道德的行为一定程度上会造成人们行为的模仿,影响生态环境的保护。国家生态伦理是指国家或政府通过各项方针、政策和法律法规在生态环境保护中所体现出来的一系列道德原则、道德规范和道德理念。① 国家伦理可以通过报纸、杂志、广播、法律、大政方针、经济活动、政治活动中体现出来。国家伦理对人类的行为具有重要的导向作用,不论是对个人的行为还是对集体的行为都具有约束和规范作用,有利于使人类的行为符合生态环境的保护,使人类的行为朝着有利于建设美丽生态的方向发展。总之,虽然生态伦理具有特定的适用范围,但不管是国家生态伦理还是个体生态伦理对人类的行为都具有约束和规范作用。

(二) 评价性语言和体态性语言

生态伦理可以通过社会舆论、道德行为等形式对人类的行为进行约束和规范。从语言形态上来看,生态伦理可以通过有声语言和无声语言即评价性语言和体态性语言表现出来。评价性语言是指在日常生活中经常使用的能区别好与坏、善与恶、正确与错误、邪恶与正义、集体主义与利己主义等带有评价色彩的语言。评价性语言在生态伦理中是指能够对人们在处理人与自然、社会的行为或态度做出的道德评价性语言。道德评价对人们的行为进行"真""善""美""恶"评价,作为一种强大的社会力量,会促使人们的道德意识转化为道德行为,对人们的行为起到约束、规范的作用,发挥协调人与自然关系的强大功能以实现人与自然的和谐共生,建设美丽家园。生态伦理中的体态性语言是指人类在处理与自然的关系中所表现出来的行为。这种行为可以根据对生态环境发挥的作用分为道德行为(或称为善行)和不道德行为(或称为恶行)两种基本类型。生态伦理中的善行可以理解为对生态建设起积极作用的

① 晏辉:《伦理生态论》,《广东社会科学》1999 年第 5 期。

行为,这种行为在日常生活中发挥的作用不容忽视。例如,像乱扔滥伐、乱扔垃圾、乱涂乱画、随意践踏等行为属于不道德行为,人类称为恶行;像主动捡起路边的垃圾、主动节约水资源的行为属于道德行为,在视觉上可能对其他人起到潜移默化和深远持久的作用,这种善行可以理解为榜样的作用,具有内化于心、外化于行的强大作用,不仅可以作用于当代人,也可以作用于子孙后代。

(三) 条文和传统风俗

生态伦理不论是在内涵上还是在外延上都不同于传统意义的伦理要求,传统伦理虽然也主张他律,但它更侧重自律,主张人类通过自省、反省处理人与人及其他物种的关系。由于我国生态环境保护的严峻性和紧迫性,生态伦理日益走上制度化和法治化的道路。生态伦理也以法令、条例、章程、规范等的形式存在。生态伦理以法令、条例、章程、规范等分条说明的形式作为全人类共同遵守的行为准则,对人类的行为起约束和规范作用。生态伦理以条文的形式说明了做什么是合理的,做什么是不合理的,规定了人类应该做什么,不应该做什么,以条文形式存在的生态伦理具有规范性强、是非界限清楚的鲜明特色,利于约束和规范人类的环境行为,使人类的行为符合生态环境的保护。传统风俗是一个地区在长期的历史发展过程中,在一定的自然环境和社会环境中逐步形成的各种习惯的总和,作为一种社会传统,通过发挥人类的心理作用约束和规范人类的行为,作用于人类的生产和实践的活动之中,使人类的生产和实践活动符合生态环境的保护。传统风俗是在地区发展的过程中逐渐演变和形成的,传统风俗在不同的自然环境和社会环境中形成,因此不同的地区传统风俗存在着差异性。传统风俗通常以神话传说、日常礼俗、民间禁忌等形式对人类的行为作出约束和规范,使之更加符合生态环境保护的要求。但是传统风俗有先进和落后之分,落后的传统风俗存在不合理之处,不利于调节人与自然和社会的关系,而先进的传统风俗有利于约束和规范人类的行为,为现代生态环境保护提供了宝贵的文化资源,促使人们正确认识人与自然、人与社会的关系,协调人与自然、人与社会的关系,实现人与人的和谐相处,人与自然的和谐共生。

五、生态伦理的鲜明特征

生态伦理不同于传统意义上的伦理,将传统伦理人与人的关系扩展到人与自然的关系,要求每个人承担起生态环境保护的义务和责任,要求人们的生产生活活动坚持经济效益与环境效益的统一,在客观评价环境效益的基础上考虑经济效益,体现出特征鲜明的全人类性、延伸性和优先性。

(一) 全人类性

近年来,随着全球一体化进程的不断加速,大气污染、水体污染、海洋污染、气候变暖、酸雨蔓延、固体废弃物污染等全球性环境问题频繁出现,生态危机已成为全人类共同面临的问题,生态环境的保护成为全人类共同面对的话题,成为功在当代、利在千秋的伟大事业。生态伦理缘于环境问题的亟待解决,生态伦理是对每个人生态良知的唤醒、是对每个人生态行为的规范、是对每个人生态行为的道德评价,它不是针对某个人、某个集体、某个国家而言的,不是适用于某些特定情境或某些人,适用于地球上生存的每个人,不管是对生态良知的呼唤、还是环境行为的规范及环境行为的评价,它都面向小到个人,大到整个国家,因此,生态伦理具有明显的全人类性。

生态伦理贯穿于生态环境保护和生态环境治理的全过程,二者体现出全人类性的鲜明特征。生态伦理强调生态环境关系到每个人、每个国家的发展,我们每个人、每个国家都生活在地球这个大家庭中,地球是我们人类共同的家园,个人的生存、民族的进步、国家的发展都离不开从自然界中获取生存和发展的物质资料,不论是个人还是集体,都应该把发展同生态环境的保护兼顾起来,树立正确的发展观和生态观,兼顾经济效益和环境效益的统一,实现个人、社会和国家的发展有机统一。生态治理人人有责,小到每个人、大到每个国家都应该承担起保护环境的责任。生态问题是全人类共同面临的问题,生态治理是全人类共同承担的责任。环境问题解决得好与否关系到每个人、每个地区、每个国家的根本利益的实现。地球上的每个人、每个国家都从自然界中获取了生存发展所需要的资料,当环境遭到破坏时每个人、每个国家都应该自觉承担起生态治理的责任,世界各国应携手共进,推进环境保护方面的合作,加强在节能减排、环境保护、节约能源等方面的合作,共同构建人与自然和谐共生的共同体,实现生态环境的共建、共治、共享。

总之,生态伦理强调了生态保护和生态治理的全人类性,生态环境的建设和保护涉及每个人、每个地区、每个国家,有利于形成强大的凝聚力、感染力和号召力,为生态环境保护提供了强有力的坚实力量。在生态伦理的约束下,每个人、每个地区、每个国家成为生态建设的推动者、保护者和建设者,推动人类命运共同体的构建,形成了合作共赢、共同发展、共建美好家园的和谐画面。

(二) 延伸性

生态伦理不论是在内涵方面还是外延方面,不论是在理论层面还是实践层面都不同于传统意义上的伦理,生态伦理把道德关怀的对象从人扩大到除人以外的自然界,把内在价值延伸到除人以外的其他物种上,把权利和义务的范围扩展到除人以外的自然界之中,相对于传统伦理,生态伦理把伦理的使用范围从人际领域扩展到了种际领域,生态伦理具有明显的延伸性。

在理论层面,首先,传统伦理侧重强调人的价值,无视甚至蔑视除了人以外的自然界及其他的价值。生态伦理从根本上改变了传统伦理对自然界及其他生命的看法,把道德关怀扩展到整个自然生态系统,珍视除人以外其他生命的价值,在本质上还公平于自然。其次,传统伦理的善恶评价标准只适用于人与人之间,对处理人与自然的关系并没有明显的伦理标准,生态伦理把善恶评价标准扩大到评价人与人以及人与自然的关系之中。最后,传统伦理只作用于当代人的权利和义务,生态伦理不仅关注现实,而且关照未来。生态伦理不仅通过道德力量对当代人有约束和规范作用,还在未来对人进行约束和规范。在实践层面,生态伦理反对以高能耗、低产出、高排放为主的传统生产方式换取经济发展利益,反对经济利益的追求以牺牲环境为代价。大脑是人的机能,人具有主观能动性,人类是社会历史发展的主体,人类可以充分发挥主观能动性能动地认识自然并改造自然。长期以来,由于片面地追求经济效益,带来了水土流失、沙漠化、荒漠化、森林锐减、土地退化、生物多样性锐减、全球气候变暖等环境问题,人与自然的矛盾越来越突出,生态危机成为人类共同面临的问题,解决好人与自然的关系问题成为生态伦理的核心问题,实现人与自然的和谐发展是生态伦理的核心内涵。人类是破解当前严峻的生态问题和发展问题的主体,劳动是人类认识自然、改造自然的活动,人与自然的关系也是在劳动中产生的,生态伦理要求我们走出人类中心主义,在实践中人类的劳动在顺应自然、尊重自然、保护自然的基础上进行,使人类的劳动合乎道德、合乎生态,实行有利于生态环境保护的发展方式。

总之,生态伦理把传统伦理权利与义务的关系延伸到自然界中,要求人类承担起生态责任,不论是生态环境保护还是生态环境治理,人类有义务把道德关怀扩大到自然界中,促进美丽中国的建设。

(三) 优先性

过度追求经济利益难免会造成生态环境的破坏,过度追求个人价值很难兼顾个人价值与社会价值的统一。协调好经济发展与环境保护的关系、平衡好个人价值与社会价值是生态伦理关注的焦点。生态伦理侧重强调要协调好经济发展与环境保护的关系,坚持先评价环境效益再发展经济的原则,坚持资源节约优先、环境保护优先,坚持社会价值优先于个人价值。

环境问题的日益严重、人与环境问题的日益紧张,生态危机成为了全人类共同面临的问题,人类不得不重新审视人与自然的关系,协调经济发展与环境保护的关系,平衡个人价值与社会价值的关系。良好的生态环境关系到人民美好生活的实现,生态伦理缘于人对人与自然关系的重新审视。生态伦理从道德层面对人在行为作出了约束规范,强调人不能为所欲为、毫无顾忌地发挥主观能动性改造自然,改造自然必须遵循自然规律,始终把生态效益放在首位,当经济发展与环境保护冲突时,需要以环境保护为重。生态伦理事关经济发展与环境保护的平衡、事关人与自然的和谐共生能否实现,生态伦理要求坚持社会价值优先于个人价值,环境效益优先于经济效益,具有特征鲜明的优先性。习近平总书记指出:“我们既要绿水青山,也要金山银山。宁要绿水青山,不要金山银山,而且绿水青山就是金山银山。”①这句话旗帜鲜明地体现出要把环境保护放在首位,坚持环境效益优先于经济效益,经济发展不能以牺牲生态环境为代价的鲜明特征,为了使生态环境真正地得到保护,遵循环境效益优先于经济发展效益,实现了从经济优先到生态优先的转型,协调好人与自然的关系,实现人与自然的和谐共生。

　　总之,生态伦理遵循节约优先、保护优先、自然恢复为主的原则,倡导追求经济利益时坚持环境效益优先,推动践行创新、协调、绿色、开放、共享五大发展理念,实现生态环境的保护,实现人与自然的和谐共生;鼓励追求个人价值时坚持社会价值优先于个人价值,在实现社会价值中实现个人价值。由此可见,生态伦理体现出特征鲜明的优先性。

六、生态伦理的重要功能

　　生态伦理把道德关怀从人类扩大到了自然界,对人类的行为进行了规范和约束,力图在人与生态环境之间建立一种利益分配和善意和解的关系,对我国经济、政治、文化、生态等各个方面都具有引导的功能,发挥着推动经济增长

---

　　① 《论坚持人与自然和谐共生》,中央文献出版社 2022 年版,第 40 页。

方式科学化和引导消费行为绿色化的功能;发挥着推动政府决策科学化和政府管理生态化的政治职能;发挥着推进生态道德体系化和推动生态教育普及化的文化功能;发挥着实现人与自然和谐化和推进生态建设全球化的功能。

(一) 经济功能

经济发展有可持续和不可持续之分,产业有传统产业和新兴产业之别,消费方式有绿色和非绿色之分,不同的发展方式、不同的产业类别、不同的消费方式对生态环境的影响是不同的。生态伦理对人们的行为进行了约束和规范,对经济增长方式和消费方式产生了深远而持久的影响,使经济增长方式朝着科学化、消费方式朝着绿色化方向发展。

1. 推动经济增长方式科学化

工业文明时代,企业为了实现高速度、高数量、高收益的发展,不论是采集原料的环节还是产品的加工、流通、销售的环节都产生了大量的废弃物,大量的废弃物并没有科学处理,而是排到自然环境中,片面追求高速度、高数量的经济发展方式带来了高能耗、低质量、破坏性大的问题。生态环境是人类生存和发展的根基,面对各种各样的环境问题,生态伦理要求人们重新审视人与自然的关系,要求协调好经济发展和环境保护之间的关系。生态伦理的可持续原则要求人们既要坚持经济效益与环境效益的统一,又要坚持当代人的利益与后代人的利益的统一,要求人类所有的活动要在保护环境的基础上进行。在生态伦理的指引下,转变经济发展方式成为我国经济发展紧跟时代步伐、实现可持续发展中最实际、最可行、最有效的一种方式。

生态伦理本质上是要求关爱自然,还公平于自然。从生态伦理的视角来看,企业既是经济发展主体又是道德承担主体,企业在追求经济发展的同时要兼顾环境效益,承担生态责任。生态文明时代,在生态伦理的指引下,企业不断提高自主创新能力,依靠科技进步,改变传统的生产方式,推动产业优化升级。我国高新技术产业发展壮大,第三产业特别是现代服务业越做越大,越做越强,对经济发展的贡献越来越大。同时,企业依靠科学技术的进步,促进经济发展的同时实现节能减排。国家和企业高度重视节能减排的实施,不断加快节能减排技术研发,积极开展技术攻关,加大力度解决节能减排过程中遇到的技术瓶颈问题,掌握节能降耗、污染治理、清洁生产的核心技术,发展循环经济,实现企业又好又快的发展,还生态环境以宁静、和谐、美丽。总之,生态文明时代,在生态伦理的有力引导下,我国的经济增长方式实现了由量到质的转变,由粗放型向集约型转变,经济增长方式科学化水平越来越高,生态经济成为我国经济发展的一种全新模式,资源节约型社会和环境友好型的社会日益成型。

2.引导消费行为绿色化

在粗放型经济发展的形势下,过度消费、奢侈浪费等现象依然存在,不合理、不健康的消费理念屡见不鲜,人们在消费过程中更多地注重产品的价格、产品的数量,对产品的质量却很少关注,绿色的生活方式和消费模式还未形成,居民的消费模式加剧了自然资源的短缺和自然环境的破坏。居民既作为我国社会发展的主体,又作为生态建设的生力军、主力军,生态伦理对人们的行为具有强大的约束和规范作用。生态伦理具有强大的道德力量,通过道德力量可以转化为道德实践,因而,可以转变居民的消费理念和消费方式。

生态伦理推动了居民消费模式向勤俭节约、绿色消费、文明健康的方向转变,实现了居民消费行为绿色化。居民的绿色消费行为既包括衣、食、住、行等生活领域,又包括精神生活的价值观、道德观等相关方面。广大消费者作为绿色消费的主体,生态伦理的提出有利于使消费者在日常的工作生活中养成良好的消费习惯,树立正确的消费理念,使消费者在购买产品中兼顾经济效益与环境效益的统一;在衣着方面,消费者更倾向于理性消费、适度消费,不盲目追求时髦和品牌,在饮食方面,消费者倾向于使用绿色食品、绿色果蔬,侧重于推行科学文明的餐饮消费模式,根据家庭的实际需要采购产品,争做"光盘族";在居住方面,家具材料选择循环环保材料;在交通工具选择方面,人们更多地选择低碳出行方式,实现节能减排。总之,生态伦理推动了消费行为的绿色化,绿色消费是人民健康生活的重要组成部分,它有利于保证后代人的生存与当代人的安全与健康,有利于实现资源的回收利用和能源的有效使用,利于实现对生存环境和物种环境的保护。总之,生态伦理的提出使消费者在消费过程中兼顾产品的质量和数量,兼顾使用效益和生态责任,消费者更倾向于选择对环境友好以及对健康无害的绿色产品,购买环保、节能、节水、循环、低碳、再生、有机产品的购买,用自己的实际行动践行绿色消费,实现经济效益和环境效益的有机统一。

(二) 政治功能

政府作为控制污染、保护生态环境、淘汰落后产品产能、实施城乡规划、促进社会进步的特殊机构,生态伦理的提出为政府的行为提供了切实的伦理依据,政府具有重大的经济、技术、文化、社会、生态等的决策权,生态伦理有利于科学决策,推进生态治理体系和治理能力现代化,推动生态型政府的建设。

1. 推动政府决策科学化

政府及其相关部门具有制定生态文明战略与规划,建设系统完备、科学合理、运行高效的生态文明制度,审批和监督国土整治、资源开发、流域治理、绿色发展等职能,是推动生态文明建设的主导力量。政府的决策事关资源节约型和环境友好型社会的建设,事关人与自然的和谐共生的实现,事关人民美好生活的实现。科学的决策会促进生态环境的保护,相反,决策不科学则会带来生态环境问题。生态伦理的提出要求决策者所做的决策要建立在保护生态环境的基础上,要求决策者需要承担道德及相关责任,要求政府的决策兼顾经济效益、社会效益及环境效益的统一。

生态伦理的提出对政府的决策有了新要求、新标准,判断政府的决策科不科学,首先看政府的决策是否利于生态环境的保护。政府的决策是否科学事关能否从源头上防治环境污染和保护生态环境。生态伦理的提出要求政府的重大决策应该把环境效益放在首位,先客观评价环境效益,然后再客观评价经济效益,最后做出政府的重大决策,使政府的决策建立在生态环境保护和可持续发展的基础之上,最终实现经济效益和环境效益的有机统一。生态伦理要求政府的决策更倾向于利于生态环境保护的绿色规划,假如两个规划中,一个产业倾向于高产能、高污染、低效益,相反,另一个产业偏向于低污染、低能耗、高效益,那么政府会倾向于第二个符合创新、协调、绿色发展的产业。政府在绿色发展战略的实施过程中发挥着主导地位,政府的科学决策有利于可持续发展战略的实施。生态伦理的提出要求各级政府本身及其制定的相关方针政策、规章制度和环境保护机制都必须体现和贯彻生态文明战略,把生态环境保护落到实处,实现人与自然的和谐共生,推动美丽中国的建设。总之,生态伦理的提出,"要求作出决策的人应对其决策对环境造成的影响承担道德责任,若决策失误,造成了环境破坏资源浪费,即使促进了经济增长,也要追究决策者的道德责任,甚至法律责任。"①对政府的决策提出了新要求和新标准,对政府的决策做出了约束和规范,推动政府的决策平衡好经济发展和环境保护的关系,兼顾好经济效益和环境效益,使政府的决策朝着科学化方向发展。

2. 推动政府职能生态化

党的十九大报告提出要将生态文明提升为我国发展的千年大计,生态文明的建设需要全社会各界合力贡献智慧和力量。作为国家进行统治和社会管理的机关,作为我国权力的执行机关,在生态文明建设中,政府发挥着基础性和关键性作用,生态文明的建设需要政府经济职能、政治职能、文化职能和社

---

① 余谋昌、王耀先:《环境伦理学》,高等教育出版社 2004 年版,第 302 页。

会职能的最大限度发挥,要求政府在生态文明建设中"不缺席""不掉位""不失灵",对人们的行为进行有效规范和约束,推动美丽中国的建设。

首先,政府在资源合理配置中可以发挥经济功能。生态伦理的提出要求政府在统筹经济效益、环境效益和社会效益的基础上实现人力、物力、财力等社会资源的流动,形成一定的产业结构、区域经济结构,提高资源的利用率,实现资源的优化配置,推动资源节约型和环境友好型社会的建设。同时,政府可以发挥市场监管的经济职能,我国经济快速发展的同时也面临着经济发展与环境保护不协调的矛盾,政府可以通过法律、条文等明确界定和规范市场主体的行为,协调市场主体之间的矛盾,规范和约束市场主体的行为,要求市场主体在发展经济的同时兼顾环境效益,当市场主体威胁环境保护时政府有权进行干涉并制止危害环境的行为,保障市场经济的正常运行的同时实现生态环境的保护。其次,政府可以发挥保护生态环境和自然资源的社会职能。一方面,政府在日常的工作中,贯彻创新、协调、绿色、发展的理念,把生态环境保护落到实处,促进生态环境的保护,建设生态型政府;另一方面,生态伦理的提出有利于政府在扮演社会管理者和服务者的角色时,承担起解决环境问题、节约能源资源的生态责任,促使政府把生态环境保护贯彻落实到日常的社会管理中。最后,政府可以倡导全民参与生态环境保护、引导全民参与生态建设,倡导政府和公民共同行动起来,形成强大的感召力和凝聚力,形成全民共同参与、共同治理、共同建设的美好局面,推动美丽中国的建设。

(三) 文化功能

生态伦理的产生把环境保护上升到了道德层面,对人们的行为给予道德评价,一方面,生态伦理通过道德调节人类的行为,生态伦理有利于人类树立生态道德意识,形成生态道德情感,进而产生生态道德行为,推进生态道德体系化。另一方面,提高生态伦理素质的现实诉求要求加强生态伦理教育,推动生态伦理教育普及化。

1. 推进生态道德体系化

从历史唯物主义的角度看,人类是社会历史发展的主体,只有人类才能发挥主观能动性能动地认识世界和改造世界。人类作为高级动物,只有其才具有自觉的道德意识,只有人类具有道德情感,只有人类能做出道德选择和道德决定,形成生态道德行为,因此人类应该承担生态责任,自觉地成为承担生态道德义务的主体。生态伦理作为一种道德规范,要求把关爱、平等、自由、博爱的关怀对象扩大到自然界的所有物种之中,易于人们树立生态道德意识,激发道德情感,产生生态道德行为。

生态伦理作为一种处理人与自然、人与社会、人与人的行为规范,是生态道德的基本形态,对人类的生态道德意识、生态道德情感、生态道德行为都具有深远的影响。从生态伦理的内容看,生态伦理作为一种道德规范,它可以告诉人类什么是应该做的,什么是不应该做的,做什么对生态环境是有益的、做什么对生态环境是无益的,做什么是道德的,做什么是不道德的,对人们的特定行为做出道德评价,使人自觉地树立顺应自然、尊重自然、保护自然的生态意识,形成生态道德意识。生态伦理对在人类生存和发展过程中自然为人类提供的物质资料及精神资料都做了明确阐释,使人类认识到自然是人类社会存在和发展的基础,离开自然人类无法获得生存和发展,人与自然是密不可分的统一整体,激发人类的生态道德情感。生态伦理使人树立生态道德意识,激发人类的生态道德情感,从而对人的行为进行约束和规范,使人形成生态行为,对人类乱砍滥伐、乱堆乱放、乱丢乱扔的行为进行约束和规范,使人自觉地形成不乱踩乱踏、保护环境从自身做起的生态行为,使人类用"真心""真情""真行"去对待自然,还宁静、美丽于自然,还公平于自然,实现人与自然的和谐共生。总之,生态伦理通过道德规范使人类树立生态道德意识、激发生态道德情感、形成生态道德行为,最终形成一套完整的生态道德体系,推进生态道德体系化。

2. 推动生态教育普及化

提高生态伦理素质是解决生态危机的现实诉求,而生态教育是提高生态素质的重要途径,生态伦理教育已经成为我国做好生态工作面临的重要课题。生态伦理要求人类用更高的伦理教养看待和处理人与自然的关系,使得人类重新审视人与自然的关系,认识到保护生态环境的重要性。生态伦理的提出唤起生态意识,在实践中转换为生态行为并直接作用于生态环境,解决生态危机。提高生态伦理素质是解决生态危机的现实诉求,而生态教育是提高生态伦理素质的重要途径,生态伦理教育已经成为我国做好生态工作面临的重要课题。

工业文明以来,生态危机成为了人类共同面临并亟待解决的问题,生态危机的严峻性决定了生态教育的紧迫性,生态教育成为了当代教育中的一项新内容和新任务。习近平总书记指出:"要加强生态文明宣传教育,增强全民节约意识、环保意识、生态意识,营造爱护生态环境的良好风气。"[①]学校教育和社会教育成为生态教育的主要形式。大中小学校教育成为面向学生群体进行生态教育的主要形式。大中小学校教育都将生态教育融入日常的学习、生活教育之中,把生态教育贯彻落实到实处,提高学生的生态素养。学校坚持生态教育理论性与实践性的统一,不仅注重在理论层面宣传为何保护、以何保护及怎样保护,而且注重学生参加保护环境实践活动,通过开展义务植树活动、爱校爱国卫生运动培养学生保护自然从我做起的意识,明确人类对自然的责任和义务,唤起学生生态环境保护的意识,激发学生热爱自然、关怀自然的情感,形成自觉遵守环境道德规范,理智约束自己的环境行为。社会教育是面向全社会的教育,是家庭、社会等多方协同育人的模式,旨在通过教育提高全社会人员的环保素质,使人认识环境保护是每个人的责任,唤起环境保护的意识,

---

① 中共中央文献研究室:《习近平关于社会主义生态文明建设论述摘编》,中央文献出版社 2017 年版,第 116 页。

促使每个人转变自己的观念,提高自己的生态素养和形成良好的行为规范。总之,生态伦理的提出进一步彰显出生态教育的重要性,党和国家对生态教育的重视度越来越高,生态教育的普及化越来越高,生态教育唤起了环境保护的意识,认识到保护生态环境的责任,促使每个人用良好的行为规范推动美丽中国的建设。

（四） 生态功能

生态伦理通过社会舆论、道德规范对人类的行为进行了一系列规范要求,其最终目标为了实现生态功能,实现人与自然的可持续发展。生态伦理有利于协调人与自然的关系,实现人与自然关系和谐化。同时,生态伦理不是对某个人、某个集体、某个国家的行为具有约束和规范作用,而是对全人类、对所有国家的行为都发挥作用,有利于引导全人类保护生态环境,推动生态文明建设全球化。

1. 实现人与自然和谐化

生态伦理告诉我们人与自然是一个相互联系、相互依赖、相互影响的统一整体。地球是人类共同生存的家园,人类的生存和发展离不开从大自然中获取生存资料和发展资料,生态环境是人类生存和发展的根基,人类的生存和发展离不开自然界的支撑。生态伦理昭示着当前全球性环境危机的凸显严重影响着人类生存和发展的品质,全球气候的变化、生物多样性的减少及土地荒漠化等突出的环境问题给人类的生存和发展带来了影响,警醒人类保护生态环境是我们每一个人的共同责任,应该对保护地球家园承担起应有的社会责任。

生态伦理强调把伦理对象从人类扩展到自然界的所有物种之中,力图在人与生态环境之间建立一种利益分配和善意和解的关系,坚持用可持续发展原则、公平正义原则、整体性原则指导人类生产和实践活动,贯穿于政治、经济、文化生活等方方面面,引导树立绿水青山就是金山银山理念,提倡树立尊重自然、保护自然、顺应自然的自然之道,坚持节约优先、保护优先、自然恢复为主的主线,守住自然生态安全边界。在经济上,生态伦理要求摒弃高污染、高能耗、低效益的经济发展道路,引导人们走无污染、绿色产业和有利于环境休养生息的经济发展道路。在工农业方面,坚持节能减排,调整经济结构,发展循环经济,淘汰落后产业,发展新兴产业,大大降低交易成本的同时实现了节能减排,兼顾了经济效益和环境效益。在能源开发和水资源保护方面,建立健全了水资源可持续利用与水污染控制的综合管理体制,清洁能源持续快速发展,利用清洁能源发电如光伏、风能等发电量均居全国首位。在政治上,生态伦理的提出要求建设生态型政府,不仅要求政府在发挥职能时贯彻落实绿色发展战略,而且坚持科学决策,建立目标责任制和考核评价制,使政府的行为合乎美丽中国的建设。在文化上,生态伦理培养了生态伦理意识,用生态意识指导生态行为,协调人与自然的关系,总之,从本质上看,生态伦理本身是用道德的力量评价个人及集体的行为、引导人类反思和约束自己的行为,为正确处理好人与自然的关系提供了一种规范,有利于协调人与自然的关系,实现人与自然和谐化。

2.引领生态建设全球化

生态文明建设关乎人类未来,关乎各个民族的发展,关乎各个国家的美丽,建设绿色家园是人类的共同梦想,人类的共同期盼,人类美好生活的殷切希望。生态伦理中的国际公平原则体现出发达国家和发展中国家在环境保护中具有平等的权利和义务的原则,表现出生态环境保护不是一个国家的问题,而是所有国家的问题,每个国家都有义务保护生态环境。随着全球化速度的加快,生态问题的解决依靠一个国家的力量往往是不够的,需要多个国家的团结协作。生态伦理不是用道德的力量对某个人的行为约束和规范,而是用道德力量对全人类的行为进行约束和规范。美好生态环境的建设需要每个国家贡献人力、物力及财力,需要每个人贡献个人的智慧和力量。习近平生态文明思想的生态全球观是站在历史的新起点,基于人类的共同利益基础之上提出来的,鲜明地体现应对环境问题,保护生态环境是全人类共同的责任,为全球生态问题的解决和生态环境的保护贡献中国智慧。

习近平生态文明思想具有广阔的国际视野。首先,生态问题并不是某一个国家造成的,生态问题是全球造成的,并不能把生态问题归结为某个国家造成的,生态环境保护不是某一个国家的事情,是全人类的共同使命和责任。其次,生态治理应该全球参与、全球共建。一旦生态环境遭到了破坏,就应该立即采取措施治理环境问题,环境治理过程中每个国家应承担应有的责任和义务以建设美丽地球,不管是发展中国家还是发达国家都应承担起保护生态环境的责任,不论是在经济上还是技术上都应该承担应有的责任。最后,生态环境治理的成果由全人类共享,美丽地球的建设,每个国家可以享受到生态环境的治理带来的利益,利益由全人类共享,每个国家享有环境治理带来的新鲜空气、绿水青山的美好环境。总之,习近平生态文明思想有利于更多的国家关注生态环境问题,使更多的国家参与生态治理问题,有利于加强全球合作,形成绿色合力,形成强大的凝聚力、感染力和号召力,形成共同推进生态、人人共建美丽家园、人人共享美丽家园的美好局面,最终实现生态文明建设全球化。

第二章　生态伦理的思想渊源

任何命题或理论的提出都有其深刻的思想渊源,为增强对新时代生态伦理的理解与认同,需从全方位探析新时代生态伦理的思想渊源。追本溯源,马克思主义生态伦理思想、中国传统生态伦理思想、西方生态伦理思想和马克思主义中国化生态伦理思想为新时代生态伦理的构建提供了深厚的理论根基与思想渊源。

一、马克思主义生态伦理思想

马克思主义生态伦理思想是哲学意义上的实践自然观。马克思主义经典作家在追求人类解放过程中,围绕人与人、人与自然、人与社会的辩证统一关系,对生态自然界的存在和发展规律进行概括和总结,构成了有关生态伦理的基本观点和基本理论。马克思主义生态伦理思想是唯物的、辩证的、实践的、历史的、科学的思想体系,对新时代生态伦理的构建有着深刻的影响,并成为其直接理论来源。

(一) 马克思、恩格斯生态伦理思想

马克思和恩格斯在吸收朴素唯物主义自然观和机械唯物主义自然观的先

进思想的基础上,对人与自然的辩证关系进行了系统的研究和解释,形成了以唯物主义自然观为核心的生态伦理思想,并通过他们的众多著作内在而丰富地体现出来。通过对马克思、恩格斯著作中生态伦理的相关观点进行整理和阐释,主要有以下几个方面。

1. 人是自然界的产物

人与自然的关系是人类存在和发展必须面对的首要关系,也是马克思、恩格斯自然观的研究重心。马克思、恩格斯认为人与自然浑然一体的前提是自然具有先在性,正是自然先于人类存在,才给予人类维持自身生存和发展的条件。"历史本身是自然史的即自然界成为人这一过程的一个现实部分。"[1]马克思认为自然具有先在性,它先于人类历史存在并经由人类活动而打上了人化自然的烙印。恩格斯也强调:"人本身是自然界的产物,是在自己所处的环境中并且和这个环境一起发展起来的。"[2]马克思、恩格斯始终坚持自然与生态环境具有客观性和先于人类存在的观点,不仅充分展现出他们坚决彻底的唯物主义立场,更显示出马克思主义自然观的整体性质。同时,马克思大胆提出"人直接地是自然存在物"的结论,"我们连同我们的肉、血和头脑都是属于自然界和存在于自然界之中的"[3],认为人是漫长物种进化过程中脱颖而出的自然产物,人的肉体生活和精神生活同自然界紧密联系,从这个意义上来说,人与自然浑然一体也源于人对自然的依赖。"人在肉体上只有靠这些自然产品才能生活"。[4] 人类源于自然界,需要紧紧依靠自然界才能生存和发展,因而,马克思、恩格斯认识到人作为"自然存在物"的能动性和受限性。一方面,人可以充分发挥自身能动性,将自然界提供的各种资源转化为维持自身生存

---

[1]　《马克思恩格斯全集》第42卷,人民出版社1979年版,第128页。
[2]　《马克思恩格斯选集》第3卷,人民出版社2012年版,第410页。
[3]　《马克思恩格斯选集》第3卷,人民出版社2012年版,第998页。
[4]　《马克思恩格斯选集》第1卷,人民出版社2012年版,第45页。

和发展的生产资料和生活资料,正如马克思说的"人自身作为一种自然力与自然物质相对立。为了在对自身生活有用的形式上占有自然物质,人就使他身上的自然力——臂和腿、头和手运动起来"①。另一方面,马克思又认识到:"欲望的对象是作为不依赖于他的对象而存在于他之外的"②,证明人是一个受动的存在物,人与自然浑然一体注定二者休戚与共,人在自然界中所从事的一切活动都必须遵守自然条件和自然规律,不能为所欲为、随心所欲地开发和滥用自然,从而超越和违背人类改造自然的最大尺度。

2.劳动连接人与自然

在以实践为本质特征建构起来的马克思主义生态哲学视野中,马克思、恩格斯以实践为基点看待人与自然关系,认为只有实践才能实现人与自然、社会的互动和协调。"劳动首先是人和自然之间的过程,是人以自身的活动来中介、调整和控制人和自然之间的物质变换的过程。"③把人与自然连接起来的是创造性的劳动实践,人与自然在这种物质变换过程中发挥自己的主观能动力量开发改造自然,创造适合人类生存和发展的环境,因而只有人类的物质劳动才能实现人与自然的最终统一。马克思指出,"人们是通过活动来取得一定的外界物,从而满足自己的需要。"④也就是说,马克思认为人们为了满足自己的需要,利用自身的劳动实践从自然界中获取自身生存发展所需的各种物质资料,即从自然界中取得"外界物"的过程,在此过程中,人类的生产劳动有意识地改造自然、变革自然,把自在的自然变成人化的自然。可见,人类正是在改造自然界的生产实践中,与自然结成了一种相互关系。马克思还谈到:"动物只是按照它所属的那个种的尺度和需要来构造,而人却懂得按照任何

---

① 《马克思恩格斯选集》第2卷,人民出版社2012年版,第169页。
② 《马克思恩格斯文集》第1卷,人民出版社2009年版,第209页。
③ 《马克思恩格斯选集》第2卷,人民出版社2012年版,第169页。
④ 《马克思恩格斯全集》第19卷,人民出版社1963年版,第405页。

一个种的尺度来进行生产,并且懂得处处都把固有的尺度运用于对象;因此,人也按照美的规律来构造。"①马克思将人与动物区别来看,承认人具有超越生命本能的自主能动性和创造性,能够依据自己的喜好去改造自然界,根据自己的审美规律去建造自己所喜欢的对象世界,能够能动地去创造环境、改造环境。

3. 人与自然间的物质变换

在《资本论》中,马克思指出劳动不只是连接人与自然的中介和桥梁,而是进一步从"物质变换"的概念上认为劳动能调节和控制人与自然之间的物质变换。马克思把对劳动实践的理解植入物质变换概念之中,并强调人们能够通过发现、掌握和运用自然规律以合理和有效地控制和调整人与自然之间的物质变换。恩格斯也曾从物质代谢的角度揭示物理、化学规律所控制的无机界和生理规律控制的有机界之间的物质变换,"生命是蛋白体的存在方式,这种存在方式本质上就在于这些蛋白体的化学成分的不断的自我更新"②。同时,马克思又坚信"人在生产中只能像自然本身那样发挥作用,只能改变物质的形式③",这表明马克思将劳动过程中人与自然之间的原材料的变换理解为"自然物发生形式变化"。"机器不在劳动过程中服务就没有用。不仅如此,它还会由于自然界物质变换的破坏作用而解体。铁会生锈,木会腐朽。"④在马克思这里,人与自然之间的过程物质变换不仅包括自然物作为人创造的使用价值或产品被人占有的过程,而且包括人把生产消费或个人生活消费的"排泄物"作为有机物再排放给自然环境的过程,即自然循环过程。人类只有认识到人与自然之间的相互依存和相互确证的"对象性关系",按照伟大的自

---

① 《马克思恩格斯选集》第 1 卷,人民出版社 2012 年版,第 57 页。
② 《马克思恩格斯全集》第 3 卷,人民出版社 2012 年版,第 458 页。
③ 《马克思恩格斯选集》第 2 卷,人民出版社 2012 年版,第 103 页。
④ 《马克思恩格斯全集》第 23 卷,人民出版社 1972 年版,第 207 页。

然规律实现目的的"对象化活动"和人与自然"物质变换"的自然循环过程的有机统一,才能实现人与自然之间合理的物质变换。

4.资本逻辑严重破坏生态环境

在马克思、恩格斯的理论话语中,人们的生态权益问题本质上反映的是人与人之间的利益矛盾。马克思认为,自然界的各种资源就是生产力,就是资本的天然生产力,这种天然的生产力是资本主义生产劳动过程中资本增值不可或缺的重要支撑条件。马克思认为天然的自然力有助于人的劳动创造物质财富,但实际上唯利是图的资本家为了降低成本,无止境贪婪地追求剩余价值,实现超额利润,将自然界当作一种无偿的自然生产力来使用,导致了对自然资源的非法占有和非法控制。如恩格斯所言,"西班牙的种植场主曾在古巴焚烧山坡上的森林,以为木灰作为肥料足够最能赢利的咖啡树利用一个世代之久,至于后来热带的倾盆大雨竟冲毁毫无保护的沃土而只留下赤裸裸的岩石,这同他们又有什么相干呢?"①这样一来,利益驱使下的资本追逐对自然资源进行了残酷统治和疯狂掠夺,造成了严重的生态破坏和环境污染。资本家为争取垄断地位所进行的头破血流的竞争往往危害自然的正常运行和社会经济的正常发展。恩格斯指出:"如果土地像空气一样容易得到,那就没有人会支付地租了。既然情况不是这样,而是在一种特殊情况下被占有的土地的面积是有限的。"②在马克思、恩格斯看来,资本原始积累和追求剩余价值的利益驱动是近代生态破坏和环境污染的罪魁祸首,资本主义制度造成人与自然之间的异化关系,加剧了人与自然和人与人之间关系的紧张和破裂。马克思、恩格斯对如何克服资本主义私有制下利益驱动所带来的生态破坏和环境污染进行了前瞻性的设计,只有瓦解一切私人利益,即存在于超越资本主义的未来社会——共产主义社会里,才能为"人类与自然的和解以及人类本身的和解开

---

① 《马克思恩格斯选集》第3卷,人民出版社2012年版,第1001页。
② 《马克思恩格斯选集》第1卷,人民出版社2012年版,第29页。

辟道路"①。

5. 自然资源的循环利用

一切资源都是社会生产力形成和发展不可或缺的重要因素,正如马克思所说的,自然界是一切劳动资料和劳动对象的第一源泉。自然资源就是生产力,这种自然生产力是社会生产得以顺利进行的前提和基础。基于这种认识,马克思从使用价值和价值两个角度考察了自然资源在财富创造和影响剩余价值率高低方面所起的作用。马克思虽然没有明确使用"循环经济"这个概念,但可以从他所提出的合理调节人与自然之间的物质变换以及提倡充分利用生产排泄物中推理出他主张发展循环经济和节约经济的思想。他在《资本论》中指出,资本家为了获得高额剩余价值,想方设法地节约成本,其中一个办法就是最大限度地减少生产过程中的工农业排泄物和消费过程中的排泄物。而马克思认为全部物质都是有用的,即使是被抛弃的废弃物也是资源,因此,马克思主张将生产消费中的废物变成同一个生产部门或者其他生产部门的新的原料,可以将其直接作为产品或者经修复、翻新、再制造后继续使用,也可以将废物直接作为生产要素进行利用或者对废物进行再生利用,使他们回到生产和消费的循环中。"机器的改良,使那些在原有形式上本来不能利用的物质,获得一种在新的生产中可以利用的形式"②,在马克思看来,技术是提升自然资源或者被废弃的自然资源的循环利用度的一个重要途径,技术的进步在清洁生产和废料的循环利用中起着至关重要的作用。

（二）　列宁生态伦理思想

列宁作为苏维埃政权的缔造者,始终坚持马克思唯物主义自然观,遵循自

---

① 《马克思恩格斯选集》第1卷,人民出版社2012年版,第24页。
② 《马克思恩格斯全集》第25卷,人民出版社1974年版,第117页。

然运行和社会发展的双重规律,不断结合苏维埃俄国的具体国情和发展实际,深入探索苏维埃俄国建设和社会主义发展的具体生态实践,在此过程中形成了列宁的生态伦理思想。列宁的生态伦理思想包含以下四个核心观点。

1. 自然界对人类生存发展至关重要

列宁坚持马克思唯物主义自然观,承认自然界对人类生存发展的重要性以及自然规律存在的客观性。他在《哲学笔记》中指出:"外部世界、自然界的规律(这是非常重要的),是人的有目的的活动的基础"①。这充分表明列宁认为自然规律对人类生产活动具有基础性的影响作用,同时列宁认为自然的各要素是系统性的,各要素之间是相互作用、相互联系的。正是因为认识到了自然界和自然规律的客观性、先在性,列宁强调人们要尊重自然,重视人与自然的关系,不能妄图脱离自然客观规律而进行活动。列宁认为只有从最原始的自然界中才能探究出事物的真谛。正如他指出:"不能用精神的发展来解释自然界的发展,恰恰相反,要从自然界,从物质中找到对精神的解释"②。列宁认为,只有正确认识了自然客观规律,才能充分发挥自身的主观能动性去改造自然,实现人类对自然的正确"统治"。这种"统治"是自然现象和自然过程在人脑中客观正确的反映的结果。列宁的一生虽然处在波澜壮阔的革命与繁忙的苏维埃政权建设中,但是我们从他给家人的书信和日常生活细节中依然可以看出列宁对美好环境的热爱及对人与自然和谐相处的向往。

2. 资本主义生产方式导致生态危机

列宁在构建新的生态思想之后,将全部精力放到影响人类发展的社会现实的生态问题之上。列宁深刻分析了资本主义导致生态危机的根源——私有制,资本家为了获得最大程度的利益,加紧对自然资源垄断和掠夺,再加上在

---

① 《列宁全集》第55卷,人民出版社1990年版,第157页。
② 《列宁全集》第1卷,人民出版社2012年版,第90—91页。

资本主义生产方式的作用下,自然资源遭到严重浪费和不合理的使用,生态环境不断遭到破坏,最终形成生态危机。列宁认为,资本主义对于生态环境的破坏十分严重,这种无止境地对生态环境进行掠夺和破坏,最终将导致资本主义的生产无法进行下去。他在《土地问题和"马克思的批评家"》一文中引用恩格斯的话语深刻表达了对资本主义大城市的恶劣的生态环境的厌恶和对资本主义的批判,在大城市中,用恩格斯的话来说,人们都在自己的粪便臭味中喘息,所有的人,只要有可能,都要定期跑出城市,呼吸一口新鲜的空气,喝一口清洁的水。列宁对资本主义大城市发展状态的批判,完整展现出了资产阶级对于自然资源的疯狂掠夺和对广大人民群众的压迫的现状。对于资本主义的生产方式对工人的生存环境所产生的影响,列宁一针见血地指出:"说工人生活日益困难是由于自然界减少了它的赐物,这就是充当资产阶级的辩护士。"①资本主义的发展需要更大的市场,同时也需要更多的、更为廉价的物质资料和劳动力,这样不断扩张的结果就是资本家的财富不断积累,生活水平稳步提升,而无产阶级的生存却是举步维艰,世界上越来越多的国家和人民遭受到压迫,不计其数的自然资源被肆意开发和浪费,全球的生态矛盾日益加深。

3.利用科学技术发展社会生产力

列宁充分肯定了科学技术在改善生态环境中的积极作用。他认为,充分利用先进的科学技术来开采自然资源,有利于节约资源和社会生产力的不断发展。科学技术是第一生产力,是最重要的生产力,这也是列宁生态思想建设的重点。在社会主义时期,科学技术的开发和利用掌握在无产阶级手中,要完成改造俄国的伟大任务,光靠人民群众的热情是不够的,还要有一定的技术基础。在社会生产过程中人们需要生产工具,生产工具的改进和发展有利于人们生产水平的提高。科学技术的不断发展推动着社会主义建设的不断进步,

①　《列宁全集》第5卷,人民出版社1986年版,第90页。

有利于社会各行各业的全面发展。在当时的历史条件下,列宁认为必须首先充分利用一切可利用的资源和技术优势尽快恢复自然资源的生产,提供足够的自然资源和物质基础,挽救面临崩溃的俄国经济,提高工业生产效率,发展苏维埃经济建设,保障国民经济平稳有序发展。列宁认为运用科学技术可以提高劳动生产率,还可以有效改善生态环境,于是列宁强调科学技术应首先用来发展农业生产,大力引进农业科技人才等。他指出,"必须使文化和技术教育进一步上升到更高的阶段"[①],充分利用自然资源,大力发展科技,利用科技提高资源有效利用率,才能促进工农业的全面发展。当时的科学技术远没有现代社会发达,列宁仍然能够从当时的技术进步中,看到它对生态环境改善的重大意义,并能深刻理解科学技术对社会的作用,认识到对俄国建设起到的重要性,说明列宁高度的前瞻意识。

4. 建立社会主义生态自然法律

苏维埃政权建立后,列宁对法律在生态环境保护方面的作用非常重视。在列宁的领导下,苏维埃俄国刚成立就着手通过了一些保护土地、地下资源、森林、自然保护区和自然遗迹的法律条文及相关政策文件。正是由于列宁对于生态环境的远见和高度重视,苏维埃政权成立后,在面临国内外巨大挑战的同时依然建立了世界上十分领先的生态自然保护法体系,这种远见卓识对于生态环境的良性发展起到了不可磨灭的作用,同时对经济的发展也起到了很大的推动作用。在如上列宁的生态自然观的影响下,苏联在早期的社会主义建设中,就已经开始注重对自然环境的保护,20世纪20年代就开始建立自然保护区,并为生态学研究提供实验园;建立疗养地、城市休息区和市郊绿化区,并有专人保护和管理;在国家法律方面,制定环境保护相关法令,如《土地法令》《森林法》《关于自然遗迹、花园和公园的法令》,等等;注重计划经济体制

---

① 《列宁全集》第38卷,人民出版社1986年版,第176页。

对资源的合理利用,一定程度上减少了资源浪费和环境破坏;推动科学技术在生产活动中的运用,提高社会生产效率,这些都是列宁生态自然观在苏联社会主义建设中的有益实践,也是对马克思与恩格斯自然观的发扬光大。

二、中国传统生态伦理思想

中国传统社会里,人与自然的关系常常被称为"天人关系",正是在对"天人关系"的阐释中,儒学思想、道家学说、佛教语录共同构成了中国传统生态伦理的理论脉络,其透露出的环境伦理智慧为今天的环境保护理论提供了丰富的精神资源,这一系列有关尊重生命和保护环境的观点学说不仅成为中国传统生态伦理思想的重要先声,更是一种人类生态伦理智慧的历史回音,理所当然成为新时代生态伦理构建的理论基点。

(一) 儒家生态伦理思想

儒家以人类之爱推及自然万物,强调天人之间的整体和谐,这种至高无上的理想人格和"天人合一"的生存境界体现出朴素的生态伦理意识,对于当时维护社会经济生活与自然生态环境间的动态平衡发挥着一定的积极作用,并成为几千年来中国农业文明可承继的美好传统和生态道德。

1. 天人合一、参赞化育的和谐共生思想

天人关系是我国传统哲学探讨的焦点,由此达成的"天人合一"共识成为了中国传统文化的主流。儒家生态伦理思想以"天人合一"为核心,并以完备的天人合一论奠定了儒家生态思想的哲学基础。儒家的天人合一论既包含"天"论、"人"论,也包含"天人合一"论,在参赞万物化育之间彻悟人生真谛、肯定人道价值。在儒家看来,"天"是宇宙的最高实体,各个时期的代表人物通常从自然属性意义论"天",比如"天降时雨""天行有常",并认为天地具有

须臾不可分的联系。"夫天地之生万物也",天地是一个生生不息的创造本源,人乃天地孕育,居于天地之间,并以自身的仁义道德意识和"感通性智慧"成为万物之灵。正是因为人是天地所生万物中最高贵者,人类对自然万物就具有不可推卸的道德义务和责任。因而,儒家主张人类应该对天地万物施以仁爱之德,将人类的关怀扩及万物,以人类的仁义之心促进万物的发育和成长。可以看出,儒家通过强调人的至善品质和主体能动性来实现赞天地之化育的使命,把兼爱自然万物、尊重生命价值看作是人类的崇高道德职责。在"天"与"人"的双向互动中,实现"天道"与"人道"合一,自然建构出"天人合一"的模式,即人与自然的和睦一体。"天人合一"不但澄清了人而为人自身存在的意义,彰显了天作为价值根源存在的意义,而且这种仁于万物、生命至善的崇高境界体现出十分可贵的生态伦理意识。

2. 顺天应时、以时禁发的持续发展思想

天地万物互相依存,只有对山林资源、动物资源、土地资源等合理利用和保护,才能实现真正意义上的"天人合一"。正是注意到了这一点,儒家各个时期的代表人物很早就持有对资源利用与保护的理性态度,提倡要按照天地万物的属性来改造和利用自然,不能违背自然的生态节律和动植物生长特点。针对山林资源的利用与保护提出"时禁","草木荣华滋硕之时则斧斤不入山林"①,在儒家看来,山林有其自身的生长规律,春夏时期是林木萌芽生长阶段,此间禁止砍伐是为了保护其生长,以确保其成材。"草木零落,然后入山林"②,儒家鼓励顺时采伐,深秋之时进行采伐缘于实际生活取暖和战争制箭的贮藏之需,深秋之后的采伐则供生火取暖之需,并且秋冬之际的木材也能免去蛀虫之侵害。儒家不但提倡树木要"以时伐焉",禽兽也要"以时杀焉"。儒家认为,如出于保护农田,为农除害的目的对此类有害禽兽进行捕猎,是一种

---

① 安小兰译注:《荀子》,中华书局 2007 年版,第 92 页。
② 孙希旦:《礼记集解》,中华书局 1989 年版,第 335 页。

"无咎"行为。但当时的动物资源常用于日常肉食、制作药方、毛皮制衣、祭祀活动、军事训练等，于是，针对这些行为需求提出春天"不泽围"规定，反对大规模地灭绝动物种群的狩猎行为；提出"禁杀胎""禁杀童羊"要求，以便保护怀孕动物和幼灵更好成长；对于在禁渔期捕鱼的行为进行严厉谴责，认为这种行为是一种贪婪缺德的恶行。儒家劝诫人们不要为了一时之需而对动物资源"非时而动"，正如孟子所提出的："故苟得其养，无物不长；苟失其养，无物不消。"①儒家鼓励超越个人私欲去维护自然生态系统动态平衡和生活资源的充足稳定，这种极其睿智的思考和做法与今天人们所提倡的可持续发展思想十分相似，体现出强烈的伦理色彩。

3. 圣王之制、以道驭术的行为约束思想

"圣王之制"彰显制度规范本身的道德性，是儒家生态伦理思想延续到法律领域的成果，其目标在于使儒家生态伦理要求在相应的社会机制中得以实现。儒家的一些经典著作《尚书》《周礼》《礼记》等均记载了有关生态资源的立法保护。比如，禁止人们乱捕乱猎、乱砍滥伐，保证生物的生长期，防止生物匮乏。这些思想被荀子首创性地称为"圣王之制"，"圣王之制也：草木荣华滋硕之时……湾池渊沼川泽，谨其时禁，故鱼鳖优多而百姓有余用也。"②道德的规范就是法律的规范，这些出于对草木鸟兽的保护而形成的一系列禁令和礼制传承下来，演变成为历代王朝的法令。秦简中就规定春二月不要伐木，以免洪水冲垮河堤岸；不到夏天就不要把草锄掉烧成灰。此外，儒家保护自然环境的法令还演变为一些家族的族规，例如，清代江苏昆山《李氏族谱、族规》也对乱砍滥伐者做出"重责三十板，验价赔还"的规定。儒家对生态问题的思考紧密联系国计民生，为限制和消除不恰当的技术活动维护社会、自然各要素之间的和谐，维护农耕经济的稳定发展，儒家提出"以道驭术"观念，即技术行为和

---

① 万丽华、蓝旭译注：《孟子》，中华书局 2007 年版，第 250 页。
② 王天海：《荀子校释》，上海古籍出版社 2016 年版，第 381 页。

技术应用要受伦理道德的驾驭和制约。因而,儒家格外重视和强调技术发展的"六府""三事",要求技术发展目标既对国计民生有利,又有道德教化功能。总体来说,儒家将人与自然界的道德关系上升至法律层面,提倡以律令的形式从政治层面实现对自然资源的保护,并力图通过技术发展和利用的合理限度维护生态平衡和资源的可持续性利用,表明儒家生态伦理思想是从道德本体论出发的,可以实现人类对自然资源最有力的爱护。

4. 取之有度、用之有节的欲望节制思想

儒家从益于生灵、利于庶物的角度出发,强调资源开发利用上要取用有节,物尽其用。儒家没有完全禁止对山林资源的砍伐和对动物资源的捕杀,而是主张要"取之有度"。管仲提出"以时禁发"的开发原则,即"山林虽近,草木虽美,宫室必有度,禁发必有时"[1]。孟子延续此思想,主张对生物资源要取之有时,用之有节,倡导百姓崇尚简朴的生活方式,通过修身养性形成良好的生活习惯,从而对自然资源产生一定的保护作用。荀子更是明确以"不夭其生,不绝其长"为生态要求,主张人类对自然索取的合理限度,即要符合各类动植物生长发育的一般规律和特点。孔子作为儒家学派最具影响力的人物,更是以身作则,保持节俭合理的生活用度,"钓而不纲,弋不射宿"[2]就流露孔子"取之有度"的生态智慧,"一箪食,一瓢饮,在陋巷"[3]则表明孔子对简朴、节俭生活方式的赞美。合理地把握"度"和"节",欲望为根本。在荀子看来,"欲虽不可尽,可以近尽也;欲不可去,求可节也"[4]。儒家思想在宋朝得到进一步发展,程颐提出:"灭私欲则天理明矣",消灭过分的欲求才能保持道德自觉,同理,克服局部的欲望和要求才能把握好自然资源开发利用的度,从而将人类

---

① 黎翔凤撰,梁运华整理:《管子校注》,中华书局 2004 年版,第 261 页。
② 杨伯峻:《论语译注》,中华书局 2015 年版,第 108 页。
③ 杨伯峻:《论语译注》,中华书局 2015 年版,第 86 页。
④ 安小兰译注:《荀子》,中华书局 2007 年版,第 259 页。

自身的行为限制在大自然可以承受的范围之内。这些欲望节制思想是儒家学派各个时期代表人物重新认识自然价值的一个重要努力，反映出他们极为深邃的生态伦理意识。只有做到取之有度、用之有节，始终善待自然，才能持续获得自然的馈赠，这种生态伦理智慧值得我们深思和借鉴。

（二）　道家生态伦理思想

道家生态伦理思想以"道法自然"为核心，要求人们按照天地万物的自然本性采取相应的行为方式，蕴含着深刻的生态智慧。道家学说中有许多思想涉及生态环境方面，这些思想通过后来创立的道教而传播至中国民间，对于我国社会动物保护的思想和实践具有相当大的影响。

1.物我同一的生态整体观

道家的生态伦理思想建立在万物一体的整体观之上，将天地人视为一个有机的统一整体，认为人与自然万物有着共同的本源和共同的法则。众多生命物种共同构成了生态系统，生态系统整体价值的实现也要依靠自然界各类生命物种功能的发挥。万物在形态和性质上虽千差万别，但都是道创生过程中的一个部分或阶段，因而，道也促使万事万物成为一个相互联系和相互依存的有机整体。正如庄子所说的"万物皆一"，天地人同源于道、依附于道，作为生态系统的组成部分共同栖居于同一个生命体中。因而，人类不是作为宇宙万象的主宰和中心而存在，而要树立起宇宙一体的整体观念，树立起尊重自然和与自然为友的意识，正如庄子所向往的"同于禽兽居，族与万物并"①的和谐生活状态。道家"万物一体"的生态整体观将自然界看作是一个动态平衡的整体，肯定人与自然的物质统一性，这是十分可贵的生态伦理意识。

---

①　方勇译注：《庄子》，中华书局 2015 年版，第 143 页。

2. 道法自然的生态本源观

道最根本的属性就是自然无为。"人法地,地法天,天法道,道法自然。"①
老子认为,生命的本质是顺乎自然,只有按自然本性办事,才能拥有一种合乎
自然的生命。庄子也认为真正的快乐在于清静无为、纯任自然地生活。因而,
道家学派倡导人们的起居饮食都要合乎自然,不仅要做到"不欲起早起晚",
更要"食不过饱""饮不过多""不欲多睡",这样才能实现保身尽年、长命百岁
的目的。此外,道家认为对待他人和万物也要按照道的自然本性,由人类自身
推及自然,就要求人类要以依循万物的自然无为本性去爱护和利用自然界的
一切事物。庄子反对"以己养养鸟",这样会违背鸟的天性和生活方式,而是
要按照鸟的自然本性及生活习性去养鸟。道家之所以主张以自然无为的态度
去对待天地间所有自然之物,是因为万物在天然状态下本就圆满自足,各有其
常态和天然本性,如果人类强行有为,按照自己的意志去改变万物的自然状
态,就会给万物造成损伤和破坏。道家以顺应万物生存的自然之道去对待天
地间所有自然之物,对于维护自然生态系统的稳定和有序具有十分重要的
意义。

3. 知常知和的生态智慧观

道家知常知和的观念是中国古代生态伦理的伟大智慧。老庄所强调的
"知常"即认识自然规律。万事万物都有其运动变化和消长盛衰的内在规律,
只有认识和了解这种内在规律才能成就人生的大智慧。老子提出:"复命曰
常,知常曰明。不知常,妄作,凶。"②老子敏锐地洞悉到自然界的各种物质循
环及其形成的天地万物和谐秩序的重要,告诫人们如果因盲目自大和过分追

---

① (魏)王弼注,楼宇烈校释:《老子道德经注》,中华书局 2011 年版,第 66 页。
② (魏)王弼注,楼宇烈校释:《老子道德经注》,中华书局 2011 年版,第 39 页。

求人类自身的利益而采取违背自然循环的行为就会造成生态系统的失衡,继
而破坏人与自然的和谐状态。庄子也反复告诫人们要维护自然系统本身的和
谐,并以长远视角提出可能引发"云气不待族而雨,草木不待黄而落,日月之
光益以荒矣"①的人为灾难后果。在道家看来,"道"是形成天地万物间整体
和谐状态的根本存在,理解和把握"道"是促进万物生存发展的根本之法。人
类社会如果能用心体会天地万物的和谐与自在,就能实现人类与自然界之间
的融洽和谐。于是道家提出了"知和曰常"的命题,劝诫人们不仅要"知常",
更要"知和"。

4.知足知止的生态开发观

自然界有其自身存在的限度,人们必须"知足知止"。道家很早就认识到
这一限度原则,强调要适度地开发和利用自然资源,把开发自然资源同保护自
然资源有机地结合起来。"祸莫大于不知足",世界上最大的祸患莫过于不懂
得适可而止、自我满足,竭泽而渔,杀鸡取卵式的开发和利用自然必然会引发
自然对人类的严重威胁。庄子继承和发展了老子的思想,认为天下每每大乱、
危机四起,罪因在于人们不知足不知止,同时尖刻地嘲讽了"亡以待尽""行尽
如驰""莫之能止"的罪恶行径,认为这是十分可恨而又十分可悲。"鹪鹩巢于
深林,不过一枝;偃鼠饮河,不过满腹。"②庄子以动物为例,劝告人们对物质的
享受要建立在人类自身正常的生理需求之上,也就是道家所提倡的"少私寡
欲",这种知足哲学意识到了自然生态圈的承受限度,对人类行为的控制和资
源的开发具有重要意义,既以合理的态度去合理地开发和利用资源,同时也给
予现代社会以重大的启示和借鉴。

---

① 曹础基:《庄子浅注》,中华书局 2000 年版,第 147 页。
② 曾枣庄、刘琳主编:《全宋文》第 1224 卷第 56 册,上海辞书出版社 2006 年版,第 237 页。

5.寄意山水的生态审美观

在审美层面上,道家学者认为凡是自然的都是真的、善的和美的,故以大自然为真善美的源泉,在自然中寻求安慰和精神寄托。在庄子看来,"天地有大美而不言"①,大自然的美是一种至高至大而又不自我表现的美,自然界的鸟兽草木、山川绿水都有其自然的本性装点着自然界并赋予自然界以无穷生命力。人只有投入大自然的怀抱,主动与大自然融为一体,才能真正体会到自然无穷的奥妙与善美,生发与天地万物一体和谐的感受,进而享受到精神上的绝对自由与最高快乐。自然山水能成为人生幸福和快乐的源泉,"山林与,皋壤与,使我欣欣然而乐焉。"②道家学派这种寄情山水的审美情趣感染了一大批文人墨客,促使他们对生发起热爱自然进而热爱生活的壮志豪情,创作了许多以自然风光为咏赞对象的山水诗,大大拓展了中国伦理文化的精神空间。

(三) 佛教生态伦理思想

中国佛教是中国传统文化中的一个重要组成部分,蕴藏着独特而深刻的生态伦理思想。佛学理论中阐发了中国传统文化中最为完整的生命观,蕴含着对生命的关切必然,其有关众生平等、大慈大悲、因果报应、极乐世界的学说吸引了广大民众,并深深地根植于中国民间,成为中国古代民众处理人与自然关系的重要依据。

1.因缘和合,整体共生

缘起论是佛教哲学的核心,是整个佛教教义的理论基石。"有因有缘集世间,有因有缘世间集;有因有缘灭世间,有因有缘世间灭。"③佛教认为,大千

---

① (清)郭庆藩:《庄子集释》,中华书局2004年版,第731页。
② (清)郭庆藩:《庄子集释》,中华书局2004年版,第765页。
③ [日]高楠顺次郎等编:《大正藏》第2卷,大正一切经刊行会1979年版,第12页。

世界的生生化化无一不是因缘和合而生、因缘散失而灭,一切事物都是相互联系、彼此依存和互为条件而存在的。既然世界万物因缘和合而起,都存在于普遍的生命之法的体系内,那么就要把生命主体与自然环境看作是一个不可分割的有机整体。一切生命的和非生命形式的存在都合乎目的,不存在人格化的造化主和主宰者,因而,仅使自然界合乎人的目的而否定其他物种的生存权利的行为是不可取的。人类与所有生命物种在生态系统中相互依存是一个事实,人们必须通过维护生态系统的稳定性和整体性才能实现整体共生。佛教的缘起论把伦理观念扩大到人以外的一切自然物中去,它有助于促使人们摆正自身在自然界中的位置,破除以往那种人类是自然的主人的思想,进而提倡以平等、包容的心态对待其他生命存在形式,这将有利于建立和谐的人与自然的关系,维护生态平衡。

2. 天地一体,众生平等

"平等"一词意为均平齐等,无差别之意,是中国佛教伦理的重要概念之一,也是对待他人和众生应持的基本态度和伦理法则。三论宗的创始人吉藏最早从正面论述了众生之外皆有佛性,"若欲明有佛性者,不但众生有佛性,草木亦有佛性。"①这就意味着不仅人,而且连同其他所有生物都具有佛性,山川、草木、瓦砾、大地等无情无性的东西也具有佛性。在佛面前,不仅人与人是平等的,而且人与其他的所有生物都是平等的。因此,佛教确立"众生平等"为其宗教的基本信条,极力提倡人们尊重各类具有佛性的事物的存在形式,承认不同种类生命存在的价值。佛教的平等思想将平等的道德主体在外延上进一步扩大,平等无差别的思想也在一切存在物上得到了进一步强调。中国佛教通过教义将众生平等这一思想传播至民间,深刻影响了民众对待动物的态度和行为,成为维系人与自然和谐关系的宝贵思想资源。

---

① 石峻等:《中国佛教思想资料选编》第二卷第一册,中华书局 1979 年版,第 365 页。

3. 戒杀护生,慈悲为怀

佛教对生命的关怀,最为集中地体现在普度众生的慈悲情怀上。佛教教导人们要对所有生命大慈大悲,"大慈与一切众生乐,大悲拔一切众生苦。大慈以喜乐因缘与众生,大悲以离苦因缘与众生"[①]。关爱众生,把所有生命的痛苦当作自己的痛苦去体验,把所有生命生存的不幸环境当成自己生存的不幸环境去感受,使"爱"和"慈悲"所关注的对象不限于自己的子孙、妻子或兄弟姐妹,而且还要遍及所有的人和所有的生物。此外,佛教制定了不杀生的戒律,以宗教信仰的形式确立了尊重生命和保护生命的伦理。佛教还在内在的佛经要求的基础上,发展出了素食的戒律要求,禁止食用一切肉食,以慈悲心肠给予众生道德关怀。无论是出家弟子还是在家心中,大都遵守这一戒律而奉行素食。食肉就是间接杀生,素食是落实戒杀原则的有力保证。虽然佛教这种普度众生的慈悲情怀并非基于生态学意义上的生物保护,而是源于其宗教信仰,但佛教的道德信条中所表现出对生命的尊重仍有效地推动了民间对于动物保护的实践,其所凸显的慈悲情怀更是突破了人类对人类自身的关注。

4. 净土理想,极乐追求

净土,即佛国清净国土,强调国土的清净特质。佛教中将"佛国净土"作为理想的生存环境,体现了佛教关于理想生态环境的认识。在《弥勒菩萨本愿经》中,弥勒菩萨曾立下宏大誓愿:令国中人民绝无污垢瑕秽,国土异常清净,人民丰衣足食,生活安宁幸福。在这片国土上,空气清新洁净,天空风和日丽,水源清洌甜美,树木茂密繁盛,花草鲜艳芬芳,鸟兽繁衍兴旺,众生三业清净皆行十善,人与天地万物达成高度和谐。佛教净土理想非常强调生态环境的清净特质,以及生态环境对人们身心的精华和调和作用。佛教的净土理想

---

① (后秦)鸠摩罗什:《大智度论》卷27,《大正藏》第25卷,第256页。

虽然只是对人与自然关系的精神追求,但表现出了佛教对自然生态环境之于人的身心健康重要意义的思考,对于人们维护自然万物以及协调人与自然关系具有启迪作用。

三、西方生态伦理思想

在人类思想文化史中,人与自然的关系问题是个恒久而弥新的话题,西方世界也不断在不同的层面上探究自然存在物的道德地位以及人与自然的道德关系问题。可以说西方生态伦理思想是西方环境学者思考人与生态环境系统之间的关系,并力求二者和谐发展的结果。根据其所确定的道德关怀的范围来划分西方生态伦理思想的流派,可以分为以下四种。

(一) 人类中心主义

人类中心主义这一观点在西方可谓是源远流长、根深蒂固,但人们对它的解读因各异的文化背景而略有差异。只有理解了不同形式的人类中心主义的具体内涵,我们才能更为准确地把握西方伦理学的人类中心主义流派的思想精髓。

1.人类中心主义的传统形态

人类中心观是随着社会发展、科学技术、生态环境的变化而不断发生变化的。近代哲学家们在对人与自然关系上所阐发的基本观点,深深地影响了西方世界对大自然的基本态度和行为倾向,成为现代环境哲学的思想来源和理论基础。

(1)自然目的论

自然目的论最早可以追溯到亚里士多德“所有动物都是大自然为人类而创造的”这一观点。实际上,这一观点在西方世界根深蒂固,即使到了 19 世纪,许多科学家也对这一观点深信不疑。法国动物学家居维叶认为鱼的存在无非也是给人提供食物。这样一来,人的利益就成为衡量评价万物是否有价值的唯一尺度。普罗泰戈拉认为:"人是万物的尺度,是存在者存在的尺度,也是不存在者不存在的尺度。"①这明确宣示了人是万物的中心,是万物存在的目的,也是评价万物存在价值的标准。到了近代,随着人类理性的高扬和人的主体地位的确立,在以认识论为主导的西方哲学中,人与自然的关系被抽象为主体与客体的关系,人完全成为了自然的主人,其他存在物只能成为被人驱使的工具,从而也更坚定了人与自然关系中的人类中心主义信念。

(2)上帝创世论

宗教是人类文明早期的产物,带有许多错误的假想成分,上帝创世论便是。在基督教会统治欧洲的中世纪,人类中心主义也统治着西方世界的思想领地。《圣经·创世纪》描述的是上帝创造了世界,按照自己的形象创造了人类,并要他们管理地球上的一切活物。在基督教看来,人是唯一有希望获得上帝拯救的存在物,因而具备征服和控制除人以外的所有自然物的优异能力。上帝在创造完人以后将"遍地上一切结种子的菜蔬和一切树上所结有核的果子全赐给你们作食物",可见,上帝创造的其他造物都是为人类服务的,大自然的主人只有一个,那便是人。因而,人对大自然的统治是绝对的、无条件的。后来的历史表明,西方人正是用这种宗教神学的创世神话为他们统治自然界提供合理性解释。基督教在人与自然的关系问题上的基本观点,极力高扬人的中心地位,深深地影响了西方人对大自然的基本态度和行为倾向,造成对自然的冷漠和无情。

(3)理性价值论

人是理性的存在并能够凭借理性来把握世界,这种观点早在古希腊时期就已经成为思想家的共识。因而,把人定义为一个理性的存在物就成为西方

①　北京大学哲学系:《西方哲学原著选读》(上卷),商务印书馆1983年版,第54页。

文化中一个不言而喻的传统。康德作为理性价值论的重要代表人物,尖锐地指出只有具有理性的生命才应受到道德的关注,自主且理性的人才能进行理性思考、做出理性选择,并能对行动的后果承担责任。康德就动物作出评判,认为动物不具有自我意识,人类对动物不负有任何直接的义务,而只是将其作为为人类自身服务的工具。在康德看来,动物被划分到理性世界之外,是非理性的生命存在,而非理性的生命被理性生命当作工具是合理行为,所以不用受到道德的关注。这种理性价值论大肆宣扬具有理性的人所具有的高贵且内在的价值,而极力贬低甚至不承认非理性生命的价值,将道德关怀的范围缩小至理性存在物,使"人是自然的主人"这一观念在西方世界根深蒂固。

(4)机械自然观

被誉为近代科学始祖的笛卡尔将上帝看作造物主,认为整个世界,除了上帝和人的心灵之外,都是机械运动的。笛卡尔试图用力学定律解释一切自然和社会现象,把各种不同的质的过程和现象都看成是机械的,动物、植物甚至整个自然界都是机械的。这种观点将自然的地位下降为一种被造的机械,使得自然界的一切生命物和无生命物都成为一种可能被操作的对象,人类自然地能去情感化和随意化对待它们。机械自然观认为人类对自然做出的行为也是受通常的力学定律所支配的,间接否认人对自然和动物所负有的义务,但也持有"人具有不朽的灵魂和心灵"的观点,这就凸显了人的主体地位,这种物种间的利己主义为当代环境破坏提供了辩护,成为当代环境破坏的哲学根源。

2.人类中心主义的现代捍卫

人类中心主义的传统形态只承认人的内在价值,而不承认大自然其他物种或生态系统的相关价值,因而被看作是一种有缺陷的伦理。正是基于传统人类中心论的缺陷,一些思想家试图用一种比较温和开明的人类中心论来解释和说明,努力扩大人类的道德关怀范围以对人类中心主义进行捍卫。

(1)温和人类中心主义

在西方环境危机不断加重的情况下,人类中心主义观点已经难以为继,一些人类中心主义者试图用温和的人类中心主义观点来补充和完善西方环境伦理学的理论地图。尤金·哈格洛夫便是其中之一。哈格洛夫具有敏锐的学术洞察力和预见力,他很早就发现西方的主流哲学和价值观与现代激进的环境主义是格格不入的,但他仍坚信西方文明中的一些思想观念能够指导现代环境保护。"我们不需要一件新的外衣;我们需要的只是一件进行了重要修补的外衣。"①可以看出,哈格洛夫坚守西方主流哲学和伦理传统——人类中心主义,但是又区别于一般意义上的人类中心主义者,他承认自然的内在价值,并认为不一定要将自然的工具价值和内在价值对立起来。此外,他也鼓励和支持人们探索非人类中心主义的内在价值,认为只承认自然工具价值的人类中心主义观点将成为历史的一个插曲。这种温和的人类中心主义观点能以宽容和开放的态度对待非人类中心主义观,但他不认为非人类中心主义能够承担现有历史文化背景下环境保护的伦理责任,而是提倡以人类的审美直觉来理解人类中心主义的内在价值。

(2)弱式人类中心主义

与绝大多数人类中心主义者所持有的观点一致,诺顿也认为人是内在价值的拥有者,所有其他客体的价值都取决于它们对人的价值的贡献。针对人的利益需要和价值观问题,诺顿对人类中心主义作出划分,即产生了所谓的强式人类中心主义和弱式人类中心主义。他所持有的弱式人类中心主义观点认为自然客体具有改变和转化人的世界观和价值观的功能,而不只是具有满足人的需要的价值,从这个意义上来说,这种以新的方式产生的价值观能够净化人的需要,影响甚至取代人类那些物质主义和消费主义的价值观和生活方式,从而促使人们去主动地保护自然环境各类物种。诺顿试图用弱式人类中心主

---

① [美]哈格洛夫:《环境伦理学基础》,杨通进译,重庆出版社2006年版,第4—5页。

义来完善人类中心主义以协调人与自然的关系,为人类中心主义提供一种理性辩护,丰富了人类中心主义的内容。

(3)开明人类中心主义

西方环境学者大多认为环境的关切和人的利益满足之间的矛盾尖锐不可调和,但蒂姆·海德华认为人类中心主义并不完全等同于"以人类为中心",对此,他从正反两个方面对人类中心主义做出具体分析,他认为人类中心主义是没有任何问题的,并且是不可反对的。同其他存在物一样,人类有追求自身利益的权利,当人类的关怀扩大到对非人类存在物的关怀,那时的人类中心主义是值得期待的。同时,他也认为那种以满足人类不合理的极端需要的行为超出了人类中心主义的界限,是一种"物种歧视主义"和"人类沙文主义"。于是,他建议从开明的自我利益出发去关注他人和非人类存在物的利益,从而使自我利益扩展到更为宽广的利益。与温和派的人类中心主义者不同,海德华认为非人类中心主义论彻头彻尾都是不合理的,并且还指出了非人类中心主义者对人类中心主义者的错误指责和评判。

(4)现代人类中心主义

墨迪是现代人类中心主义的重要代表人物,他在《一种现代的人类中心主义》一文中展现了他持有的现代人类中心主义观点。墨迪在肯定人类存在的积极意义的同时,也承认其他物种的内在价值,"每一物种均有内在价值。但我的行动显示出我评价自己的存在或我的种的延续要高于其它动物或植物的存活"①。墨迪从生物进化角度论证了人类的价值高于自然界其他存在物的价值,并认为人类以自己为中心只不过是实现持续再生的合理诉求。墨迪认为在推动社会发展的过程中难免会损害到其他物种的利益,人类要做的是反思和修正自身的行为,履行保护自然的责任,以维护人类的生存和发展。墨迪的现代人类中心主义思想从生物进化论、人类文化认识论等方面论证了现

---

① [美]W.H.墨迪:《一种现代的人类中心主义》,《哲学译丛》1999 年第 2 期。

代人类中心主义的合理性,具有一定的积极意义,但他用蜘蛛为例论证人类中心主义的合理性之时,已然将人作为一个一般意义上的自然存在物,这就已经失去了人类中心主义上的人的存在。

3. 人类中心主义的批判反思

20 世纪 70 年代以前,人类中心主义似乎是不可撼动的,但是随着全球性的环境危机进一步加剧,人们开始思考人类中心论的环境价值观是否能够为环境保护提供足够的道德保障。由此,一部分西方环境伦理学家详细分析并指出了人类中心主义存在的困境与缺陷,主要集中在人类中心主义的三个元理论学上,即物种歧视主义、人类沙文主义和伦理契约论。这些诘难也引发了人类中心论者的反思与辩护,尤其是现代人类中心主义者充分且详细地论证了现代人类中心主义的合理性根据及较之传统人类中心论的优越性。但这种批判反思的过程中,非人类中心主义与人类中心主义呈现越发严重的二元对立,这种二元对立的发展模式似乎也使得环境保护事业和实践缺少价值理念支持。因而,从 20 世纪 90 年代起,许多学者开始努力寻求二者之间的重叠共识,形成了实践重合论、环境整合主义、规范共识论等。

(二) 动物解放论与动物权利论

长久以来,人们对动物地位的认识建立在以人类为中心的工具价值的基础上,从而将动物排除于人类道德范围之外。预测到人类社会的物种歧视主义和人类沙文主义势必会给同样生活在地球家园的其他动物带来深重苦难,一些环境学家开始有了"动物权利意识的觉醒",致力于将博爱原则扩展应用到动物身上,主要是以辛格为代表的动物解放论和以雷根为代表的动物权利论。

1. 动物解放论

彼特·辛格是动物解放论的创始人,他的动物解放思想在其著作《动物的解放》一书中简洁且有力地呈现出来,为当代动物解放运动起到了强大的理论指导。辛格秉承西方功利主义传统,认为动物和人一样,都拥有感受痛苦和快乐的能力,既然如此,它们就应该拥有享受快乐和避免痛苦的利益。"当动物所感受的痛苦(或快乐)与人所感受的痛苦(或快乐)在程度上完全相等时,认为动物所感受的痛苦或快乐没有人的重要,在道德上找不到正当的理由。"①由此,辛格打破了人类中心主义思想的限制,将动物纳入道德考量和伦理关怀的范围之内,创建了以功利主义为伦理学基础的动物解放论。辛格的动物解放论的核心观点就是平等原则,每一个具有感受性的生命都应获得道德上的平等对待,动物与人具有相同的利益,应该把道德关怀的范围扩大到动物的身上,平等地去关心动物的利益。辛格认为物种歧视导致西方社会发生虐待和残害动物的普遍行径,种族歧视和物种歧视在本质上无异,只有消除物种歧视,动物才可以像黑人那样获得最终解放。社会生活的方方面面都沾染着动物的鲜血,正是看到了物种歧视对动物造成的剥削与伤害,由此,辛格提倡人类走向素食主义,鼓励人们养成从道德上拒绝购买或食用现代化养殖的动物产品到拒绝使用任何动物产品的良好生活方式。辛格的动物解放思想引发人们对动物地位的高度关注,成为非人类中心主义的重要思想流派,但动物解放论所宣扬的功利原则也可以为人们虐待动物、剥夺动物提供合理性辩护,从这个意义上来说,动物解放论存在一定的理论缺陷。

2. 动物权利论

汤姆·雷根被认为是当代动物权利运动的精神领袖,也是真正从哲学的高度上阐述"动物拥有权利"命题的第一人。在雷根看来,"权利论是思考人类道德的一种理性的最令人满意的方式"②,但是,"从理性的角度看,把权利

---

① [美]彼得·辛格:《动物解放》,祖述宪译,青岛出版社2004年版,第15页。

② [美]汤姆·雷根、[美]卡尔·科亨:《动物权利论争》,杨通进等译,中国政法大学出版社2005年版,第123页。

论仅仅限制在人类范围内是有缺陷的"。① 只有假定动物也拥有权利,我们才能从根本上杜绝人类对动物的无谓伤害。在关于如何证明动物和人拥有同等权利的问题上,雷根提出"天赋价值",动物与人具有同等的、没有程度差别的天赋价值,因而也应享受被尊重对待的平等的道德权利。他否定康德将理性作为价值的标准,而以"生命的主体"作为存在物具有天赋价值的根据。雷根虽然强调动物的权利不可侵犯,但在特殊情况下又不是绝对不可侵犯的,比如为了阻止其他无辜个体遭受更大的伤害。为此,以雷根为代表的动物权利论者提出伤害少数原则和境况较差者优先原理来规定侵犯个体权利的边界。雷根在对人类的道德义务作出批评的同时,找寻动物权利的道德理据,完成了对动物权利的累积式论证。从这个层面上看,动物权利不仅是历史发展的必然结果,也是动物权利论者呼吁人类扩展道德关怀视野的努力成果。也正因为对动物个体权利与福利的过度关注,动物权利论者忽视甚至植物、物种和生态系统的道德地位,因而动物权利论被许多环境学家认为不是一种真正的环境伦理学。

(三) 生物中心主义

生物中心主义者认为动物解放论和动物权力论的视野不够宽阔,他们只考虑到了动物,而忽略了动物以外的生命——植物,这就与环境科学和生态科学所强调的生命共同体或生态系统的稳定与和谐的整体主义思维方式相悖。因而,他们决心继续扩大道德关怀的范围,使之包括所有生命。

1. 敬畏生命

阿尔贝特·施韦兹是 20 世纪最伟大的人道主义者,他在生态伦理学的萌

---

① [美]T.雷根、杨通进:《关于动物权利的激进的平等主义观点》,《哲学译丛》1999 年第 4 期。

芽时期大胆提出"敬畏生命"的伦理思想,开辟了现代意义上的生物中心主义。在施韦兹看来,一切生命都有生命意志,只有当人认为包括自身的生命以及一切生物的生命都是神圣、有价值的时候,他才是道德的。人们不能因主观随意的感受和判断就对生命的神圣价值进行划分,认为某种生命是毫无价值的,长此以往,会陷入人的生命也是没有价值的危险之中。正如他所说的:"善是保持生命、促进生命,使可发展的生命实现其最高的价值。恶则是毁灭生命、伤害生命,压制生命的发展。"①于是,他提出要对一切生命保持敬畏。施韦兹承认人的生命意志是所有生命中表现得最为强烈的,人对其他生命的关怀从根本上来说就是对自己的关怀。他提出:"敬畏生命伦理的关键在于行动的意愿。"②从人的品行和意向的角度来定义伦理规范,使人们具备更高的道德觉悟和道德境界,从而促进和保证人类及大自然一切生命存在和发展。施韦兹是一位真诚而坚定的生命与和平的捍卫者,他期待通过保持对生命的敬畏来调整人与人、人与其他生命的关系,但他的敬畏生命的伦理思想仅停留在浪漫的理论构想,缺少相应的规则体系和范畴体系,这种缺少操作性的实践难题只能使人们把敬畏生命当作美好的空想搁置起来,也为敬畏生命的伦理思想难以产生广泛的现实影响埋下伏笔。

2. 尊重自然

当代道义论的生物中心主义的重要代表人物保罗·沃伦·泰勒进一步发展施韦兹"敬畏生命"的思想,建构了一套完整的生物中心主义伦理学体系,包括尊重大自然的态度、生物中心主义世界观和环境伦理规范。泰勒认为尊重是伦理的本质,将尊重大自然看作环境伦理的基本精神和理论基石,"当行为和品质特点表达或体现了某种我称之为尊重自然的终极道德态度时,这种

---

① [德]施韦泽:《敬畏生命》,陈泽环译,上海社会科学院出版社 1996 年版,第 9 页。
② [德]施韦泽:《敬畏生命》,陈泽环译,上海社会科学院出版社 1996 年版,第 25 页。

行为就是正确的,这种品质特点在道德上就是好的"①。尊重大自然的具体表现就是尊重所有的生命,泰勒主张无论是人是动物,抑或植物,凡是有生命的存在物都应当得到道德上的同等的尊重。继而,泰勒从世界观层面上提出四个信念来帮助人们理解和接受人们对生物尊重态度的缘由,包括人只是地球生物共同体的成员、自然界是一个相互依赖的系统、有机体个体是生命的目的中心、人并非比其他生物优越。泰勒认为尊重大自然的态度不能仅停留在引出和论证层面,必须通过日常生活实践中一套完整的行为规范和准则具体体现出来。于是他提出不伤害原则、不干涉原则、忠诚原则和补偿正义原则来引导和控制人类的行为,通过人类行为的自我约束把对伤害的可能性降到最低限度。对泰勒"尊重自然"的生态伦理思想进行整体观照,我们可以清楚地发现这是一个较为完整的思想理论体系,泰勒为我们提供了实现人与自然和谐相处的态度、世界观和道德准则规范,一定意义上为人类改造自然提供了新的方法论,凸显强烈的实践意义。

(四) 生态中心主义

生态中心主义从整体主义的价值观出发,承认生态系统各生物的相互联系和相互依存,将视野从有机个体扩散至生物共同体,致力于保护生态环境系统的完整、稳定和美丽。生态中心主义主要包括大地伦理学、自然价值论和深层生态学三个主要理论视角。

1. 大地伦理学

埃尔多·利奥波德是生态伦理学的重要奠基人,被称作为现代环境伦理学之父。他所阐释的"大地伦理"提出了将所有自然存在物以及作为整体的

---

① [美]保罗·沃伦·泰勒:《尊重自然:一种环境伦理学理论》,雷毅等译,首都师范大学出版社 2010 年版,第 80 页。

大自然都纳入伦理体系中的理论范式,对当代环境伦理学产生了持续的影响。早在1923年,利奥波德就开始了他对于"大地伦理"的初步之思,"土地伦理扩大了这个共同体的边界,它包括土壤、水、植物和动物,或者把它们概括起来:土地"①。在利奥波德看来,大地不仅是一个完整的生态系统,更是一个有生命的存在物,维护大地共同体本身的利益具有最高的价值和意义。利奥波德号召人们要将大地看作是人类的共同体,认为"当一个事物有助于保护生物共同体的和谐、稳定和美丽的时候,它就是正确的,当它走向反面时,就是错误的"②。于是,大地伦理学把生物共同的完整、稳定和美丽视为最高的善,而也只有人类改变作为自然的征服者的面目,承认共同体中自然物的权利及其内在价值,才能实现这种"善"。就当时的环境而言,利奥波德生活在美国保守利用主义的环境观占主导地位的时期,大地伦理所提倡的这种与自然合作和共存的理想似乎与传统做法背道而驰,利奥波德的伦理感召就难以对抗经济主义的实利性追求。但不可否认的是,大地伦理随着历史的发展薪火相传,在后人的修正与完善中得到发展,利奥波德也被世人公认为是发展生态中心主义的环境伦理学最有影响的大师。

2. 自然价值论

霍尔姆斯·罗尔斯顿是国际上最有影响的环境伦理学家之一,他对环境伦理学的最大贡献就是第一次系统而全面地叙述和说明了自然的内在价值,为现代环境伦理学开辟了一条独特的思想进路。罗尔斯顿指出:"凡存在自发创造的地方,都存在着价值。"③这一观点表明了罗尔斯顿将价值当作事物

---

① [美]奥尔多·利奥波德:《沙乡年鉴》,侯文蕙译,吉林人民出版社1997年版,第193页。
② [美]奥尔多·利奥波德:《沙乡年鉴》,侯文蕙译,吉林人民出版社1997年版,第213页。
③ [美]罗尔斯顿:《环境伦理学》,杨通进译,中国社会科学出版社2000年版,第269—270页。

本身的属性,正是自然物身上的创造性属性赋予它们自身一定的价值。不仅如此,自然界承载着多种价值,生态系统各异的价值"创造出有利于有机体的差异,使生态系统丰富起来,变得更加美丽、多样化、和谐、复杂"①。自然价值论针对的就是流行于现代西方的那种以主观偏好为标准的工具价值论,罗尔斯顿认为如果依据人的兴趣和欲望来界定和评价自然物的价值,就会陷入主观主义的泥潭之中。因此,自然价值论强调承认和保存自然权利,在绝对意义上遵循自然的同时为尊重生命和自然界尽自己的责任与义务。罗尔斯顿从自然价值推导出人类对大自然的义务,创新性地探讨了环境伦理学应用于公共政策、商业活动和个人生活的具体路径,对西方现实社会具有强烈的指导意义。但不可忽视的是,罗尔斯顿过于强调价值对属性的依赖,极力排除人的主观情感的介入,这就使得客体价值的评价与评价主体的感受完全剥离,引发很多哲学家对自然价值论的诘难与批判。

3.深层生态学

1973年,阿伦·奈斯在《肤浅的生态学运动与深层的、长远的生态学运动:一个总结》一文中首次提出"深层生态学"。由此,深层生态学登上人类历史舞台,成了一种新的环境哲学和环境伦理学流派的代名词。与浅层生态学所主导的"人类统治和主宰自然界"的世界观不同,深层生态学主张自然客体具有自身价值,应和人类具有同等的存在和发展权利。阿伦·奈斯从深层生态意识的视角出发,提出自我实现原则和生态中心平等主义原则,并将其作为深层生态学环境伦理思想的理论基础。此后,为了推动深层生态学理论向实践的转化,奈斯和赛申斯共同起草了深层生态运动应遵循的八条纲领,以更加通俗易懂而又不失具体的描述为深层生态运动提供了可操作的具体行为准则。深层生态学对浅层生态学进行查漏补缺,深入探究环境问题背后的价值

---

① [美]罗尔斯顿:《环境伦理学》,杨通进译,中国社会科学出版社2000年版,第303页。

观念和伦理根源,力求寻找从根本上解决生态危机的办法,这无疑是一种现代性的生态意识和新兴的价值理念。自我实现论是深层生态学最独特的理论贡献之一,阿伦·奈斯认为人的自我实现是在人与自然和谐相处的过程中完成的,并将"自我实现"作为深层生态学的终极目标,即鼓励扩展自我以建立自我与自然物之间有意义的联系,但是需要思考的是,人类试图扩展自我而将自利作为行动的动机之时,也就陷入了利己主义,这种做法就与之前承认自然客体的道德地位相违背了。

(五) 非人类中心主义

1. 社会生态学

社会生态学是从经济、社会、政治的视角出发,去探寻生态环境问题的社会根源,进而重建一个有利于地球生态平衡的社会秩序的环境伦理学派别。社会生态学家认为单纯地从生态学角度考虑环境保护问题,会促使人们曲解造成生态危机的根本原因。因而,社会生态学强调关注人类社会,提倡从社会结构内部出发去探寻解决全球环境问题的方法和思路。社会生态学是一种辩证自然主义的环境哲学,它提出生态完整性的原则,认为人类与非人类属于一个自然的统一体,这就为社会生态学所倡导的用系统的、联系的和发展的观点去解决生态问题提供了合理解释。究其根本,社会生态学思想的核心就是可持续发展,它致力于打造一个人与人、人与自然、人与社会高度和谐的生态社会,从而使社会和自然共同走向"自由的必然"。

2. 生态女权主义

生态女权主义以自然和妇女都是生命的孕育者这种同构性为逻辑起点,将妇女的解放与大自然的解放联系起来,在西方获得了迅速发展。生态女权主义者认为,自然和妇女之间有着千丝万缕的联系,"大地和子宫都依循宇宙的节奏。大地上孕育万物的河流随月的盈亏而涨落,而女人子宫的来潮也经历同样周期性的变化"①。不能认识妇女和自然之间的联系,就不能正确地描述自然是如何被统治和剥削的。生态女权主义将对自然的统治和对妇女的压迫置于一个相同的框架中,二者皆是一场结束歧视、消灭统治逻辑的活动。虽然生态女权主义只停留在理论层面和伦理层面的批判,但是引发了众多思想家从不同角度、不同层面思考并阐发生态男女平等问题,打破了传统意义上的利己主义,为人类解决面临的环境问题提供了一种新思路。

四、马克思主义中国化生态伦理思想

马克思、恩格斯曾指出:"一切划时代的体系的真正的内容都是由于产生这些体系的那个时期的需要而形成起来的。"②面对国内建设不同阶段的历史任务和经济社会发展过程中的多种生态环境问题,中国共产党几代领导人自觉将马克思、恩格斯的生态伦理思想和中国社会发展实践相结合,创造性地发展了具有中国特色的、内涵丰富的生态伦理思想,为新时代生态伦理构建奠定了坚实的理论基础。

早在 1919 年,毛泽东就认识到山林树木的重要性,在《寻乌调查》和《兴国调查》中开始思考山林的重要作用,明确指出没有树木就容易酿成旱水灾。在后来我国林业建设和发展中,提出了一系列重要思想和重要论断,采取了一系列的发展目标、建设措施、制度保障,推动了我国林业事业的恢复发展,促进了社会经济的发展,改善了民生,保护了生态环境。1934 年,毛泽东提出"水利是农业的命脉"这一重要论断,多次亲临视察黄河、长江等重要流域,强调黄河流域的水土保持和长江的治理与开发,以我国重大水利枢纽工程的建设

---

① [美]斯普瑞特奈克:《生态女权主义建设性的重大贡献》,《国外社会科学》1997 年第 6 期。

② 《马克思恩格斯全集》第 3 卷,人民出版社 1960 年版,第 544 页。

打通了全国长期的水利建设,减轻了水患对人民群众生命财产的威胁。新中国成立以后,为了发展社会生产力以尽快改变中国贫穷落后的面貌,毛泽东提出要向地球作战,向自然界开战,此"开战"并非与地球和自然为敌,而是意图开发和利用自然来发展生产力,这就证明毛泽东已经认识到了自然对人类的重要性,对于发展生产力的重要性。"对自然界没有认识,或者认识不清楚,就会碰钉子,自然界就会处罚我们,会抵抗。"①毛泽东强调自然界是有规律的,要遵循客观规律来改造自然,以实现社会生产力的持续稳定发展。1956年,毛泽东提出了绿化祖国的任务。"农村、城市统统要园林化,好像一个公园一样"②,这时毛泽东已经开始关注和追求优美自然环境和生活环境,以"美化全中国"的初步构想来实现对自然环境的保护和改善以及人与自然的和谐相处。此外,毛泽东沿袭土地革命战争时期的良好作风,提倡要营造良好的卫生环境,鼓励人民群众动员起来,讲究卫生,减少疾病,提高健康水平,粉碎敌人的细菌战争。1958年在中共中央号召下开展了全国范围的爱国卫生运动,有效地改善了我国的环境卫生。除此之外,毛泽东主张"什么事情都应当执行勤俭的原则"③,自身始终坚持勤俭节约,在三年自然灾害时期很长时间不吃肉、不喝茶,为全党全军同志和全国人民做出了榜样。他说:"我们要进行大规模的建设,但是我国还是一个很穷的国家,这是一个矛盾。全面地持久地厉行节约,就是解决这个矛盾的一个方法。"④于是他号召要将生活中的勤俭节约延伸到自然资源的节约和保护上,不但指出:"在生产和基本建设方面,必须节约原材料,适当降低成本和造价,厉行节约"⑤,更提倡工业、农业、畜牧业要统筹兼顾,综合利用自然资源。

作为我国改革开放的总设计师,邓小平十分重视生态环境问题,结合我国

① 《毛泽东文集》第八卷,人民出版社1999年版,第72页。
② 《毛泽东年谱(一九四九——一九七六)》第三卷,中央文献出版社2013年版,第425页。
③ 《毛泽东文集》第六卷,人民出版社1999年版,第447页。
④ 《毛泽东文集》第七卷,人民出版社1999年版,第239页。
⑤ 《毛泽东文集》第七卷,人民出版社1999年版,第160页。

经济社会的发展实际提出一系列生态主张和生态实践,形成了系统的邓小平生态伦理思想。邓小平生态伦理思想是对 20 世纪 70 年代以来的中国如何实现生态、经济和社会可持续发展深入思考和实践探索的成果,充分展现出邓小平探索人与自然和谐关系的努力、智慧和勇气,同时也为我国经济社会的持续健康发展提供了重要理论指导。

邓小平始终把"为民谋利"作为自己工作的基点和归宿。在大力发展经济建设的同时,邓小平兼顾生态环境问题,把农业、能源、人口、环保等各项工作提上日程,正确处理人口、资源、环境同经济协调持续发展的关系。邓小平首先认识到盲目开荒和过量砍伐会造成生态失衡。在四川、陕北发生特大洪灾之际,他指出:"最近发生的洪灾问题涉及林业,涉及木材的过量采伐。"[1]可见,邓小平深刻地认识到盲目开荒对生态环境的消极作用,认为过度砍伐也是导致生态失衡的主要原因。于是他反复强调农业与林业要协调发展,要求开荒不能造成环境恶化,农业发展不能破坏绿水青山。此外,邓小平高度重视林业的生态价值,提出要开展全民义务植树运动,更是身体力行、率先垂范地带头参加义务植树。1983 年邓小平在北京十三陵水库参加义务植树时指出:"植树造林,绿化祖国,是建设社会主义,造福子孙后代的伟大事业,要坚持二十年,坚持一百年,坚持一千年,要一代一代永远干下去。"[2]邓小平的这一论断将植树造林提到了关系国家全面发展和长远利益的战略高度。直至今日,全国范围内的义务植树活动仍在进行,不仅促进了我国森林资源的恢复发展,也增强了全民爱绿植绿护绿意识。随着改革开放的深入推进,邓小平的生态视野逐渐转向科技创新,"四个现代化,关键是科学技术的现代化"[3],"科学技术的发展和作用是无穷无尽的"[4],这些论述表明邓小平充分认识到了科学

---

① 《邓小平年谱(一九七五——一九九七)》下卷,中央文献出版社 2004 年版,第 771 页。
② 中央文献研究室:《回忆邓小平(中)》,中共文献出版社 1998 年版,第 288 页。
③ 《邓小平文选》第二卷,人民出版社 1994 年版,第 86 页。
④ 《邓小平文选》第三卷,人民出版社 1993 年版,第 17 页。

技术的巨大潜力和发展空间,不仅可以极大地提升社会生产力,提高人民生活水平,还对生态环境治理起着至关重要的作用。在他的大力支持和推动下,新能源得到开发和有效利用,农业科学研究进展加快,真正实现了科学技术促进人、生态环境、自然资源和经济社会的协调发展。同时,他推进了生态环境建设的法制化和制度化,"文化大革命"之后,邓小平深刻地意识到法制建设对于一个国家经济、政治、文化各个方面健康发展的重要作用。解决生态环境问题需要依靠生态治理,而生态治理需要积极的政策引导和强有力的法律保障与制度约束。他强调各项工作都要做到有法可依,坚持依法治国。针对我国不断暴露的日益严重的环境问题,邓小平强调要推进生态建设的法制化、制度化。一方面,要制定并实施关于环境保护的各项法律,使生态环境建设有法律的保障。例如在 1979 年 9 月通过的《环境保护法》将环境保护提升到了法律的高度。另一方面,要完善生态环境保护相关的规章制度,建立专门部门严格监察相关企业的行为,若出现严重污染环境的项目要坚决责令其停止,为生态环境建设提供制度保障。

进入新世纪以后,经济全球化进程加快的同时也带来了全球性的生态失衡、资源紧缺问题,继而引发了全球对人类生存与发展的思考。与此同时,中国也逐渐暴露出因传统积极发展模式社会经济快速发展所带来的生态环境问题。因而,江泽民继承并发扬毛泽东、邓小平注重环境保护的优良品质,延续邓小平的发展思路,创造性地提出了可持续发展战略,从思想和实践层面更加深入地开拓和完善了马克思、恩格斯生态思想。

在党的十四届五中全会上,江泽民强调:"在现代化建设中,必须把实现可持续发展作为一个重大战略。"①走可持续发展道路就是要实现经济、社会、环境的长期健康发展,需要围绕如何贯彻可持续发展战略制定了一系列重要的方针政策。首先,加强环境保护的宣传工作,他多次指出要加强环境保护的

---

① 《江泽民文选》第一卷,人民出版社 2006 年版,第 463 页。

宣传教育,增强各部门和群众自觉保护生态环境的意识。他坚信只要全社会都积极参与环境保护事业,中国环境建设和保护事业就会有所建树。因而,增强全民环境意识要作为党中央的一项战略任务来抓、来落实,不但要加强各级宣传部门和新闻媒体单位对环保知识的大力普及,更要培养环境专业人才,同时也要开展环境基础教育。其次,加强环境法制建设。江泽民非常重视生态环境的立法和执法工作,在庆祝中国共产党成立八十周年大会上的讲话中,江泽民明确指出"人口、资源、环境工作要切实纳入依法治理的轨道"。① 只有健全的法律法规才是生态文明建设的保障,我国政府也相继出台了一系列和环境保护有关的法律法规和政策来保障生态环境建设工作的顺利进行。同时,江泽民还指出:"加大对资源保护和合理利用的执法监察力度。对于违法审批、处置、占用土地和其他资源的,都要依法查处。"②最后是倡导环境保护的国际交流与合作。江泽民认识到各国面临的问题存在共性,是全球层面的问题,而这些问题的解决也需要国与国的通力合作。我国作为发展中国家的一员要积极参与国际环境事务,积极参与国际环境问题的协商和谈判、国际生态的交流与合作,尽自己所能同世界各国一起为共同的环境保护事业作出贡献。

经过三十多年改革开放,我国的生产力得到极大地解放,经济建设取得了瞩目的成就,我国生态文明建设也不断迈向新台阶。

2003 年党的十六届三中全会上,胡锦涛首次明确提出了坚持以人为本,树立全面、协调、可持续的发展观,促进经济社会和人的全面发展的科学发展观。自提出科学发展观以后,胡锦涛深入思考人与自然的辩证关系,在坚持全面、协调、可持续基本要求之上进行一系列促进人与自然和谐发展的实践。胡锦涛有关发展循环经济的思想经历了一个长期的过程。2004 年胡锦涛在江苏省考察工作时强调:"我们必须大力发展循环经济,努力实现自然生态系统

---

① 《江泽民文选》第三卷,人民出版社 2006 年版,第 468 页。
② 《江泽民文选》第三卷,人民出版社 2006 年版,第 465 页。

和社会经济系统良性循环。"①胡锦涛认识到经济高速增长造成生态环境的破坏和污染,继而严重威胁人民生存环境质量和身体健康,经济社会发展也难以为继。鼓励大力发展循环经济对于缓解我国人口、资源、环境的巨大发展压力是可行也是必要的。2005年,胡锦涛就提出了"大力推进循环经济,建立资源节约型、环境友好型社会"的发展战略目标,随着"两型社会"建设被作为一项重要战略任务确立下来后,胡锦涛就如何建设"两型社会"提出了一系列科学具体的建设举措。胡锦涛同志认识到,"把能源环境工作纳入法制化轨道将成为充足能源资源供应的强有力保证。要完善有利于节约能源资源和保护生态环境的法律和政策,加快形成可持续发展体制机制。"②除此之外,胡锦涛还十分重视科技创新在生态文明建设领域的重要地位和重大作用,大力鼓励和支持生态环境领域的科技创新,主张以生态科技创新推动生态环境的保护和建设。他指出:"要注重源头治理,发展节能减排和循环利用关键技术,建立资源节约型、环境友好型技术体系和生产体系。"③胡锦涛将生态文明建设正式置于与"四位一体"建设同等重要的地位,并以"五个统筹"强调经济、政治、文化建设各个环节各个方面都要相协调,提出坚持走生产发展、生活富裕、生态良好的文明发展道路,为我国经济社会发展指明了前进方向。随着"两型社会"建设深入推进,我国二氧化碳排放量、主要污染物排放量等大幅减少,森林覆盖率提高、生态系统稳定,使我国生态文明建设取得了重大进展。

党的十八大以来,习近平总书记直面我国社会主义生态文明建设实践中的一系列生态环境问题,围绕生态文明建设和环境保护工作提出了一系列新观点和新论断,包含对人与自然关系的深刻思考、对人民生存环境改善的深入探索、对建设美丽中国的实践谋划等,形成了内涵丰富、意蕴深刻、体系完整的习近平生态文明思想。习近平生态文明思想是当代中国马克思主义、二十一

---

① 《胡锦涛文选》第二卷,人民出版社2016年版,第183页。
② 《胡锦涛文选》第二卷,人民出版社2016年版,第631页。
③ 《胡锦涛文选》第三卷,人民出版社2016年版,第406页。

世纪马克思主义在生态文明建设领域的创新成果，"十个坚持"是习近平生态文明思想的主要内容，对我国乃至全球生态问题进行整体观照和深入思考的成果，以富有中国气派和中国风格的生态话语体现出浓厚的伦理关怀意蕴。

"坚持党对生态文明建设的全面领导"放在"十个坚持"之首，充分体现出党对生态文明建设领导的至关重要性。党的领导是新时代生态文明建设的根本保证，中国共产党在生态文明建设过程中始终按照生态伦理的基本精神攻坚克难、锐意进取，推进美丽中国的建设，这也意味着新时代生态伦理的构建必须以习近平生态文明思想为根本遵循。"坚持生态兴则文明兴"揭示了生态环境与文明兴衰之间的内在关系，将生态文明建设提升到延续中华文明的高度，足以彰显出保护生态环境的重要性，这也就要求人类自觉承担起保护生态环境的责任。"坚持人与自然和谐共生"深刻折射出习近平总书记对人与自然关系的认识突破了传统人类中心主义的狭隘视野。习近平总书记强调："人与自然是相互依存、相互联系的整体，对自然界不能只讲索取不讲投入、只讲利用不讲建设。"①人与自然界形成了一种共荣共生的关系，共同组成了生命共同体，把人与人之间的伦理关系延伸到人与自然的伦理关系是新时代生态伦理的题中应有之义。此外，习近平总书记将山水林田湖看作是一个生命共同体，提出"坚持统筹山水林田湖草沙系统治理"，这就从整体论出发将自然界的一切事物看作是同一存在物，从根本上摒弃了以人类为中心的观念，赋予了自然界以生命灵动性，体现出一般意义上的生态中心主义理念。"坚持绿水青山就是金山银山"和"坚持绿色发展是发展观的深刻革命"要求协调好经济发展与生态保护之间的关系，这就意味着经济发展不能以牺牲生态环境为代价，人类不能为所欲为地改造自然。习近平总书记认识到正确处理经济发展与环境保护关系的重要性，将二者比喻为金山银山和绿水青山的关系，指出："我们既要绿水青山，也要金山银山。宁要绿水青山，不要金山银山，而

---

① 中共中央宣传部：《习近平总书记系列重要讲话读本》，人民出版社 2014 年版，第121 页。

且绿水青山就是金山银山。"①"两山"之间辩证关系是习近平总书记对经济发展与生态环境保护作出的现实考量,凸显了经济活动所要把握的生态尺度和伦理要求。"坚持良好生态环境是最普惠的民生福祉"深刻反映出习近平总书记对人民生态诉求的密切关注,具有直接的伦理意义。习近平强调要:"重点解决损害群众健康的突出环境问题。"②习近平从人民群众的现实生活出发,紧紧围绕人民群众关心的生态环境的突出问题,致力于提升人民的生态幸福感。他指出:"良好生态环境是最公平的公共产品,是最普惠的民生福祉。"③优美生态环境是人民群众对美好生活最直接的表达,满足人民群众对高质量生存环境的向往和需求就是最大的民生。习近平总书记将生态环境作为民生的重要内容来强调,体现出党和国家对加强生态文明建设的高度重视,反映出人类要始终约束破坏生态环境的行为,养成良好生态习惯,促进优美生态环境的形成。"坚持把建设美丽中国转化为全体人民自觉行动"要求人类以更加自觉的行动承担起美丽中国建设的责任和义务,强调的是人们在生态文明建设中的自觉性和主动性,更侧重的是自律,而新时代生态伦理将道德规范从人与人的关系扩大和延伸到人与自然的关系,要求每个人承担起生态环境保护的义务,这也充分体现出"坚持把建设美丽中国转化为全体人民自觉行动"与新时代生态伦理构建目标的一致性。"坚持共谋全球生态文明建设之路"明确地球是每个国家共同的家园,从道德层面强调环境保护是每一个国家应尽的责任与义务,具有鲜明的生态伦理意蕴。习近平总书记指出:"保护生态环境,应对气候变化,维护能源资源安全,是全球面临的共同挑战。"④习近平始终将全球生态环境作为一个有机整体,多次强调生态危机是世界各

①　《习近平关于全面建成小康社会论述摘编》,人民出版社 2016 年版,第 171 页。
②　《习近平谈治国理政》第三卷,外文出版社 2020 年版,第 362 页。
③　中共中央文献研究室:《习近平关于社会主义生态文明建设论述摘编》,中央文献出版社 2017 年版,第 4 页。
④　《习近平谈治国理政》,外文出版社 2014 年版,第 212 页。

国共同面临的重大挑战,改善生态环境是全人类的共同责任,每个国家都不能置身事外,而是要通力合作,毋庸置疑,"坚持共谋全球生态文明建设之路"指明了新时代生态伦理构建的国际视野。"坚持用最严格制度最严密法治保护生态环境"强调法治对人的行为的规范和约束作用,习近平总书记指出:"只有实行最严格的制度、最严密的法治,才能为生态文明建设提供可靠保障。"①法治能够以其权威性和规范性使人的行为更加符合生态文明理念。与伦理相比,法治强调的是他律,伦理强调的是自律,虽然二者的侧重点不同,但他们都体现出需要对人类行为作出相应的规范和约束,而法治为新时代生态伦理构建和落地实践提供了重要保障。

---

① 中共中央文献研究室:《习近平关于社会主义生态文明建设论述摘编》,中央文献出版社 2017 年版,第 100 页。

第三章 构建新时代生态伦理的时代价值

　　进入新时代,我国社会的生态实践发生了深刻变革,对生态文明建设提出了更高的要求。因此,构建符合时代发展需求的生态伦理有着重要的时代价值。从理论维度来看,构建新时代生态伦理是对马克思主义生态伦理思想的继承与实践,是对中华优秀传统生态思想的传承与弘扬;从精神文化维度看,构建新时代生态伦理有利于帮助广大人民群众树立新时代生态伦理观念,有助于满足人民对生态文化的需求,进而推进新发展理念的贯彻落实;从个体指引维度来看,构建新时代生态伦理有利于我国公民深化对生态文明的认知,提高公民保护生态环境自觉性,有助于引导广大人民群众深刻把握人口、资源、环境的关系,将三者间关系的思考提升到伦理的高度,推动人民过上美好生活愿望的实现;从社会实践维度来看,构建新时代生态伦理是为了更好地推动我国生态文明建设实践与可持续发展战略的实施,有助于我国社会主义生态法治的建设与发展,为协调推进"美丽中国"布局提供保障;从全球治理维度来看,构建新的生态伦理能够加强全球生态法制建设,推动全球经济发展,引领全人类共建全球生态文明。

一、生态伦理的理论创新价值

新时代生态伦理构建的理论创新价值体现在继承和实践了马克思主义生态伦理思想尤其是马克思主义中国化生态伦理思想,弘扬和传承了中国传统生态伦理思想以及完善和充实了马克思主义中国化历程中的生态伦理思想,是符合我国具体生态实践发展特点以及发展趋势的新时代的重要生态理论。

(一) 继承和实践了马克思主义生态伦理思想

马克思主义生态伦理思想是新时代生态伦理的理论基础。新时代生态伦理以马克思主义生态伦理思想为指导,结合新时代生态文明建设要求,继承和实现了马克思主义人与自然辩证关系的理论、马克思主义关于生产力的理论等基本原理。

1. 继承和实践了马克思主义人与自然辩证关系理论

厘清新时代人与自然关系问题是新时代生态伦理需要解决的首要问题,新时代生态伦理是在应对新时代我国生态问题过程中生成的伦理规范和要求,是对马克思主义人与自然辩证关系的理论的继承和实践。马克思主义人与自然辩证关系的理论的主要内容包括:第一,人与自然是一个有机整体,自然界为人类的生存发展提供物质条件。恩格斯认为"人本身是自然界的产物,是在自己所处的环境中并且和这个环境一起发展起来的"①。人的发展的基础是自然的发展,人与自然是协同进化的。第二,人必须遵循自然发展的客观规律,以自然界的客观规律为自身活动的基本遵循。如果违背客观规律或者破坏规律,自然也会让人类付出相应的代价。恩格斯指出:"我们不要过分

---

① 《马克思恩格斯选集》第 3 卷,人民出版社 2012 年版,第 410 页。

陶醉于我们人类对自然界的胜利。对于每一次这样的胜利,自然界都对我们进行报复。每一次胜利,起初确实取得了我们预期的结果,但是往后和再往后却发生完全不同的、出乎意料的影响,常常把最初姝结果又消除了。"①在人类社会发展进程中,人类向自然过度索取,超出了自然的自我修复能力,破坏了自然自身发展规律。人类必须控制自己的行为,在自然规律范围内寻求发展,否则就会遭到自然的"报复"。马克思主义人与自然辩证关系的理论是新时代生态伦理的理论依据。该理论将自然视为人类发展的"载体"。人类根据自身需求,向自然索取各种资源以满足自身发展。新时代生态伦理将自然提高到与人类共生共荣的"生命共同体"的平等地位,认为人类应与自然协同进化。人类不再是单一地向自然进行索取,自然也不是单向地为人类的生存发展提供保障,从而使人与自然的关系成为一种双向协同、相辅相成的关系,从内容体系上继承和实践了马克思主义人与自然辩证关系的理论。

2. 继承和实践了马克思主义生产力理论

我国的生态文明建设的有关理论继承和发展了马克思主义生态思想。在马克思主义生态思想理论中,生产力是人与自然的抽象产物。因此,生产力来自于人与自然的抽象,自然也回归到人与自然的生态之中。从这个角度来说,马克思对生产力概念做了全新的解释,不仅仅从经济领域,而是从更广阔的人与自然的视野来进行研究。新时代生态伦理强化了生态环境保护与生产力发展之间的内在联系性,走出以往发展生产力必须以牺牲生态环境为代价的误区,把生态环境保护放在比生产力发展更根本更基础的位置。习近平总书记曾提出了保护生态环境就是保护生产力,改善生态环境就是发展生产力以及"两山论"等重要理论观点,在这一立场上,将生态环境保护与生产力发展放在同样重要的地位,并认为生产力的发展是以良好生态文明建设为基础的,这

---

① 《马克思恩格斯选集》第3卷,人民出版社2012年版,第998页。

是对马克思主义相关理论的创造性继承和发展。

生态和经济两方面协调发展是生产力健康、有序发展的有力保障。马克思曾提出："物质生活的生产方式制约着整个社会生活、政治生活和精神生活的过程。"①生产力是物质生活和生产方式中最核心的要素,因此在一般意义上我们认为生产力的发展水平直接决定着社会的发展水平。这是从整体社会的发展角度认识到生产力的重要推动作用。但当前随着社会经济发展水平的迅猛提升以及社会主要矛盾的变化,生态文明建设的重要性也已经不言而喻。推进经济发展的同时继续加强生态文明建设,并在此基础上进一步推进二者的融合发展才能保证生产力绿色发展、高效发展。习近平总书记在 2018 年全国生态环境保护大会上强调:"要加快构建生态文明体系,加快建立健全以生态价值观念为准则的生态文化体系,以产业生态化和生态产业化为主体的生态经济体系,以改善生态环境质量为核心的目标责任体系,以治理体系和治理能力现代化为保障的生态文明制度体系,以生态系统良性循环和环境风险有效防控为重点的生态安全体系。"②产业生态化是经济发展向自然界自身的良性循环转变构建高效和循环利用自然资源的经济体系,实现经济的协调有序增长。第一、第二、第三不同产业体系是生产主动适应生态文明建设的规范,最终实现生态文明建设的规范对经济发展的渗透,将生态文明建设的规范落实到经济发展的各处。生态产业化是充分发挥市场作用通过社会化生产的方式将生态资源更高效与更合理地转化为优质的生态产品和服务,促进生态要素转化为生产要素,促使生态与经济融合发展。生态产业化既能保障人民享受到良好的生态产品又能保障人民生活在优美的生态环境中。新时代生态伦理,不仅承认经济发展对生产力发展的作用,更肯定了生态与经济协调、融合发展对推动生产力可持续发展的重要作用,要从道德层面要求经

---

① 《马克思恩格斯选集》第 2 卷,人民出版社 2012 年版,第 2 页。

② 《习近平在全国生态环境保护大会上强调坚决打好污染防治攻坚战 推动生态文明建设迈上新台阶》,《人民日报》2018 年 5 月 20 日。

济的发展不能以牺牲生态环境为代价，是对马克思主义关于生产力理论的继承。

（二）弘扬和传承了中国传统生态伦理思想

我国古代拥有内涵丰富、源远流长的生态伦理思想。我国古代儒家、道家、佛教生态伦理思想在一定程度上铸就了新时代生态伦理的思想基础。新时代生态伦理汲取我国传统生态伦理思想的精华与智慧，实现我国传统生态伦理思想中的有益内容与我国基本国情和时代发展需求相适应，进一步弘扬和传承了我国传统生态伦理思想。

1. 儒家生态伦理思想的弘扬

"天人合一"思想是儒家处理人与自然关系的立足点。"天人合一"思想本身是为封建统治服务的，但是这一思想将自然界与人类社会联系在一起，寻找人本身与自然界共同规律，也反映出天地大道与人类社会的规律应该是相符合的，而天地之间的万物应该是和谐相处的。这一儒家思想表现出人与天地之间的和谐的理念，并以这种理念应对自然与自然中的万物，它警示人类要遵循自然界规律并主动爱护自然界万物，自觉地接受自然界万物存在的合理性而又能正视人类自身在自然界中的地位。因此，儒家提倡将"仁爱"的光辉照耀到自然万物上，包括自然界的其他有机物与无机环境。儒家的生态伦理思想虽然初步认识到人与自然之间的某种"神秘"的联系，却没有从主观上意识到人与自然之间在道德和伦理层面存在和谐共生的关系。生态伦理则从伦理和道德层面出发，以儒家"天人合一"生态伦理思想为基点，更加深入思考了人与自然是生命共同体的内在关系，将人类自身生存发展与自然发展的潜在规律，充分体现了进入新时代以后人对自然的关切与重视，有助于进一步把儒家生态伦理思想发扬光大。

2. 道家生态伦理思想

道家认为，自然无为的生活就是遵守自然的自然法则，让自然界中的万物遵循自身的本性顺其自然地存在，即顺应自己的本心生存于世。自然界万物发挥自身本性是人尊重其本性并不加以干扰的前提。只有这样，人才能够实现人在自然中生存的最终的理想道德，就是无为而无不为的生存状态。在道家哲学里面，自然而然是自然界中万物存在与发展的终极原则，也是无为而无不为价值观的内在依据，因此道家的生态伦理思想强调人应该遵循万物的本性，顺应并帮助万物按照本性自然而然地生存。因此道家的生态伦理思想强调人应该尊重自然界万物的本性，并辅助万物依照自身本性自然而然地生存发展。而新时代生态伦理更加强调的是人与自然的协同进化。在新时代生态伦理中，人与自然相辅相成、相互促进。人类尊重自然界、自然界中的一切存在物以及自然界中的一切法则与规律，但是人类不是辅助自然界发展的，自然界也不仅仅是人类生存发展的载体，人与自然的发展是双向互动、共同发展的过程。新时代生态伦理从道家的生态伦理中汲取了丰富智慧，通过对人与自然发展的思考，重新定义了人与自然协同进化的关系。新时代生态伦理认为人与人、社会、自然的关系的和谐是在合理利用自然规律的前提下实现的，即在遵循自然规律的前提下发挥人类积极性与创造性，积极有为地推动人与人、社会以及自然的关系走向和谐。

3. 实现了对佛教生态伦理思想的弘扬

佛教的基本思想是众生平等的思想。这一思想重在提出自然之中的一切没有根本的差别，认为人与自然以及自然界中的一切都是平等的。佛教认为宇宙是一个存在内在联系的整体，因此，佛教的生态思想是在整体的立场上对宇宙、对人与自然的关系作出判断，认为芸芸众生是具有内在联系、休戚相关的，认为人与自然是紧密结合的有机整体。佛教文化中提到的人与自然关系平等的思想和新时代生态伦理所追求的人与自然和谐共生具有内在的一致性。在佛教的生态伦理思想中,人与自然是没有根本差别的。但是新时代生态伦理则表现出人与自然和谐关系中"以人为本"的价值取向。这一取向是指新时代的生态伦理观始终关照"现实中的人",把人的自由全面发展以及人与自然的和谐作为最终的追求。从两点论与重点论的统一关系来看,新时代生态伦理既充分关照了人与自然的关系,又在人与自然和谐发展的关系中强调了人的自由全面发展,是对佛教生态伦理思想中合理部分的进一步弘扬。

儒家、道家、佛教都表达出与自然平等友好相处和以自然规律为自身活动根本遵循的思想,具有一定的先进性,这些思想都是新时代生态伦理生成和发展的文化底蕴。但是我们要辩证地看待这些思想,选取其中符合新时代发展要求与保护生态环境要求的内容指导我们的生态实践,运用古代人民智慧呼吁更多人民群众投身到保护生态环境的事业中。

(三)　继承和实践了马克思主义中国化生态伦理思想

新时代生态伦理以马克思主义中国化生态伦理思想尤其是以习近平生态文明思想为思想指导和实践遵循,是对人与自然关系伦理范畴方面的思考,也是对人的行为在生态方面做出的约束和规范。

毛泽东把治理水患、兴修水利作为国家生态保护的实践举措,并以此为生产力发展服务。当时人民当中流传着"同老天拼命,与时间争粮"的口号,充分展示了当时以人为中心的生态伦理观。在当时的历史条件下,兴修水利等措施是积极主动改造自然,充分利用自然资源来提高生产力的必要举措。这说明毛泽东已经意识到自然对于人类的重要价值。但人与自然的关系不是对立的,人类的发展需要依靠自然。1956年,毛泽东发出绿化祖国的伟大号召。这时毛泽东初步意识到造林绿化的重要性。在当时的生产力条件下,尝试通过绿化等举措,缓解人与自然的紧张关系。

邓小平更加注重生态防治与保护,为我国人民的生存发展提供保障。改革开放以来,我国的生产力水平极大提高,相伴而来的则是在经济发展与生态保护之间的矛盾愈加凸显。邓小平意识到了这样落后的传统发展观念的弊端,也意识到了经济发展与生态保护之间的冲突,因此,邓小平在主持工作时不仅在发展经济上着重发力,而且还兼顾生态环境问题,通过统筹农业、能源、环保各项事业,正确把握资源、环境与经济的内在联系。这一主张初步展现出人与自然和谐相处的关系。邓小平还清醒地意识到生态环境问题的解决和优美生态环境的创造得益于生态环境保护意识的牢固树立和良好生态习惯的养成,要求通过生态教育逐步提高人们的生态环境保护意识,通过生态素质的提高来规范和约束人的行为,以此来促进生态环境的改善,1990年国务院要求把生态环境保护的宣传教育纳入教学计划中,以此来更好地提高人们的生态伦理素养。

江泽民提出可持续发展观,要求坚持经济、社会、环境长期协调发展。经济、社会、环境长期有序发展不仅解决当代人的生存发展需求,而且要保证子孙生产生活的基本诉求得到满足。以可持续发展观为指导,江泽民要求全党全民族增强环境意识,要求通过环境保护意识的形成来促进生态行为的形成。江泽民多次强调经济发展和生态环境之间和谐统一的关系,深刻阐释了人与自然和谐统一的重要性。江泽民认识到了人与自然的共同体性,这种共同体性正是体现在人与自然的和谐统一。

胡锦涛提出树立科学发展观,指出要在节约利用自然资源的前提下发展经济,体现了对自然规律的客观性与人的能动性的双重尊重,是推动人与自然和谐发展的有效路径。坚持科学发展观就是坚持以人为本,贯彻全面、协调、可持续的发展理念,促进生产力和人的全面发展的发展观。胡锦涛还认识到经济过快增长将造成自然资源的浪费与生态环境的污染,继而严重威胁人民生存环境质量和身体健康,人类社会发展也难以继续发展。科学发展观充分认识到人与自然是相辅相成、共同发展的关系,不仅认识到了人与自然的整体性,也同样认识到了人与自然的协同关系。

习近平生态文明思想是对党领导生态文明建设实践成就和宝贵经验提炼升华的重大理论创新成果，是新时代推进美丽中国建设、实现人与自然和谐共生现代化的强大思想武器，为筑牢中华民族伟大复兴绿色根基、实现中华民族永续发展提供了根本指引。习近平生态文明思想具有一系列重大原创性理论贡献，是当代中国马克思主义、二十一世纪马克思主义在生态文明建设领域的重大创新成果。习近平生态文明思想系统阐述了人与自然、保护与发展、环境与民生、国内与国际等重要关系，具有丰富的科学内涵，集中体现为"十个坚持"，即坚持党对生态文明建设的全面领导，坚持生态兴则文明兴，坚持人与自然和谐共生，坚持绿水青山就是金山银山，坚持良好生态环境是最普惠的民生福祉，坚持绿色发展是发展观的深刻革命，坚持统筹山水林田湖草沙系统治理，坚持用最严格制度最严密法治保护生态环境，坚持把建设美丽中国转化为全体人民自觉行动，坚持共谋全球生态文明建设之路。作为习近平生态文明思想的核心内容，"十个坚持"体现了新时代生态文明建设的根本保证、历史依据、基本原则、核心理念、宗旨要求、战略路径、系统观念、制度保障、社会力量、全球倡议，展现出鲜明的时代性、系统性和创新性。习近平生态文明思想是以习近平同志为核心的党中央治国理政实践创新和理论创新在生态文明建设领域的集中体现，是一个系统完整、逻辑严密、内涵丰富、博大精深的科学体系，是新时代我国生态文明建设的根本遵循和行动指南。新时代新征程，要坚持以习近平生态文明思想为指引，扎实推动美国中国建设。新时代生态伦理构建必须以习近平生态文明思想为思想指导和根本遵循，在伦理道德层面积极贯彻落实习近平生态文明思想所蕴涵的马克思主义立场、观点和方法，深入践行习近平生态文明思想关于生态文明建设的认识论、价值论和方法论，为建设美丽中国做出新的更大贡献。

二、生态伦理的精神文化价值

新时代生态伦理作为一种社会意识本身具有丰富的精神文化价值,其承载着广大人民群众对环境优美的美好生活的向往。新时代生态伦理引领广大人民群众树立新时代生态伦理观念,激发我国人民对生态文化的需求从而推进我国生态文化的健全与发展。此外,新时代生态伦理的构建还有利于新发展理念深入人心,有利于新发展理念的贯彻落实。

(一) 积极树立新时代生态伦理观念

引导树立新时代生态伦理观是转变广大人民群众对人与自然关系认识的必要举措。新时代生态伦理的构建,既有利于破除过去遗留的落后的生态伦理观念,又有利于为新时代生态伦理观的树立夯实理论基础。

当前我国的环境污染与生态破坏的情况和我国古代的生态伦理思想中遗留的落后观念有一定关系。我国古代的生态伦理思想包括儒家的"天人合一"生态伦理理念、道家的"自然无为"生态伦理理念以及佛教的"众生平等"的生态伦理理念。这些生态伦理思想是一些先贤哲人提出的哲学思想。这些哲学思想没有形成科学系统的理论体系,只是当时知识分子对人与自然关系的态度,对我国古代的生态发展缺乏实际的指导意义。我国古代长期处于农耕文明时代,这一时期,由于人民改造自然界的能力低下以及人口少、土地多的原因,我国古代劳动人民采取比较粗放的耕作方式。新中国成立以来,随着人口的增长,人民对土地的需求增加,于是开始大量开辟荒地甚至是毁林开荒以满足人民群众的温饱。人类的经济发展理念与生态环境保护理念的转变是建立在丰厚的物质基础之上的。新中国成立以来历届领导集体根据当时社会发展阶段和生态环境情况提出了不同的生态伦理思想。基本趋势是经历了大力开发和利用自然——缓解人口与资源、环境的关系——推动人与自然可持续发展——推进科学发展观——人与自然和谐共生的生命共同体。因此,进入新时代以来,我国经济稳中有进、持续发展,物质资料不断积累,人民生活水平不断提高,人民群众对优美的生态环境提出了更高期望,这就要求改变生态危机现状,进而必须转变传统的生态伦理观念以及与此观念相匹配的粗放型的经济发展模式,重新树立新时代的生态伦理观念以及与此观念相匹配的绿色低碳经济发展模式。新时代生态伦理是对人类中心主义与生态中心主义的双重超越,改变了人与自然不平衡的关系,把人与自然放在平等和谐的地位,最终达成人与自然和谐共生的生命共同体。

（二）　促进我国生态文化的全面发展

新时代生态伦理激发人民群众自觉保护生态环境和处理好人与自然关系的意识,推进人民群众主动掌握生态文化知识,进而升华为生态价值观指导其自身的生态环保实践。

1. 丰富人民群众的生态文化知识

"生态伦理(环境伦理)就是将传统的人与人之间的伦理关系拓展到人与自然之间的关系"。[①] 新时代生态伦理则表达的是一种人与自然共生共荣的美好愿景。新时代生态伦理是对人与自然关系的一种新的阐释,广大人民群众通过对新时代生态伦理的深入学习,认清人与自然的关系,把握自然界的本质并进一步了解自然发展的客观规律。我国民众对"人与自然和谐共生""生命共同体"等话语有一定的认识,但是对"生态文明"与"生态伦理"等概念认识不足,理解不深,并不具备完整系统的生态文化知识。人类只有具备一定的生态文化知识才能认识到自然界的伟大之处,为形成正确的生态意识奠定基础,不断汲取自然的智慧,从而按照自然的客观规律办事。此外,生态文化知

---

① 黄爱宝:《法治政府构建与政府生态法治建设》,《探索》2008 年第 1 期。

识是形成生态伦理意识的前提,缺乏生态文化知识就无法运用生态文化知识指导社会实践,也就不会在社会实践过程中不断将生态文化知识内化为生态意识,进而升华为"人与自然和谐共生"的生态价值观。因此,必须进一步加大生态文化教育的力度,让广大人民群众具备完整科学的生态文化知识。首先,新时代生态伦理发挥引领作用,为大中小学的生态文化教育指明前进方向。大中小学要将生态文化教育融入学生的理论教育与实践教育中,要求生态文化教育在各阶段学生教育中占有一定比重,并对生态文化教育效果进行评估,提高生态文化教育质量。其次,新时代生态伦理发挥在我国公民生态意识中的主导作用。政府加强对我国公民的生态文化教育,让新时代生态伦理深入人心。各级宣传部门扎根基层,同基层行政管理部门协调合作,走进社区、走进村庄、走到人民当中去,防止生态文化宣传和教育形式化、表面化。生态文化宣传尤其是要与广大人民群众切身利益相结合,回应人民之关切。生态文化宣传要为人民群众在生活中遇到的环境问题提供解决思路,要充分考虑人民的生态权益和身体健康,也要引导广大人民群众对生态环境保护进行反省与思考以求达到提高人民群众环保意识宣传目的。新时代生态伦理有助于在生态文明建设过程中使我国人民不断将生态文化知识转化为人与自然和谐共生的生态伦理意识,最终形成善待自然的生活习惯。

2. 引导人民群众树立正确的生态价值观

在近代社会中"人类中心主义"价值观盛行,"人类中心主义"价值观更倾向于关注人类自身的利益,忽略自然的利益并将人类的价值凌驾于自然价值之上,最终造成了环境污染、资源紧张、灾难频发。在这一情形下人类开始从新的维度处理人与自然的关系,推进人类自身价值与自然价值有机耦合,逐步演变为如今的生态价值观。在我国,党的十八大报告首次将生态文明建设纳入中国特色社会主义建设"五位一体"总体布局,将生态文明建设提升到与政治建设、经济建设、文化建设、社会建设同等重要的国家战略高度。党的十九大报告提出:"人与自然是生命共同体,人类必须尊重自然、顺应自然、保护自然。"①进入新时代,我国生态文明建设不断深入,生态伦理问题已经进入更多人的视野。随着生态伦理问题日益暴露,人们应对生态伦理问题的生态文化知识不断增加,人们的生态伦理意识也逐渐发生变化。习近平总书记提出的"人与自然是生命共同体"是生态伦理意识的历史性转变的深刻体现,它彰显出生态环境保护已经成为一种强大的国家意志,并且将逐步升华为全国人民的共同的生态价值观。新时代生态伦理要推动"加快建立健全以生态价值观念为准则的生态文化体系"②。做好生态文明建设的深入研究与知识普及,利用全媒体平台传播生态文化知识使之深入人心。新时代生态伦理进一步促进我国广大人民群众生态观念的转变,引导广大人民群众具备的生态文化知识向形成生态文化意识转变,改变了以往牺牲自然价值以实现人类自身价值的旧的生态价值观,形成了尊重自然价值、人与自然平等相待、协同进化的新的生态价值观。新时代生态伦理营造了"人与自然和谐共生"的社会氛围,加强了"绿水青山就是金山银山"的社会认同,汇聚了"敬畏自然、尊重自然、顺应自然、保护自然"的社会风尚,凝聚了"人与自然是生命共同体"的社会共识,最终帮助广大人民群众树立了正确的生态价值观,为其后续参与生态文明建设提供指南。

3.促进生态文化产业繁荣发展

生态文化产业是利用生态资源,通过文化创意与科技创新为人民群众创造丰富生态文化产品和生态文化服务的新兴产业。生态文化产业旨在产业生态化的基础上,向广大消费群体传递生态、环保、绿色、低碳的理念与观念,积极追求生态、文化、经济的融合发展,从而推动人类的经济生产与自然环境保

---

① 习近平:《决胜全面建成小康社会　夺取新时代中国特色社会主义伟大胜利——在中国共产党第十九次全国代表大会上的报告》,人民出版社 2017 年版,第 50 页。
② 习近平:《推动我国生态文明建设迈上新台阶》,《求是》2019 年第 3 期。

护协调共进。新时代生态伦理是从伦理道德层面关注人与自然的关系,其目的是宣扬人与自然的和谐共生,引导广大人民群众形成人与自然是生命共同体的理念。这与生态文化产业的主旨相契合。构建新时代生态伦理,有利于提高广大人民群众的生态意识,增加其生态文化知识,帮助其树立生态价值观。人民群众生态文化知识与生态价值观的提升,对生态文化产品与服务的需求就会增加,扩大了生态消费的群众基础,有利于生态文化产业的迅速发展。广大人民群众通过购买生态、环保、绿色、低碳的产品与服务,享受到生态文化产业带来的良好体验,更加认识到生态文化产业带来的积极影响,也会更加坚定地支持和接受新时代生态伦理的理念。如此反复,形成发展生态文化产业与宣传新时代生态伦理之间相辅相成的良性循环。此外,随着新时代生态伦理的弘扬与传播,越来越多人关注到生态文化产业,大批的人才与大量的资源也会投入到生态文化产业的发展中,有利于生态文化产业自身的壮大和发展。同时,更加丰富的人才、科技、资金进入到生态文化产业中,也在一定程度上推动了生态文化产业的专业化和科学化,推动生态文化产业在提供相对初级的生态产品的基础上朝着更加高精尖的方向发展,形成系统科学的生态文化产业体系,为生态文化产业的兴盛繁荣提供保障。

(三) 有利于新发展理念的贯彻落实

我国迈入发展的新时代,以习近平同志为核心的党中央顺应社会发展大势,在十八届三中全会上以我国经济社会发展的实际情况为依据,提出了"创新、协调、绿色、开放、共享"的新发展理念。新发展理念符合我国经济社会发展的要求,有助于满足我国人民日益增长的美好生活需求,有利于推动我国经济社会可持续发展。新发展理念中"绿色"发展理念与新时代生态伦理都是倡导人与自然的和谐,促进人与环境和谐发展,强调人与自然之间共处于一个休戚与共、互促互进的关系中。

1.提高贯彻落实新发展理念的能力

新时代生态伦理重在表达人与自然和谐共生的关系,指出了人类生存发展与自然进化的内在联系性,旨在推进实现人与自然和谐共生的现代化。新发展理念是我国大力推进经济高质量发展的重要举措,是我国建设现代化经济体系的行动指南。目前,随着社会的高速发展,我国的自然资源储备难以维持这种高消耗产业的发展,环境问题不断加剧,这不仅会制约社会经济的发展,而且对人类自身生存造成不利影响,"绿色"发展不仅是经济和社会发展的先决条件,也是人民追求美好生活的重要表现。树立绿色发展理念,必须坚决坚持节约资源和保护环境的基本国策,坚持可持续发展,坚定走生产发展、生活富裕、生态良好的文明发展道路。"要正确处理好经济发展同生态环境保护的关系,牢固树立保护生态环境就是保护生产力、改善生态环境就是发展生产力的理念,更加自觉地推动绿色发展、循环发展、低碳发展,不以牺牲环境为代价去换取一时的经济增长,决不走'先污染后治理'的路子。"①绿色发展理念正是"要正确处理好经济发展同生态环境保护的关系"的重要举措,其旨在如何实现经济清洁发展、高质量发展。绿色发展理念是从经济社会发展的角度出发,倡导绿色、低碳发展,把对自然的影响降到最低。新时代生态伦理从伦理道德层面出发,思考人与自然的关系,其中同样包括对当前社会中经济发展与生态环境保护的关系的思考。因此,新时代生态伦理有助于广大人民群众更加深刻地理解人类发展与保护自然的内在联系,理解人类经济社会绿色发展对自然的重要意义,进而深入推进新发展理念贯彻落实。

2.推动新发展理念各要素的融合

创新、协调、绿色、开放、共享的新发展理念相互贯通、相互促进,有着密不

---

① 中共中央文献研究室:《习近平关于社会主义生态文明建设论述摘编》,中央文献出版社2017年版,第20页。

可分的联系。"绿色"发展起初将经济社会发展过程的节能减排作为落脚点，意在推进节能减排等技术的使用对生态环境产生正面影响，包括绿色低碳发展、可持续发展、人与自然和谐发展、资源保护与利用等多项内容。进入新时代，"绿色"发展理念有了更多的内涵，要求我们了解"绿色"发展理念与其他发展理念之间存在的密切联系。"创新"是绿色发展的动力，"协调"是绿色发展的保障，"开放"给绿色发展提供机会，"共享"促进绿色发展成果的转化。我国经济社会发展将秉持着创新、协调、开放、共享的原则，积极贯彻和运用绿色发展理念。新时代生态伦理，推动自然的发展与人的发展紧密结合，有助于人类在社会发展过程中减少污染和资源浪费，提高自然资源的利用率。五大发展理念融合要以人民的幸福为前提，推广绿色发展理念，使人民群众共享绿色发展成果。习近平总书记指出，我们追求的是人与自然和谐相处的现代化，这不仅要满足人民在向往的美好生活中拥有物质和精神上的富足，还要满足人民在良好生态环境中享有优质的生态产品。让绿色发展普惠民生，使人民更加幸福。

3. 促进公众生产生活方式的转变

进入新时代，我国社会主要矛盾发生变化。党的十九大报告指出要把我国建设成为人与自然和谐共生的现代化国家，这一现代化是为人民群众提供更多品质优良的生态产品以满足人民日益提升的美好生态环境诉求的现代化。为实现这一目的，应继续贯彻落实新发展理念，推进生产方式和生活方式转变。为保障人民群众对优美生态环境需要，坚持新发展理念是实现这一需要的必然选择，新发展理念不仅强调生产领域经济的绿色、协调发展，也强调生活领域的绿色消费与低碳生活习惯，是新时代生态伦理阐述人与自然和谐共生关系在经济领域的重要体现。实现人与自然和谐共生是推进生态文明建设的重要目标，也是推进生态文明得以实现的前提和基础。新发展理念能否贯彻落实取决于人们能否将新时代生态伦理融入日常的生产和生活中，取决于人们能否尊重自然、敬畏自然,能否将人与自然的和谐共生、实现人与自然的生命共同体作为人与自然关系的最终愿景。

根本上来讲,新发展理念是从经济建设方面坚持新时代生态伦理的成果。在经济建设中,新时代生态伦理所表达的人与自然和谐共生主要是看经济发展方式有没有实现绿色发展、循环发展、低碳发展,有没有在居民自然消费日常生活中遵守绿色、低碳原则等。新发展理念并不是"创新、协调、绿色、开放、共享"五种发展理念的简单叠加,而是统领发展全局的整体施策。这一发展理念是对传统粗放式发展理念的突破,是对绿色低碳生产方式和生活方式的引领,是对"先污染后治理"发展路子的改革。在这一发展理念统领下,我国的生态文明建设与经济建设彼此协调、相互促进,既推进了经济社会发展模式的有效转变,更为生态文明建设缓解了治理压力。此外,从人类社会与自然的永续发展来讲,新发展理念是一个长期发展的指导思想,这与新时代生态伦理中人与自然和谐共生相契合,这源于新发展理念是以创新、协调、绿色、开放、共享为格局的发展理念,五大发展理念能够统筹我国经济社会发展的各项工作稳步推进,使得我国经济社会在生产活动中妥善处理人与自然关系,能够引导人民满足自身美好生活需求时,注重维护人与自然的和谐,为实现人与自然和谐共生的生命共同体奠定基础。

三、生态伦理的个体指引价值

新时代生态伦理指导人民反思我国生态实践的发展历程,形成科学、合理的新认识,帮助广大人民群众在新的历史条件下处理人口、资源与环境的关系,使其更加协调,平衡和协调三者之间关系的最终目的是实现人民过上美好生活的愿望。

（一） 科学认识我国生态实践演进历程

新中国成立以来，为应对不同历史阶段的生态问题，我国生态实践也不断演进，经历了从探索到推进到加快提升再到实质性飞跃四个阶段。新时代生态伦理科学把握这四个发展阶段，从生态实践地位的上升、内容的变化以及时代性特征三个维度深化了我国公民对生态实践演进历程的科学认识。

1. 从基础性的底层方法向国家战略的顶层设计转变

新时代生态伦理是进入新时代我国根据生态实际构建的人与自然生命共同体的伦理思想，是从我国生态文明建设实践由初级到高级、由基础到顶层的演进历程中创新提出的。新时代生态伦理的构建是国家生态意识的体现，通过对新时代生态伦理的构建可以进一步科学认识我国生态实践演进历程。

我国生态文明实践呈现出由基础性底层方法向国家战略的顶层设计转变的直线上升的态势。"新中国成立以来的生态文明建设的相关具体工作及指导思想基本上是按照环境保护——可持续发展——科学发展——生态文明建设的逻辑在不断向前发展。"①新中国成立之初，实现工业的大发展是当时的主要目标，生态环保是因工业发展破坏环境被动提出的应急之策。生态环保的"被动性"使得其没有引起党和国家的重视因而只局限于绿化国土和兴修水利等农林基础性方面，没有上升到顶层设计层面。随着国际上生态环保会议的召开以及我国一段历史时期的粗放式经济发展带来的生态环境问题日益显现，党和国家逐步重视生态文明建设。在 1983 年的第二次全国环境保护工作会议上，环境保护被确立为基本国策；在 1996 年的八届人大四次会议上可持续发展成为现代化建设重大战略之一；党的十七大将生态文明建设正式从国家战略体系中提出并不断发展；党的十八大又将生态文明建设纳入"五位

---

① 孙经纬：《新中国成立 70 年来生态文明建设的演进》，《中共南京市委党校学报》2020 年第 2 期。

一体"总体布局,把生态文明建设提高到与经济、政治、文化、社会建设同等重要位置;党的十九大则将"美丽"纳入新时代国家现代化目标之中,将生态文明建设置于前所未有的高度。随着时代的不断进步,生态文明建设在国家战略体系中的地位会不断提升。

2. 从局部单一的环保举措向整体系统的生态文明建设体系转变

新时代生态伦理注重处理人与自然的关系以求达到人与自然和谐共生的状态。以新时代生态伦理为起点回顾我国生态实践从局部到整体、从单一到系统的历史,其变化脉络是清晰且十分深刻的。新中国成立后大力推进工业发展,随之而来的生态环境问题引起了国家的重视。毛泽东发出"绿化祖国"的号召,把治理水患、兴修水利作为国家生态实践的主要举措。以邓小平同志为核心的党的第二代中央领导集体更加注重生态防治与保护。在绿化植树方面,他指出要全民参与植树造林。在污水治理方面,他提出以政府为主导,狠抓水污染。"漓江治理"就是邓小平污水治理的典型案例。在初期探索和推进生态实践的阶段,主要以解决当时局部的生态环境实际问题为主要着力点,是针对绿化、水利等单一问题提出的具体措施。进入生态实践的加快提升阶段,我国生态实践逐步由具体措施丰富成为整体系统的生态文明建设体系,在应对实际生态问题的同时从指导思想层面系统全面地指导国家的生态治理。在20世纪末,江泽民顺应世界生态发展大势,提出了"可持续发展战略"。这一战略指导我国的经济、社会、生态协调发展,经济、社会、生态是紧密联系的系统,这一战略不仅考虑到自然资源和环境层面的可持续也考虑到了国家和社会层面的长远发展。在此基础上,胡锦涛提出了"科学发展观",根据统筹城乡、区域、经济社会、人与自然、国内外发展的要求树立全面、协调、可持续的发展观。习近平总书记在总结前人经验基础上,将生态文明建设纳入中国特色社会主义"五位一体"总体布局之中,此外还提出完善生态文明制度体系,用严格的法律制度保护生态环境以及绿色发展理念等思想不断充实生态文明建设体系,我国生态文明建设成为成熟完善、系统完整的体系。可见,新时代生态伦理的构建有助于帮助我们认识生态建设从局部单一的环保举措向整体系统的生态文明建设体系转变的过程。

3. 从防治污染政府主导到构建美丽中国全民参与的时代性转变

我国生态文明建设是与时俱进的伟大工程,其发展经历了由政府主导到全民自觉主动参与的巨大转变。建设美丽中国当前是我国生态文明建设的重要目标,全民自觉参与生态文明建设是实现美丽中国目标的根本保障。我国公民的生态实践发生了从政府主导向全民参与的转变。新中国成立初期,政府通过兴修水利和植树造林来改善群众的生活条件,政府领导建设大型水利工程包括黄河三门峡水利枢纽工程、溪河水库工程等兴国利民的大工程。群众在政府领导下参与生态实践取得巨大成效。但是当时人民参与生态实践的自觉性与积极性不足。随着国际上生态环保运动兴起和我国生态环境污染和破坏问题的加重,党和国家领导人意识到必须发动广大人民群众投身到生态保护中。政府分别从法律和制度方面保障公民的生态参与权和监督权,给予人民群众更多自主权。2000年以后,越来越多的生态问题暴露在政府和人民面前,公民自觉保护生态环境的意识不断加强,其参与环境保护的热情也在不断高涨,主动参与政府进行生态治理、关注国家生态文明建设方针政策的制定,积极监督企业节能减排与污水处理和废气净化。进入新时代,政府、企业、环保组织和群众三大责任主体基本确立,民间性环保组织如雨后春笋般大量增加,生态环保的公益活动也日渐频繁。积极参加生态环保的公益活动逐渐成为社会风尚。建设"美丽中国"已成为全社会共识,成为我国现代化建设的目标之一。以上成就都是政府和人民团结协作的体现,政府为人民参与生态实践提供保障;全体人民积极主动响应政府号召通过增强自身的环保意识和环保能力投身到建设"美丽中国"的伟大实践中。

（二）　正确把握人口、资源、环境的关系

人口、资源、环境是自然界重要的组成部分,人类在自然界中的活动就和存在物在系统中的活动一样,自然界为人类生存与发展提供物质资料和环境条件。如果将人口与资源、环境看成一个利益整体,使人类在对有限制地使用资源、有约束地利用环境的情况下合理地发展自身需求,同时遵循自然界客观规律,使得人与自然协同发展、协同进化,就能够使生态环境在有序保护中得到良性发展。德尼·古莱曾提出:"生态规则是明确的和无情的,大自然必须受到保护,否则我们人类将灭亡。"①新时代生态伦理注重的是人与自然之间的关系,期望达到人与自然的和谐共生。人口、资源、环境之间的关系就是人类与自然界中其他要素的关系。正确处理人类与自然界其他要素的关系,必须以新时代生态伦理为指导,达到人类与自然界其他要素之间的平衡协调。

1. 协调人口增长与资源、环境承载力之间的关系

只有调控人口数量和提高人口素质,才能有限制地使用资源和有约束地利用环境,这对防止人类灭亡,推进人类长远发展具有重要意义。新中国成立后,我国人口数量激增,即使我国自然资源的种类和数量都非常丰富,但是我国人均资源占有量低于世界平均水平。因此,依据我国的基本实际,以邓小平同志为核心的党的第二代中央领导集体为当时协调人与资源环境关系提供了工作指南。首先,我国需要继续加强保护环境,保障环境内部进行良性循环;其次,国家制定合理的人口政策,合理地控制和平衡本国人口发展,防止出现人口赤字现象。通过实施多项调节人口措施,实现人口规模的适度增长,我国人口规模和自然资源之间的矛盾得到一定缓解。所以,既要保持适度的人口规模,又要合理利用自然资源,达到人和自然的和谐共处,才能不断保证可持

---

① ［美］德尼·古莱:《发展伦理学》,高铦、温平、李继红译,中国社会科学出版社2003年版,第142页。

续发展的进行。人类对自然负责归根到底是对人类本身负责,保护自然环境就是在保护人类自身,处理好人口、资源、环境之间的关系,使人口规模保持在资源和环境可承载的范围之内,从而促进和保障人类永续发展。新时代生态伦理的建构有助于我们更加充分地认识和更加全面地把握人口、资源、环境的关系。

2. 有序推进自然资源全民所有、全民负责

新时代生态伦理的构建侧重强调从道德层面动员全体民众的力量保护生态环境,进而实现自然资源全民所有、全民负责,不断增强人民群众对美好生态环境的获得感和幸福感。习近平提出:"国家对全民所有自然资源资产行使所有权并进行管理……是所有权人意义上的权利……使国有自然资源资产所有人和国家自然资源管理者相互独立、相互配合、相互监督。"①完善自然资源资产管理制度,关系民生福祉与民族长远发展,是资源开发和利用赖以推进的底线,是用最严格制度保障生态文明建设的具体实践。在此制度下,管理者统一行使所有国土空间用途管制职责,新时代生态伦理的构建有助于全体民众在资源的节约、环境保护中发挥主人翁精神,对自然资源统一保护,对自然环境统一治理、统一修复负有重大的责任,真正把一切有利因素运用起来,实现经济效益和生态效益最大化。

3. 促进主体功能区的规划和空间开发格局的完善

协调人口资源环境的关系从系统论的思维方式出发,要在全国范围统筹规划主体功能区。就是要根据不同区域的资源环境承载能力、现有开发强度和发展潜力,统筹谋划人口分布、经济布局、国土利用和城市化格局,确定不同区域的主体功能,主体功能不同,区域类型就会有差异。大体上可分为以负责

---

① 中共中央文献研究室:《习近平关于社会主义生态文明建设论述摘编》,中央文献出版社 2017 年版,第 102 页。

供给工业品和服务产品为主体功能的城市化地区和以负责供给农产品为主体功能的农业地区,以负责供给生态产品为主体功能的生态地区等。依据不同功能区域类型确定开发方向,改进开发政策,管控开发强度,有序推进开发,逐步形成人口、经济、资源环境相协调的空间开发格局。新时代生态伦理的构建是对人的行为的约束和规范,有助于推进形成主体功能区,有利于推进经济结构战略性调整,推进经济向高质量发展转型;有利于践行人民至上的理念,推进区域协调发展,促进地区间基本公共服务和人民生活水平均等化;有利于引导经济社会发展、人口增长与资源环境承载能力相适应,促进人口、经济、资源环境的空间均衡;有利于从源头上扭转生态环境恶化趋势,促进资源节约和环境保护,应对和减缓气候变化,加强和改善区域调控。

新时代生态伦理旨在实现人与自然和谐共生的生命共同体,有助于指导人口、资源、环境和谐相处,帮助厘清三者之间的关系。新时代生态伦理指导人们要将人口数量与人口发展控制在资源和环境承载范围之内。并且,要高效利用自然资源,通过划定主体功能区避免造成资源浪费,达到人与资源、环境的协调与和谐,使得全民对自然资源统一保护,对自然环境统一治理、统一修复负有责任,有利于达成人口、资源、环境彼此作用又平等和谐的关系,才能不断保证人类社会长期的有序发展。

（三）　助推人民美好生活愿望的实现

生态文明建设是功在当代、利在千秋的伟大工程。让广大人民群众及其子孙后代能够享受天蓝、地绿、水清的生活并为其提供优质的生态产品是生态文明建设的主要任务。新时代生态伦理指导人们从意识上尊重自然、遵守自然规律,有助于自然得到很好的恢复和发展,形成良好的自然环境。良好的自然环境是人民美好生活的基础和前提,在新时代生态伦理指导下,人与自然能和谐相处,更有利于满足人民生存和发展的需求,实现人民对美好生活的向往。

1.为实现人民更高的生存需求提供物质基础

人的生存权可以通俗地解释为满足人的衣、食、住、行的权利。人类生活在自然界中必须保障自身的生存权。正如马克思、恩格斯提到的："我们首先应当确定一切人类生存的第一个前提，也就是一切历史的第一个前提，这个前提是：人们为了能够'创造历史'，必须能够生活。但是为了生活，首先就需要吃喝住穿以及其他一些东西。"①自然环境为人类生存提供了必要的物质资料。因此保护自然环境实质上不仅是一个生态要求，更是保障广大人民群众生活的民生需求。满足广大人民群众的民生需求，须从生态环保的层面上解决人民的衣食住行问题。习近平总书记去海南视察时曾强调："人民群众对美好生活的向往，就是我们的奋斗目标，必须把生态文明建设放到更加突出的位置"②。新时代生态伦理立足人民对美好生活的需求指导人民群众从自然界合理获取生存资料，不仅保障了人民群众必要的生存权与代内公平，又为人们及其子孙后代保护了自然环境和代际公平。我国正在主动寻求经济从高速增长向高质量增长的转型，积极应对粗放型经济发展带来的生态环境严重污染与破坏问题。为弥补之前的生态"欠账"，必须逐步减少环境污染与生态破坏。首先，要防控大气污染尤其是针对性地解决雾霾问题，提高空气质量保证人民呼吸上新鲜空气。其次，要不断开发环保材料和创新废物利用，为人民群众提供物美价廉又环保时尚的服饰等。这一举措可以有效减少野生动物的杀害，减少野生动物皮毛的利用。再次，要合理开发居住用地，遏制房地产产业无序扩张尤其是防止其对耕地和公共绿地的占用。在保障人民居住房源充足的同时为人民群众提供优美绿色的居住环境。最后，加大新能源开发力度，推广新能源交通工具。提倡公共出行和绿色低碳出行。新时代生态伦理启发人

---

① 《马克思恩格斯选集》第1卷，人民出版社2012年版，第158页。
② 习近平：《加快国际旅游岛建设谱写美丽中国海南》，新华网，http://news.xinhuanet.com/politics/2013-04/10/c_115342563.htm。

们要想实现自身更高的生存需求必须以良好的生态环境为前提,进一步推进生态伦理思想逐步转变为人民群众保护生态环境的实际行动。只有更多人民群众参与到生态环境保护的过程中,生态环境状况才能逐步向好,才能为满足人民群众更高的生存需求打下坚实的物质基础。

2.为满足人民更全面的发展需要提供必要条件

党的十九大以来我国社会主要矛盾发生了深刻变化。人民不仅希望最基本的生活需求得到满足,还希望自身更平衡更充分的物质文化需求进一步得到满足。换言之,人民群众需要更多物质文化权益以实现自身发展。只有人民自身的发展条件得到保障,人民才能进一步投身到政治、经济、文化等社会实践中,人类社会才能持续进步。新时代生态伦理旨在实现人与自然和谐共生的现代化,最终达到人与自然成为生命共同体的状态。因此满足人民群众的发展需要是生态环境保护的必然要求。习近平总书记曾提到:"良好生态环境是最公平的公共产品,是最普惠的民生福祉。"①良好生态环境为人的自由而全面发展提供条件。首先,良好生态环境有助于人的身体健康。新鲜的空气、清洁的饮用水、安全的粮食蔬菜以及安全的生态环境都是保证人类身体健康的必要因素。其次,良好的生态环境可以陶冶人的情操,洗涤人的心灵,有利于人民群众的精神健康。最后,宜居的自然环境还可以提高人民的幸福感和归属感。以上这些生态公共产品是良好生态环境为人的发展提供的必需条件。人类实现自由而全面的发展还需要相当长一段时间,这就要求自然界也要在相当长一段时间内保持可持续发展和绿色发展。因此从长远来看,保护生态环境是关乎人类命运的长远大计。新时代生态伦理有助于规范人民群众的行为,促进美丽中国的建设。

---

① 《习近平在海南考察:加快国际旅游岛建设　谱写美丽中国海南篇》,《人民日报》2013年4月11日。

四、生态伦理的社会实践价值

新时代生态伦理具有丰富的社会实践价值,对推进我国的生态文明建设可持续发展战略的实施生态法治的建设和发展,以及协调推进"美丽中国"全面布局具有指导意义。

(一) 有利于我国生态文明建设的推进

1.指导生态文明建设的顶层设计

新时代生态伦理倡导的是人与自然和谐共生的理念,旨在构建人与自然的生命共同体。新时代生态伦理为指导我国的生态文明建设实践提供道德层面的衡量准则。首先,新时代生态伦理为我国生态文明法律和制度建设提供道德层面的规范。改革开放以后,邓小平同志提出了环境保护法治化的思想。法治是推进生态文明建设不断完善的必然选择,因此进入新时代,我国生态环境状况要求更多环境保护的法律法规更加健全,逐步用法治思维来引领广大人民群众的生产生活行为。环境保护的法律法规要充分借鉴新时代生态伦理,在立法时始终表达对自然的道德关切,始终充分关注和尊重自然发展的规律,用法律法规约束人民的行为,将人与自然和谐共生要求纳入生态立法。习近平总书记强调:"只有实行最严格的制度、最严密的法治,才能为生态文明建设提供可靠保障。"①由此可见,推进生态文明建设制度化、法治化,将新时代生态伦理与用生态文明制度规范行为结合起来,生态文明建设的进程才能够得到持续推进。其次,新时代生态伦理使得生态文明制度体系更加完备,为生态文明制度体系的健全提供价值引领。习近平总书记不但主张用制度来

---

① 中共中央文献研究室:《习近平关于社会主义生态文明建设论述摘编》,中央文献出版社 2017 年版,第 99 页。

保障生态文明建设,而且强调建立一个系统完整的生态文明制度体系促进生态文明建设。推进生态文明建设,要建立从环境保护落实到环境破坏问责再到环境破坏惩治的一系列制度体系。新时代生态伦理以建成人与自然和谐共生的生命共同体为旨归,在这一生命共同体中,人要对保护自然负责,人在履行保护自然过程中的各项责任时要通过制度去约束,从而保证每项责任都可以得到落实。

2. 扩大生态文明建设涉及的领域

新中国成立以来我国生态文明建设所涉及的资源环境问题的领域包括:退耕还林还草、防治大气污染、防治水污染、垃圾分类与治理、生态系统保护等多方面。这是因为更多的环境因素开始制约经济社会的发展。水资源、土地资源、森林资源、矿产资源等都密切地制约着经济社会的发展。习近平总书记提出的:"我们要认识到,山水林田湖是一个生命共同体,人的命脉在田,田的命脉在水,水的命脉在山,山的命脉在土,土的命脉在树。"①习近平将生态文明建设从某一资源领域扩大到山水林田湖草整个系统,推进了生态文明建设领域不断扩大与深化。新时代生态伦理进一步推进生态文明建设领域不断扩大与深化,继续将生物安全等领域纳入生态文明建设中。针对不同领域环境问题要从系统论出发,要整体施策,打通各领域联系性开展生态文明建设。

3. 彰显生态文明建设的为民情怀

中国共产党的根本属性决定了我国的生态文明建设的目标是满足人民群众对美好生活的需求,其中包括对良好生态环境的需求。良好生态环境是最普惠的民生福祉。生态文明建设既要符合民意又要贴合民生。新时代生态伦理倡导人与自然的和谐发展。自然的良好发展为广大人民群众提供良好的生

① 《习近平谈治国理政》,外文出版社 2014 年版,第 85 页。

活环境与优质生态产品。人民享受到良好生态环境带来的幸福生活就更容易形成自觉的生态伦理观念。人民形成自觉的生态伦理观念,有利于进一步生态环境的保护、生态资源的节约与合理利用。随着我国经济的发展和新时代社会主要矛盾的转化,人民群众对于优美生态环境和优质生态产品的需求更加强烈。中国共产党在推进社会主义生态文明建设的伟大实践中,必须以满足人民群众的生态需求为主要目标。新时代生态伦理不断推动我国生态实践向人民的美好生活靠拢,彰显了我们党深厚的人民立场与为民情怀。

(二) 有利于可持续发展战略的实施

自然资源是我国经济社会发展的重要保障,对我国人民的生活生产有重大意义。自然资源能否可持续利用,经济能否可持续发展,是一个国家和民族长期发展的必要条件。我国是世界上少有的几个自然资源种类和数量非常丰富的国家。但是,因为人口基数大的客观原因,我国的人均自然资源拥有量在比较低下的水平。此外,由于我国一段时期内粗放式的经济发展和自然资源保护意识匮乏的主观原因,我国自然资源遭到巨大破坏,自然资源利用率低,使得我国自然资源面临巨大的危机。

新时代生态伦理与可持续发展理论紧密联系。新时代生态伦理是从伦理的视角出发看待人与自然的关系,从而引导人们树立人与自然是和谐共生的生命共同体观念。新时代生态伦理研究主要是表明人对于自然的道德关怀与价值关切,也就是说,新时代生态伦理将人与人之间的伦理关系扩大到了人与自然的关系。人类除了要承担着社会和谐的道德责任同时也要承担人与自然和谐的责任与义务。新时代生态伦理要求我们在处理人与自然关系上必须树立可持续的发展观。新时代生态伦理以可持续发展观为基础,进一步丰富了可持续发展理论的内容,推进国家的可持续发展战略的实施与落实。可持续发展在满足当代人需要的同时,也要满足子孙后代的需要,既注重代内公平也注重代际公平。可持续发展主张改变传统的粗放型的生产和高消耗的消费模式,实施绿色文明消费和清洁生产;可持续发展要与自然资源和环境承载能力相协调,要以从自然角度出发以保护自然的利益为基础;可持续发展要与社会进步要求相适应,要以改善和提高人类的生活质量为目的。可持续发展关系到人类文明的延续,影响着世界发展和人类文明的进程。可持续发展战略的内容主要包括节约自然资源、保护生态环境、运用高新技术手段提高资源利用率,推进绿色低碳与资源节约型产业发展,协调使经济与社会的长效持续发展并同生态文明建设一道向前迈进。可持续发展战略不仅推进我国经济与社会的发展,而且也是为了最广大人民群众的民生福祉与子孙后代可以一直生活在清洁美丽的世界,享受天蓝、地绿、水清的美好生活。新时代生态伦理强调协调人与自然的关系,当然也应包括协调人类发展与自然资源利用的关系。新时代生态伦理有利于创建更加清洁美丽的环境,为促进人类与环境可持续发展提供了更有力的思想武器。

（三）　推动了社会主义生态法治的建设和发展

道德的底线是法律。新时代生态伦理是关于人与自然关系的一系列道德规范,其在推动生态法治的建设与发展过程中发挥引领作用。生态法治是生态环境保护的重要手段。"生态法治作为法治的子系统,是实现生态文明所需的制度性、秩序性条件,也是生态理性在法治建构中的现实化表达。"①新时代生态伦理为社会主义生态法治注入敬畏自然、尊重自然、顺应自然的理念。经过新时代生态伦理的指导,社会主义生态法治在维持其本身法律性的基础上充满对自然的道德关怀。它不再是冰冷的法律条文,而是维护人与自然和谐发展的法律保障。

1. 推动生态立法建设

生态立法旨在用法律约束人与自然相处过程中人的行为并使环保执法人

---

① 谢秋凌:《生态法治之实践维度》,《思想战线》2020 年第 3 期。

员和司法人员有法可依。面对复杂多样的生态环境问题,新时代生态文明法治建设应从被动立法转变为有预见性的立法,改变以往那种因产生严重的生态污染与破坏而被迫进行生态立法的情况,推进立法生态化。新时代生态伦理注重对人与自然关系的思考,充分关照人与自然相处中自然本身进化和发展的利益,从维护自然环境的维度出发反思人的行为。因此通过新时代生态伦理对自然本身进化和发展的思考为立法生态化提供思想依据。推进立法的生态化必须从扩大新时代生态伦理的群众基础和增强广大人民群众的环保意识开始。营造浓厚的生态文明氛围是培育新时代生态伦理必要的外部条件。严峻的环境污染和生态破坏问题警醒人们,打破旧的生态环境思想,树立新时代"人与自然和谐共生"的生态伦理思想,并以这种思想为指导进行生态立法,才能为生态环境保护和绿色发展提供保障。推进立法生态化必须在充分考察和把握自然进化和发展规律的基础上进行。同时,要改变以往那种一般性、笼统性的生态立法,根据对自然发展的客观规律的总结与人类破坏生态环境行为的研究,进行有针对性、预见性的立法。比如,针对当前比较突出的生物安全、垃圾污染、水污染、空气污染以及水土流失等环境问题进行专门性、针对性立法。此外针对不同生态责任主体包括企业、群众等潜在的污染环境和破坏生态资源的行为预见性立法。推进立法生态化和预见性立法有助于合理借助自然客观规律将生态环境污染和破坏行为扼杀在萌芽里并推进人与自然更好地相处。

2. 推动生态执法建设

生态执法是生态法治的关键环节。新时代生态伦理要求生态执法建设目的不在于只是惩罚破坏和污染生态环境的人,更重要的是在于缓和人与自然的关系和推动绿色发展。因此打破传统的单纯的惩罚式生态执法是非常有必要的。生态执法既要运用最严密的法治来约束和规范人的行为,又要有相应的奖励机制引导和激励人们关注人与自然的和谐。

　　第一,有利于以新时代生态伦理为价值导向,建立生态执法约谈机制。为减轻生态执法过程中执法人员不足带来的执法压力,可根据生态立法的预见性和针对性,建立生态执法约谈机制。在生态执法过程中,对偶然发生或可能发生的破坏人与自然和谐关系的行为通过警告函、电话警告等方式予以警醒和告知。这一机制既能减轻生态执法人员上门执法的压力,又能及时制止那些在违反生态保护法边缘的行为。对于偶发的破坏生态和污染环境的行为,必须要求相应的责任主体及时停止并进行生态补偿。第二,有利于以新时代生态伦理为衡量尺度,完善生态保护奖励机制。对于在维护人与自然关系、节约自然资源等方面有突出贡献的个人与集体给予表彰与奖励。在生态执法过程中可以以企业或社区为单位,以企业或社区的生产与生活方式是否有利于保护生态环境为标准,定期进行生态环境保护成效的评估。生态执法人员在执法过程中深入企业工厂和社区内部,对主动通过提高生产技术降低环境污染的企业以及积极维护人与自然关系的个人给予奖励,同时对其事迹进行广泛宣传。第三,有利于以新时代生态伦理为重要导向,加强多部门联合行动,推进生态执法协调合作。观念是行动的先导。各个执法部门要统一思想,坚定人与自然和谐共生的生态伦理观念,协调行动,通过多部门联合执法,增强生态执法相关部门与其他执法单位以及司法部门的协同合作,防止出现执法盲区,充分发挥政府在协调人与自然关系、保护生态环境责任体系中的主导作用。加强跨区域、跨部门执法的共同行动,形成多管齐下的共识,减少生态执法过程中的失误或误判,提升生态执法的权威性。同时,新时代生态伦理要求在生态执法过程中转变生态执法着力点,更加注重追究生态环境破坏者的责任。对生态环境破坏者进行执法处罚不是目的而是手段。生态执法的真正目的是通过相关执法处罚要求破坏者重新承担起维护人与自然和谐关系的责任,并且严格按照要求对自然进行生态补偿以达到对人与自然关系的修复。

3. 推动生态司法建设

生态司法是生态法治建设的最后防线,同时也是完善中国法治体系建设的必由之路。新时代生态伦理要求生态司法更多以代内公平和代际公平为落脚点,推动生态环境保护和治理法治化过程更加公平正义。当前,通过生态执法手段处理生态破坏和环境污染行为已成为生态环境防治的重要方式。第一,坚持新时代生态伦理有利于平衡生态司法与真实的生态环保初衷。我国司法的首要原则是维护社会的公平正义,但在实际生态司法对生态环境的保护过程中,需在公平正义的底线上,从维护人与自然和谐关系的角度出发,考量司法结果是否与生态防治的初衷相耦合,将协调好人与自然的关系作为生态司法的旨归。第二,新时代生态伦理推动生态司法兼顾经济发展与生态环境保护。现实的生态司法进程不仅要牢记经济发展不能以牺牲生态环境为代价的真理,又要有利于推进社会生产力的发展。要将造福后代的生态文明建设与人民当前迫切期待的高质量经济发展相协调,将人类社会发展与自然发展相协调,通过司法方式为人与自然协同进化筑牢屏障。此外,在平衡经济发展与生态环境保护的前提下,紧跟我国深化改革的实际,以新时代生态伦理为引领,加紧生态司法的构建。首先,分阶段放松群众对生态的权利表达诉求的限制,扩大生态司法的群众参与基础。其次,不断规范生态司法的程序流程。生态司法程序各个环节都需要与一般司法程序相区别,生态司法程序中需将重点关照生态环境的初衷与维护司法公正放在同等重要位置以实现人与自然矛盾的有效解决。最后,生态司法相关人员应时刻牢记生态环境保护的初心。生态司法是生态环境保护的重要保障,以新时代生态伦理为指导,生态司法相关人员在维护司法公正的同时加强对生态环境的保护。

(四) 协调推进"美丽中国"的全面布局

"美丽中国"思想彰显了全体中国人民对美好生活的共同追求,是实现中华民族伟大复兴中国梦的重要支撑。新时代生态伦理推进"美丽中国"的全面布局,从推进构建绿色发展格局出发,加快完善生态环境监管机制改革,在系统合理的生态环境监管机制下修复生态系统与缓解环境问题。

1. 推进绿色发展格局的构建

"美丽中国"建设需要政治、经济、文化多个领域的绿色发展作为支撑,坚持绿色发展是建设"美丽中国"的强大支柱。新时代生态伦理从多层面推进绿色发展,强调加快推进生态文明建设与经济、政治、文化等多方面建设相协调,为建设"美丽中国"夯实思想和理论基础。

首先,指导政府树立绿色政绩观,实现治理之美。我国经济飞速发展与粗放式的发展方式密不可分,其背后隐藏着的是某些政府领导唯 GDP 论的社会发展理念和以经济论功绩的政绩观。这一观念使经济发展和生态环境保护的矛盾日益尖锐,使得生态问题成为社会长久发展的重大阻碍。政府要树立正确的政绩观,进一步正视生态问题,协调好生态环境保护与经济发展之间的平衡,将生态环境良好作为政府治理水平的评判标准之一。其次,为打造绿色经济体系提供规划指南,实现发展之美。"生态环境保护的成败,归根结底取决于经济结构和经济发展方式。"①绿色经济体系的建设要充分考虑人民需求和生态的绿色发展,因此必须从新时代生态伦理汲取人与自然和谐相处的智慧。第一,加大绿色产业发展力度。各产业逐步摒弃以往高污染、高能耗、低效率的产业模式。持续推进传统产业生产高效化、集约化、智能化,推动传统产业结构优化升级。第二,大力扶持新能源产业成长有效降低了对环境的污染。加大了新能源产业的政策优惠力度和资源倾斜程度,通过资金、技术、人才的大量投入,加速新能源产业成长,利用绿色环保的新能源代替传统能源。最后,有利于塑造绿色文化,彰显文化之美。新时代生态伦理从人与自然和谐出

---

① 中共中央文献研究室:《习近平关于社会主义生态文明建设论述摘编》,中央文献出版社 2017 年版,第 19 页。

发,既关照人民的绿色文化需求又关注自然的保护与绿色资源的合理开发。第一,新时代生态伦理是因地制宜打造绿色城市、绿色乡村的方向标。各地区充分挖掘当地环境资源要以新时代生态伦理为参照,打造具有地方特色的绿色文化。城市要以绿色发展为目标,既保证城市居民居住用地、商业用地等其他用地建设又保证城市绿化面积,不仅为其提供宜居环境,更要弘扬绿色环保价值观和传播绿色文化。乡村要充分发挥自身优势,建设各类生态环保新农村,利用当地绿色资源充分开发乡村文化遗产与山水风光,形成具有历史文化、地域风情的生态观光景点,推动绿色文化与低碳经济同向发展。

2. 推进生态系统的保护和修复

经过四十多年的快速发展,我国的经济、社会发展取得震惊世界的成就。与此同时,我国积极应对经济发展带来的一些负面影响,着力解决突出的生态环境问题。修复生态系统与缓解环境问题是我国可持续发展的必然要求,是建设"美丽中国"为人民提供美好生活的重要保障,关系到最广大人民群众的民生福祉。新时代生态伦理重视人与自然的和谐相处,人类在发展过程中对自然造成巨大破坏,通过修复生态系统与解决环境问题缓解人与自然之间的关系,有助于人与自然关系"重归于好",有利于人与自然成为和谐共生的生命共同体。

新时代生态伦理有助于统筹推进重要生态系统保护和修复重大工程,开展区域性的综合治理与补偿,加强区域间的联合行动。推进国家森林公园建设,打造生物多样性保护系统,提高生态系统质量和稳定性。发挥底线思维划定生态保护红线,给予生态环境精准保护,严厉打击破坏生态环境的违法犯罪行为。"在生态环境保护问题上,就是要不能越雷池一步,否则就应该受到惩罚。"①大力推广植树造林,倡导全民参与国土绿化,筑牢防沙保护林,加强对

---

① 中共中央文献研究室:《习近平关于社会主义生态文明建设论述摘编》,中央文献出版社 2017 年版,第 99 页。

荒漠化、石漠化的治理,协调河流上中下游团结合作,协同推进流域内的水土流失综合治理,规划和建立湿地公园,保证湿地生态系统有序循环。加大力度开展对地质灾害的研究与监测,使地质灾害防治更加精准高效。天然林是我国生态资源的一笔重要财富,继续健全天然林保护制度,严禁毁坏天然林,分批退耕还林还草。重视大气污染治理,坚持源头防治,呼吁广大人民群众主动参与、团结协作,打赢蓝天保卫战。

五、生态伦理的全球治理价值

当下的生态环境问题所涉及的范围并不只限定在某一个国家和地区。各个国家应该根据自身综合国力与生态环境问题承担自身责任并制定相应的解决方案,从新时代生态伦理借鉴有益之处应用于本国生态环境保护中,打破国家间的壁垒,通过全球法制建设与生态环境治理通力合作,实现全人类与自然界的和谐、繁荣。

（一）　加强全球生态法制建设

当今时代,全球生态伦理价值观正处于一个迷茫时期。人类正在从人类中心主义逐渐转变为以生态环境为出发点对自然进行开发和改造,具体而言,世界各国人民更加重视生态环境。针对我国生态环境保护,习近平总书记提出"用最严格的制度、最严密的法治保护生态环境"[1],意在强调法治对生态环境保护的重要性。经过几十年发展,我国生态文明法制建设不断健全,但我国人民的生态伦理观念仍然较弱。世界各国人民对生态伦理同样认识不足。针对这一现象,通过新时代生态伦理促进世界各国生态法制建设,有关环境保护的法律制度是引领人民生态环保思想意识,树立保护生态环保观念,规范人民

---

[1]　中共中央文献研究室:《习近平关于社会主义生态文明建设论述摘编》,中央文献出版社 2017 年版,第 99 页。

生态环保行为的有力举措,新时代生态伦理给予生态法制建设道德和价值支撑。

1. 弘扬人与自然和谐共生的立法理念

立法理念的发展规定了法治的发展方向,全球生态立法不同于一国之内法律的构建,要以新时代生态伦理中人与自然和谐共生为立法理念,在立法上,不仅要注重世界各国的发展,更要注重的是世界各国的发展都依赖于自然,各国人民美好生活的需求得益于全球环境良好发展,所以在生态立法中重视人与自然和谐尤为重要。首先,在立法理念中,把人与自然和谐共生的思想与立法理念相融合,保证环境正义,为代内代际公平提供保障。在拟定相关法律时要充分尊重自然的客观规律,坚持立法一切从尊重自然、敬畏自然出发。其次,世界各国人民都应明晰生态保护背后对本国发展的意义,这为生态立法规定了不可逾越的生态原则,把"人与自然和谐共生"的新时代生态伦理理念贯彻到立法的各个方面,并且用法律条文的形式将其确定下来。全球生态立法作为关系到全世界各国生态利益的立法活动,需要关切各国利益以及自然本身的利益,立法者必须根据世界各国生态合理需求以及自然发展的规律进行立法,在不侵犯世界上任何一个国家利益的情况下,依据自然规律出台相关生态环保的法律。

2. 维护公平正义的全球生态执法理念

生态执法权力是生态法律所赋予的,生态问题不是一国的问题,往往会出现各种连锁反应,甚至多种生态问题同时迸发,生态问题是关系到各国经济、社会等多方面的复杂问题,生态执法作为生态法律的最终实现形式,要求执法者需要具有执法的专业素质以及执法的专业能力。因此,在推进全球生态执法中要合理分配执法权力,设立科学的执法机构和人员。具体到生态执法机构执法问题上,目前较为严重的就是执法的公平性问题。新时代生态伦理以实现人与自然的和谐共生为旨归,重在人与自然的和谐,在生态执法领域内就是生态执法注重对人的公平与对自然的公平。因此生态执法在关照人类自身利益的同时关照自然利益。一是生态执法机构的成员配备要合理。成员要按照发达国家与发展中国家比例进行配备,保证执法机构成员的合理性与执法的客观性。二是生态环境问题往往是涉及一定区域内多个国家的生态利益,在进行生态执法时既要充分考虑不同国家的现实情况注重维护执法公平,又要从自然的立场出发充分关照自然的利益。

（二）　推进全球生态经济发展

发展是当今世界的主题之一,世界各国都顺应经济全球化浪潮,抓住机遇,大力发展本国经济。重工业、交通运输业等高能耗的产业污染排放严重加剧了生态环境问题尤其是引起了气候变化。气候变化主要表现有三种情况:全球气候变暖、酸雨、臭氧层破坏,这些问题都是影响人类发展、关乎人类命运的重大问题。新时代生态伦理主张协调全球经济发展的需求与维护生态环境的客观要求,通过转变重工业、交通运输业等重点领域的高污染、高能耗的生产方式,推进绿色低碳的全球生态经济,实现人类社会与自然的绿色发展。

1.科学应对全球气候的变化

全球生态文明建设要以新时代生态伦理为指导制定应对气候变化的专项规划,对全球气候变化的应对工作和目标任务进行统筹部署与系统安排。世界各国应制定绿色低碳的经济发展计划,保障经济绿色发展并且对碳排放进行规划。尤其是对温室气体及污染物的全球协调管理,须从顶层设计的层面进行全面布局,对全球气候变化的应对工作相关政策的出台提供指导。首先,进一步强化应对全球气候变化立法和法律保障。通过法律手段规范各国应对全球气候变化的工作安排,保障世界各国对气候变化协同治理。其次,倡导世界各国将应对气候变化摆在本国生态环境保护更加重要的位置,号召世界各国建立健全应对气候变化的制度体系,将应对气候变化、防治空气污染纳入本国生态文明建设体系,通过有效防治各类生态问题,系统缓解各类生态问题对气候变化造成的不利影响。

2. 深化重点领域的低碳行动

2016 年 9 月,习近平曾在 G20 峰会开幕式上代表中国向世界各国发出倡议:"共同构建绿色低碳的全球能源治理格局,推动全球绿色发展合作。"[1]推动构建全球绿色低碳循环可持续发展的经济体系,号召世界各国推进经济结构、能源结构、产业结构转型升级,其中举措之一即采取更加有力的措施来控制工业、交通运输业对化石能源消费,尤其是严管煤炭等化石能源的消费,这也包括有效限制煤电发展规模。通过推进用电能代替煤炭和天然气,增强散煤治理力度。世界各国应加强绿色技术创新研发合作,推进本国清洁生产,大力发展本国环保产业,推进重点行业和重要领域绿色化改造。降低碳排放强度,深化重点领域的低碳行动,推动能源清洁低碳安全高效利用。推进新能源汽车、低碳交通、低碳技术、低碳建筑、低碳的生产生活方式转变。

3. 促进个人消费方式的绿色化

新时代生态伦理有助于推动个人消费方式绿色化,此次疫情一定程度上改变了广大人民的消费方式与消费理念,为经济的绿色复苏提供了机遇。疫情期间,线上消费繁荣发展,世界各国进一步完善和创新线上绿色消费的形式,大力推进线上消费,制定保障线上绿色消费政策,将推进个人绿色消费作为重点领域,持续扩大绿色生态产品的服务和供给,依托数字时代新技术和绿色金融创新绿色产品,推动个人生活和消费方式实现绿色转型。

---

① 习近平:《中国发展新起点　全球增长新蓝图——在二十国集团工商峰会开幕式上的主旨演讲》,《人民日报》2016 年 9 月 4 日。

（三）　引领全球生态文明构建

生态问题已经成为全球关注话题,通过构建生态伦理在全球达成生态环境保护共识,是有效防治全球生态问题的重要保障。构建全球生态文明以新时代生态伦理为引领,通过厘清人与自然的关系,明晰各国承担的共同但有区别的责任、领导南南合作构建全球治理新格局、指导世界各国携手共建全球生态文明。

1. 团结各国承担共同但有区别的责任

适逢百年未有之大变局,我国需进一步加强全球生态文明建设交流合作。受新冠疫情影响,世界经济发展脚步趋缓,对全球生态治理造成不利影响。当前,世界各国在经济实力、人口资源等方面有很大差距,其中既有经济发达、资源丰富的超级大国,也有经济欠发达、资源短缺的小型国家。新时代生态伦理所倡导的人与自然和谐共生,这里的"人"不仅是指广大中国人民,也是指全人类,是全人类这一个集体与整个自然界系统相和谐,这就要求世界各国都要致力于生态环境保护。生态环境问题是一个涉及整个人类的全球性问题,在全球生态危机之下没有哪一个国家可以独善其身,只依靠某个国家的能力是不能解决全球生态问题的,这需要全球各国共同承担生态环保的责任。世界各国要以新时代生态伦理为借鉴,以新时代生态伦理中所表达的人对自然的道德关怀为价值尺度,承担共同但有区别的责任。发达国家与欠发达国家都要承担起符合本国能力与要求的生态环保责任。共同但有区别的责任原则既符合全世界各国的利益,又有利于自然的可持续发展。例如在应对温室效应以及环境恶化等全球生态危机时,需要世界各国共同行动,达成长期的共同治理生态环境的意向,贯彻共同但有区别的责任原则,合理分工、协调一致并采取有效措施。但是目前世界各国始终无法就共同但有区别的责任这一原则达成一致。为贯彻这一原则,在全球生态环保中倡导世界各国根据自身能力和要求以新时代生态伦理为指导,在生态环境保护中团结起来、协调一致与自然和谐相处,尊重自然的客观规律,在发展中寻求与自然的协同进化,共同走向人与自然和谐共生的现代化。新时代生态伦理是我国在全球生态文明建设合作中提供的中国智慧和中国方案。

2. 引领南南合作打造全球生态治理新格局

由于世界各国所处的发展阶段和经济发展水平不同,其对生态环境保护的投入呈现出不同的趋势。各发展中国家大力发展本国生产力,对于生态环保投入的资金较少。尤其是发展中国家的科学技术相对落后、经济发展压力较大。在这一背景下,我国秉持新时代生态伦理,贯彻全人类与自然的和谐,推进南南合作,引领全球生态治理新秩序。南南合作是发展中国家在基础设施、资金技术等方面为加强友好合作、协同发展而开展的合作,在全球生态环境问题日趋严峻的背景下,南南合作已经拓展到生态环保领域。通过南南合作,我国不仅可以在生态环保技术、环保专业人员等方面为其他发展中国家提供帮助,更重要的是通过在生态环保领域的团结协作,进一步为其他发展中国家在发展道路、发展方式方面提供经济发展和生态环境保护并重的绿色低碳的发展经验和发展智慧。随着中国与更多发展中国家展开合作,坚持新时代生态伦理,发挥协同治理的优势,吸引更多国家和地区加入到合作中,打破过去生态治理各自为战的局面,形成全球生态治理协同合作的新格局。

3. 指导世界各国携手共建全球生态文明

新时代生态伦理助推世界各国达成人与自然和谐共生的共识。在全球生态文明建设中,发达国家应承担大国责任,从多方面为发展中国家的生态环境保护提供更多帮助。同时,发达国家应投入更多力量进行本国生态环境治理,停止向发展中国家转移污染的行为,以实际行动在全球生态环境治理合作中承担更多责任、发挥更大作用。进行生态危机的治理,环境破坏的修复是世界各国共同的责任。世界人民和中国人民一样都在追求良好的生态环境,都拥有向往清洁美丽世界的美好愿景。当下全球环境日益恶化,世界各国遭遇生态环境的挑战,而在这一挑战中,世界各国都应该从生命共同体的角度出发,携手推进全球生态治理和可持续发展。"国际社会应该携手同行,共谋全球生态文明建设之路,牢固树立尊重自然、顺应自然、保护自然的意识,坚持走绿色、低碳、循环、可持续发展之路。"①新时代生态伦理成功应用于中国的生态文明建设之中,其宝贵的经验能够为全世界生态治理提供有益借鉴。新时代生态伦理所表达的人与自然和谐共生的关系,要求当前及今后一个时期,世界各国将本国发展与自然的发展相协调、将本国的繁荣与自然的繁荣相联系。中国将继续以新时代生态伦理为指导,身体力行承担大国责任,积极投身国际环境治理行动,为全球绿色低碳作出中国贡献,提供中国力量,引领世界各国在全球生态文明中加强合作、共同努力,实现人与自然协同进化、共同繁荣、永续发展的生命共同体。

---

①　习近平:《习近平在联合国成立70周年系列峰会上的讲话》,人民出版社2015年版,第18页。

第四章　新时代生态伦理的发展现状

事实上,生态伦理观念贯穿每一个历史文明阶段,与整个人类社会的文明形态息息相关。只是在以往人类试图征服自然的阶段并不被重视,进入生态文明阶段,生态伦理被放到了极其重要的位置,受到了更多关注。步入新时代,生态环境状况与经济发展状况的联系日益密切,这一现实状况呼唤生态意识的觉醒,渴望塑造新的生态文化理念。构建新时代生态伦理,必须从理论与实践等方面了解新时代生态伦理发展现状,探寻新时代生态伦理的总体态势,反思存在的问题及原因,总结发展趋势,这是研究新时代生态伦理基本问题的重要内容。

一、新时代生态伦理的总体态势

党的十八大把生态文明建设纳入中国特色社会主义事业"五位一体"总体布局,党的十九大强调"坚持人与自然和谐共生",党的十九届四中全会提出"坚持和完善生态文明制度体系",这些都是对当前自然生态领域突出问题的战略布局与科学回应。生态伦理是人类在认识和改造自然的过程中形成的关于人与自然关系的伦理规范。生态伦理规定了人与自然的伦理关系,表达了特定的伦理价值,良好的生态伦理秩序是对自然生态的道德关怀,体现了生态道德的基本原则。生态伦理是生态文明不可或缺的重要内容,推进新时代生态伦理基本问题研究并使其融入现代化建设各方面和全过程,是生态文明建设的题中应有之义。当前,我国生态伦理建设总体呈现积极健康的态势,主要体现为政府、企业和公民个人积极配合推进生态伦理建设。

(一) 政府积极承担生态伦理责任

政府担负着提供基本公共服务的职责,而生态环境保护也是其中的重要内容,所以,积极承担生态伦理责任是政府义不容辞的职责。在这一过程中,政府采取了一系列措施,制定了相关政策法规,以推进新时代生态伦理建设。

1. 深化生态文明体制改革

党的十八大以来,我国高度重视生态文明体制改革,并取得了一系列重大成就。这些成就的取得为进一步推动生态文明体制改革,加强生态文明建设奠定了坚实基础,但挑战同时存在。党和国家清醒地认识到我国的资源浪费、环境污染、生态破坏等问题尚未从根本上得到解决,我们依然面临严峻的形势。深化生态文明体制改革的过程是艰巨、长久的,还有许多难题需要解决。当前,我国政府积极承担起生态责任,在深化生态文明体制改革方面采取了一系列措施。第一,坚持以习近平生态文明思想为指导,确保改革朝着正确方向前进。习近平生态文明思想内容丰富,涉及人与自然的关系、生态与经济发展的关系、生态与人民美好生活的关系等,在生态文明体制改革过程中以这些思想为指导,有助于改革以我国生态现状为依据,以正确的方式开展,正确处理好各种关系,从而取得更大实效。第二,坚持中国共产党的领导,党的领导是深化生态文明体制改革的政治保证。生态文明体制改革面临着许多困难的任务,如果没有坚强的领导力量,是很难顺利进行的。在党的集中统一领导下,各级各地政府协调统一,统筹推进工作,严格按照相关政策要求落实各项具体工作,促进了改革工作的顺利进行。第三,坚持以提供优质的生态产品,保障民生福祉为根本目标。人民对美好生态环境的需要越来越突出,所以在深化生态文明体制改革过程中,我们始终坚持以满足人民需要为根本目标,解决人民反映强烈的环境污染问题,坚持提高人民的生活环境质量,让人民享受到改革的成果。

2. 加强生态伦理宣传教育

生态伦理宣传教育是培养公民生态伦理意识的有效途径,有助于在全社会形成崇尚生态伦理的良好氛围。政府在生态伦理宣传教育过程中起着把控全局、促进推动的作用。一方面,引导公民学习掌握生态伦理相关知识,增强生态伦理意识,在生活实践中自觉践行生态伦理观。一是通过生态伦理宣传教育让人们认识到自然资源是有限的,许多资源是不可再生的,而非取之不尽、用之不竭,并且由于人口增长和严重的浪费,资源短缺已经成为制约人类社会发展的重要因素,我们必须增强节约资源的意识,养成勤俭节约的好习惯,才能促进人类社会的长远发展。二是通过生态伦理宣传教育让人们认识到经济的快速发展已经给生态环境带来了许多负面影响,经济与生态之间的矛盾越来越明显,各种环境污染问题影响着人们的正常生活,甚至危害人们的身体健康,给社会发展带来巨大损失,我们必须增强环境保护意识,贯彻绿色发展理念,贯彻绿水青山就是金山银山的理念,协调好经济发展与生态保护之间的关系,走可持续发展之路。三是通过生态伦理教育,让人们认识到自然的承载力是有限度的,不能毫无节制地开发利用自然,否则最终必将危害人类的生存发展,我们必须树立正确的价值观。另一方面,各级各地政府明确自身责任,做好具体工作的落实。一是建立健全生态文明宣传教育工作机制。以政府为主导,充分调动各方力量,促进各部门协调合作,形成运转顺畅、充满活力的工作格局,从而提升工作成效。同时,要重视社会环保组织在生态文明宣传教育过程中的功能发挥,赋予其一定的职能,充分发挥其独特作用。二是加强对宣传教育过程的监督检查,及时发现并解决存在的问题,确保各环节工作的落实。制定相关的评价考核指标,增加对领导干部生态文明宣传教育工作落实情况的考核,确保工作做到实处。三是规范宣传教育过程,对不同阶段、不同群体的教育培训作出相关规定,依法依规进行相关宣传教育工作,重点关注相关违法人员的生态文明宣传教育。

3.提供相关政策制度支持

生态伦理离不开经济、政治、社会等各方面的支持,政府在推进各方面建设时充分认识到了这一点,并有目的、有计划地制定相关的发展政策,以此实现各方面的协调统一发展,推进生态伦理建设。第一,在制定相关经济发展政策和推进经济发展方式变革的过程中,兼顾经济效益和生态效益。经济发展不应该成为生态保护的绊脚石,经济政策应该深入贯彻生态伦理观,以能否有效节约资源、保护环境为重要依据对经济发展策略进行决策。同时,以可持续发展理念为指导,协同代际与代内人口对有限资源和社会财富的合理分享。第二,在制定相关政治政策和完善法律法规制度的过程中,将生态伦理理念纳入领导干部的评价考核过程,引导领导干部形成符合生态伦理观的绿色政绩观,对于离任的领导干部实行自然资源资产离任审计,对于损害生态环境的行为严格追究责任。第三,在改革社会发展、促进社会公平正义的过程中,充分考虑生态公平问题。要注意协调东部和西部、沿海和内陆、城市和乡村、高收入群体和低收入群体等之间的差距,遵循公平正义原则,合理制定调控策略,坚持谁受益、谁补偿原则,使其各自承担相应的责任与义务。完善相关生态补偿机制,推动地区之间的横向互动,改革自然资源与生态环境保护管理体制,贯彻公平正义原则。第四,在布局规划生态文明建设的过程中,坚持以客观自然规律为遵循,将长期规划与短期目标相结合,合理安排工作。在发展布局上,根据各地区的特点,因地制宜制定发展模式,引导各地形成适合当地发展的特色发展格局;在发展规划上,充分认识到生态文明建设是一个漫长且艰难的过程,因此根据不同阶段发展需要制定有区别的发展目标,推进工作的落实。第五,提供相关政策支持,积极推进国际交流与合作。政府在这一过程中起到了非常关键的作用,不仅在政府层面推进对外交流合作,还鼓励企业学习国外先进绿色技术,提升自身水平。同时,积极主动承担全球生态治理的责任与义务。

(二) 企业主动落实生态生产伦理

企业是社会物质财富的创造者,是市场经济建设的主体,自然资源是进行生产活动的主要原料来源,同时企业向自然界排放生产过程中产生的废弃物,企业的生产活动影响着生态环境的发展状况,正是因为意识到了这一影响,大部分企业在生产过程中都努力践行生态伦理观,树立生态责任意识,推进绿色技术创新,提供优质生态产品。

1. 树立生态责任意识

企业作为市场经济建设的主体,在享受经济发展所带来的效益的同时,更应当主动承担起生态责任,履行环境保护的义务,自觉规范企业生产行为。一方面,企业主动促进资源的节约利用。企业生产过程中大部分的能源、原料都来自矿产资源,但是我国的人均矿产资源远低于世界水平,资源的短缺决定了企业在生产过程中必须节约利用,加强资源的综合开发,提高资源利用率。在我国工业化、城镇化、信息化快速发展的背景下,企业对于自然资源的需求量也快速增长,在此情况下,企业开始发展绿色循环经济,以促进自然资源的循环利用,减少资源浪费。循环经济是以生态经济学原理为指导,以减量化、再利用、资源化为原则,以低消耗、低排放、高效率为特征,以实现资源的高效循环利用为目标的可持续发展的经济模式,它是对以往粗放、高消耗、高污染的生产模式的变革,是顺应时代发展要求的结果。企业发展循环经济要求企业实现资源利用率的最大化,有助于推进企业生产技术的进步,同时将有效提高资源利用率,保护生态环境。另一方面,企业更加关注环境污染问题,注重从源头减少污染物排放,减轻生态修复的压力。现实的生态环境保护需要促使企业在生产过程考虑如何避免污染环境,减少废气、废料的排放,发展低碳经济。低碳经济是以可持续发展理念为指导,以低污染、低排放为特征,以减少环境污染,实现绿色发展为目标的经济模式。企业通过创新生产技术、促进产业转型、开发清洁能源等方式发展低碳经济,从而减少温室气体的排放,减少高碳能源的使用,加速实现清洁产业的发展,减少污染物排放,承担起环境保护的责任。

2. 推进绿色技术创新

绿色技术产生于现代生产技术对环境造成破坏,威胁人类正常生产生活的背景之下,是对环境保护诉求的回应,是企业在生产过程中为了实现资源节约和环境保护目标而采用的符合绿色发展要求的技术。由于现实环境的恶化、政府相关政策和法律的规定以及公众越来越高的生态诉求,越来越多的企业重视绿色技术的应用与创新发展,采取多种方式推进绿色技术创新。首先,推进产学研一体化发展。企业积极与科研机构进行合作创新,构建紧密的发展关系,同时借助相关发展平台寻找合作资源,实现信息资源的充分高效利用,推进企业和科研机构的高效运作。明确企业自身在推进绿色技术创新发展系统中的地位与职责,充分发挥企业的优势,做好技术的研发与检验工作,推进绿色技术的研发。其次,重视科技人才的培养与聘用,以人才为支撑,推进绿色技术创新。人才是推进技术创新的中坚力量和智力支撑,越来越多的企业意识到了人才对于技术创新的重要性,开始重视人才的培养与聘用。企业设立相关的激励机制以调动员工参与绿色技术创新的积极性、主动性,从而为绿色技术创新提供强大动力。同时企业进行长期的战略规划,对企业员工进行合理分工,保证员工各司其职,形成系统的人才培养体系,从而提高人才资源的工作效率,为绿色技术创新提供坚实的人才支撑。最后,积极开展国际交流合作,借鉴国外有益经验,促进自身技术发展。全球化时代,每一个企业都与世界各国有着密切联系,只有紧跟时代步伐,紧跟世界潮流,才能实现长远发展。越来越多的企业参与到全球技术创新合作之中,与他国企业进行交流、互相学习,汲取他国企业的先进发展理念与整治经验,同时开展技术领域相关国际合作,共同推进绿色技术创新,实现共同发展。

3.提供优质绿色产品

绿色产品是指生产及使用过程中不会对生态环境产生恶劣影响的产品,越来越多的企业开始注重其产品对环境产生的影响,将绿色理念贯彻于选材、生产和包装等各个环节,以避免产品对生态环境产生恶劣影响。首先,在产品的材料选择上坚持绿色原则。最重要的是选择对人类以及自然环境都不会产生毒害的原材料,企业要对原材料进行检测,看其是否会对人体健康和生态环境产生危害。同时材料的开采及运输过程也十分重要,要将其对生态环境的影响降到最低,避免产生污染。尤其是一些化工原料要采用专门的车辆运输,存放在专门的地点,最大程度减少与外界的接触,从而减少对环境的污染。其次,产品生产过程严格遵循节约资源、保护环境的原则。严格按照绿色生产、安全生产的标准进行生产,保证生产出的产品符合相关标准。生产过程努力做到减少对资源的消耗,减少污染物的排放,做好污染物的净化处理工作,减少对环境的负面影响。同时,产品要满足消费者绿色消费的需求,坚持以人为本的生产理念。最后,产品包装的选择坚持低碳环保原则,选择绿色可回收的包装材料。随着人们审美水平的提高以及消费理念的提升,产品的包装对于人们的消费选择有着重要影响。包装品质的好坏与产品价值在市场流通中的发挥关系密切,但是,大量的产品包装被废弃以后会对我们的生活环境甚至身体健康产生不利影响。所以,越来越多的企业开始注重研发、选择绿色环保的包装。尽量选择天然环保可循环的包装材料,例如秸秆。这类包装材料不仅能够广泛获取,而且价格实惠,既减少了企业的生产成本,又减少了自然资源的浪费,实现了资源利用的最大化。同时,提高包装材料的重复使用率,减少一次性包装的生产使用,推广可降解材料包装,降低包装被废弃以后对环境的影响,既满足消费者审美需求,又符合绿色环保理念。

(三) 公民生态伦理意识逐渐提高

公民作为社会的主体,其行为是影响社会发展面貌的主要因素。2020 年 7 月 14 日,生态环境部环境与经济政策研究中心向社会公开发布《公民生态环境行为调查报告(2020 年)》(以下简称《报告》),《报告》显示,当前我国公民在意识与行动方面对生态关注度越来越高。由此可以看出,越来越多的公民树立了生态伦理意识,生态伦理素质得到提高,开始在日常生活工作过程中自觉践履生态伦理观,使得整个群体朝着符合生态伦理准则的方向发展。

1. 生态伦理认知基本形成

新时代我国公民对于生态伦理的认知状况总体上呈现积极健康的状态,部分公民开始关注到生态破坏问题并且对其产生的原因有一定了解,开始学习了解相关的生态伦理常识,对生态伦理形成了基本的认知。一方面,对生态环境破坏现象的关注程度较高。随着环境污染和资源浪费现象的增多,越来越多的公民开始关注生活中的这类现象并避免自己的行为引起这类现象的发生。例如,一次性筷子和塑料袋使用过度,浪费水、电、纸,随手扔垃圾,破坏花草树木严重,杀害贩卖稀有野生动物,滥砍滥伐等现象都受到了公民的关注,引起了公民的重视。同时,关于这些现象产生的原因,许多公民也开始了解,企业的不合理生产、公民的环境保护意识差、人口增多等都是引起这类现象的重要原因,归根结底,是因为人类的生产生活实践造成的,所以环境问题的解决也必须通过人类来改变以往不合理的实践活动才能实现。另一方面,公民对生态伦理有着基本正确的认知,具备了相关的生态伦理常识。随着党和国家对生态伦理宣传教育越来越重视,越来越多的公民可以了解到相关的信息,学习并掌握生态伦理常识,例如公民认识到可以通过参与环保活动、参与监督举报、改变不合理的生活习惯等为生态环境保护贡献力量,每个人都有责任和义务从身边小事做起,承担生态责任。尤其是学生群体,他们在学校中可以接受相关课程的教育,在理论学习和实践体验的过程中加深对生态伦理的认识,学习专业的知识,并以此指导自己的实践活动。同时,学生还可以将自身所学分享给他人,这一过程,也是其对知识的又一次深入理解,从而达到生态伦理素养提升的效果。

2. 自觉践履生态伦理观念

在生态伦理观念的指导下,越来越多的公民认识到了自身行为对生态环境保护的重要性,并自觉在日常生活中选择符合生态伦理观的生活方式,例如在呵护自然生态、选择低碳出行和节约能源资源等方面,公民的践行程度较高,也有一部分公民开始关注绿色消费、生态环境和分类投放垃圾等,但是认知与践行程度还不相匹配。同时,在参与监督举报和参加环保志愿活动方面,公众表现较为积极。第一,选择绿色健康的生活方式。一次性包装、汽车尾气、生活垃圾等各种各样人类每天都在产生的废弃物,对于自然环境的负面影响日益严重,公民意识到了这一问题的严重性,在日常生活中开始选择绿色的消费方式、出行方式,例如重复使用购物袋,减少一次性塑料袋的使用,外出就餐时不使用一次性餐具,乘坐公共交通工具出行等。第二,参与到社会环保实践活动之中,以实际行动践行生态伦理观。越来越多的公民更加关注生态方面的信息,关注社会中与环境保护相关的公益实践活动,并参与其中,希望通过自身的努力为推进生态文明建设作出贡献。例如,参与公益植树、旧物回收改造以及生态知识宣传活动等。第三,主动参与生态环境保护相关的政治生活。包括参与相关环境政策的决策过程,监督政府相关政策的实施过程等,以此推进政府相关工作的落实。公民广泛的生态政治参与对生态问题的解决以及生态文明建设的推进都起到了重要作用。以上都是公民自觉践行生态伦理观的重要表现,是新时代我国公民生态伦理意识增强的重要结果,对于新时代生态伦理建设的作用不容忽视。

二、新时代生态伦理的发展趋势

生态伦理学诞生以后,道德研究的对象便从人与人的关系扩大到了人与自然的关系,生态伦理使得人类开始重视人对自然的态度和行为。动植物被纳入道德范围,颠覆了以往伦理学以人类为中心,只关心人类的状况,强调人类与自然的平等关系,试图用道德来调节人与自然的关系。在生态文明受到极大重视的今天,生态伦理必将实现新发展,促进人类与自然关系的和谐。

（一）　追求以人为本的生态伦理取向

坚持以人为本的取向是指新时代的生态伦理观始终关照"现实中的人",把人的自由全面发展以及人与自然的和谐作为最终的追求。这里的人是一个群体,指"人民"或"人民群众"。以人为本就是把人民当作根本,关心、关注人民的生存发展,为人民创造良好的生态环境。

1.把人民健康放在优先位置

2016 年 8 月,习近平总书记在全国卫生与健康大会上指出:"健康是促进人的全面发展的必然要求,是经济社会发展的基础条件,是民族昌盛和国家富强的重要标志,也是广大人民群众的共同追求"[1]。强调"要把人民健康放在优先发展的战略地位,以普及健康生活、优化健康服务、完善健康保障、建设健康环境、发展健康产业为重点,加快推进健康中国建设"[2]。在这里,习近平总书记提到的建设健康环境,主要就是指建设良好的生态环境。人民健康首先要建立在良好的生态环境之上,建设良好的生态环境是保障人民健康的关键

---

[1]　《习近平谈治国理政》第二卷,外文出版社 2017 年版,第 370 页。
[2]　《习近平谈治国理政》第二卷,外文出版社 2017 年版,第 370 页。

措施。进入新时代,人民的诉求已经由温饱转向更高层面的需求,良好的生态环境就是其中重要的需求之一。坚持以人民为中心的理念就要关注我国生态环境发展状况,关心人民的良好生态需求,着重解决生态领域的突出问题,为人民提供良好的生产生活环境。我们必须深刻认识到生态环境的重要性、脆弱性,生态环境没有替代品,并且当前生态环境的形势不容乐观,必须重视对其进行修复与保护,这不仅是国家社会的责任,还是全体社会成员共同的责任。一方面,社会成员要树立生态意识,承担起相应的责任,坚持节约资源和保护环境。在日常生活中,注重从身边小事做起,树立榜样意识,自觉节约自然资源,保护生态环境,同时以自己的行动带动感染周围的人,引导大家形成生态自觉,促进全体社会成员以健康合理的方式工作生活,进而在全社会形成生态环境保护的良好氛围,促进社会实现绿色可持续发展,形成和谐健康的生存环境。另一方面,国家要实施相应的政策措施,从宏观层面为建设和谐健康的生存环境提供支持引导,从而提升人民的健康指数和幸福指数。国家要建立健全严格的生态环境保护制度,对于环境污染中的突出问题,例如大气污染、水污染、土地污染等要着重监管,建立相应的监测与评估制度,督促相关部门加快解决问题,保障人民健康。同时,要加强植树造林、土地绿化,让人民生活在绿水青山之中,进一步提高人民的获得感、幸福感。

2. 依靠人民力量建设生态文明

进入新时代,人民群众更加期盼生活在被蓝天、白云、绿水、青山包围的良好生态环境之中,人民群众的需求已经不仅仅停留在物质层面,更多的是精神层面的需求,同时人民群众的需求也逐渐转化为对社会整体的健康和谐的期望,尤其在生态环境层面,人民群众期望能够感受到社会发展所带来的生态效益、社会效益和经济效益的统一,这才是人民所向往的美好生活。"十四五"期间,我国将开启全面建设社会主义现代化国家新征程,促进生态文明建设实现新进步。在这一过程中,生态伦理观是对人民生态需求的回应,同时引导人民以此为指导,坚持以实际行动补齐生态短板、解决当前突出的生态问题,进而促进生态产业发展,创造出更多的优质生态产品与生态服务,提升人民生活水平。推进生态文明建设是为了人民,而生态文明建设也离不开人民的支持与努力。生态环境保护是一项巨大的民生工程,人民既是受益者,也是建设的主体力量,如果人民不能积极参与,那么生态环境保护工作将无法顺利开展。坚持以人民为中心的理念就是要坚持人民立场,坚持马克思主义唯物史观,深刻认识到人民群众是历史的创造者,要将人民群众的力量转化为物质力量。生态环境保护工作是全社会共同的工作,人民群众和政府都无法置身事外,人民应当承担起生态保护的责任,自觉参与到生态环境保护工作之中,并支持政府的相关工作,引导带动身边的群众。只有人民群众充分发挥主动性、积极性、创造性,发挥自己的主体地位和作用,以实际的行动切实参与其中,生态环境保护工作才能更好地进行。例如,从节约每一度电、每一滴水、每一张纸、每一粒米,到少开车、多走路,支持绿色出行;从购物使用菜篮子、布袋子,减少白色污染,到使用节能型洁具,少使用一次性用品;从欣赏青山绿水到保护青山绿水等,都是人民群众力所能及的事情,只有从这些一点一滴的小事做起,最后才能汇聚成强大的力量,以量变的积累促进最后质变的发生,以全体人民的共同努力把我国建设成生态环境优美的幸福家园。

3. 促进人的自由全面发展

恩格斯认为,"自由就在于根据对自然界的必然性的认识来支配我们自己和外部自然"①。恩格斯所强调的自由是认识与实践的双重自由,同时强调通过对自然规律的认识和利用来追求自由。自由不是主体的随心所欲、任意妄为,而是主体与客体的统一、权利与义务的统一、自由与责任的统一。相对于人与自然的关系而言,人类的自由不是通过征服自然、奴役自然获得的,而

---

① 《马克思恩格斯选集》第26卷,人民出版社2014年版,第121页。

是在人类认识自然、了解并遵循自然规律的基础上形成的人与自然协调、和谐、共生共荣的关系，是合乎自然规律而又顺应自然发展的和谐一致的生活。如此看来，人类的自由是合乎规律的自由，是相对的自由。如果说通过损害自然才能获得人类的自由，那便不是真正的自由，因为人类最终必将得到自然的报复，从而使自身利益受到损害。关于发展，归根到底是人的发展。在我国，人既可以作为手段，促进发展，同时人也是发展的目的，总的来说，人是手段和目的的统一。而不是像西方一样仅仅把人看作获取利益的工具，将人功利化，不重视人的道德发展。然而，人性的发展完善对于人与自然关系的改善有着重要作用。如果人类只是追求物质的满足，不择手段利用自然，最终只会导致精神世界的空虚与生存家园的毁灭。当物质条件得到满足时，人类还需要精神层面的快乐与满足，而这种快乐与满足便来自道德上的完善、理性上的明智，这种满足不是生理层面的，而是心理层面的。人类在实践中认识自然、改造自然，并且在这一过程中人类还能实现自我认识，人类对自然规律的尊重能够使其获得更多优秀的道德品质。自然孕育了人类，只有人类对其有着更加深刻的认识和理解，人性才能得到更多的发展和完善，人与自然的关系也就愈加和谐。新时代生态伦理以人的自由全面发展为旨归，在促进人与自然的和谐中实现人的自由全面发展。这一过程伴随着人类道德境界的提升以及人类潜能的充分发挥，是一个不断求真、向善、崇美的过程，不仅创造了符合人类发展需求的物质成果，也创造了优秀的精神成果，同时实现了人类自身的提升。

（二） 追求公平正义的生态伦理原则

十九大报告强调，"要激发全社会创造力和发展活力，努力实现更高质量、更有效率、更加公平、更可持续的发展"①。经济发展追求的是更高的效率，而社会发展讲究的是更多的公平正义，但这并不代表他们之间是相互对立

①　习近平：《决胜全面建成小康社会　夺取新时代中国特色社会主义伟大胜利——在中国共产党第十九次全国代表大会上的报告》，人民出版社 2017 年版，第 35 页。

的,因为公平与效率是可以兼得的。环境发展自然也要讲求公平正义,环境公平正义问题,本质上是关于环境利益和责任的公平分配问题,它所涉及的是多方面的利益关系,包括个人利益和集体利益、局部利益和整体利益、眼前利益和长远利益等,影响到人与自然的和谐、社会秩序的稳定和人类的永续发展。新时代生态伦理观便蕴含着公平正义原则,主要体现为代内、代际和国家之间的公平正义。

1. 代内公平正义

何谓代内公平正义原则,即同一代人所处的不同地区、不同群体、不同阶层之间所享受的生态权利和所需要履行的生态义务是平等的,不论这一代人之间有什么方面的差异,比如种族、性别、年龄等均有差别,但是他们都可以拥有开发利用自然资源,享受生态环境带来的福利的权利,并且都应当承担保护生态环境的义务,体现了其权利义务的对等性。这一原则的提出,具有很强的现实针对性和指向性。在目前的发展状况下,国内发达地区享受着较多的自然资源和更好的发展政策,产生着较多的污染物,但是其所承担的责任未必是等价的,而欠发达地区所享受的权利与发达地区是不对等的;从国际社会来看,发达国家想要享受更多的发展成果却不愿意承担更多的责任,甚至通过向发展中国家转移垃圾等方式转嫁生态成本、污染环境,不是对其造成的环境污染做出相应的补偿,而是逃避生态环境污染带来的惩罚。这些事件充分证明了生态环境保护方面存在着有违公平正义原则的现象,无论是同一国家的不同地区,还是不同国家之间,强者往往无视公平正义原则,剥夺弱者的权利。正如亚里士多德所言,"人们要是其权力足以攫取私利,往往就不惜违反正义。弱者常常渴求平等和正义,强者对于这些便都无所顾虑"①。代内的生态环境方面的公平正义关系着整个社会的和谐稳定。如果生态环境方面的公平

_____

① ［古希腊］亚里士多德:《政治学》,吴寿彭译,商务印书馆 1965 年版,第 317 页。

正义得不到落实,很容易引起不同群体之间的冲突和斗争,从而导致社会秩序遭到破坏,生态环境也无法实现有序发展。新时代生态伦理为处理人与自然、人与社会的关系提供了环境公平正义方面的伦理规范和价值引导,希望通过消除自然资源开发与利用、生态环境保护与建设过程中发生的各种不公平问题,促进不同群体、不同地区享受到公平的环境权利与责任,实现各方的平衡,使公众彼此认同和信任,引导不同国家和地区协调利益关系,以促进生态环境保护为目的建立伙伴关系,从而避免因为生态环境保护问题而产生冲突和矛盾,最终实现人与自然、人与社会的和谐稳定。

2. 代际公平正义

何谓代际公平正义,即不同代的人所享受的自然资源,在生态环境方面拥有的权利,承担的义务是平等的。生态环境问题主要是由于个人利益与集体利益、局部利益和整体利益、眼前利益与长远利益之间的矛盾爆发所导致的。这些问题涉及的不仅是当代人的关系问题,同时也涉及当代人与后代人的关系问题。所以说,实现代际公平正义意味着使当代人与后代人享受同等的权利,同样可以开发利用自然资源以满足自身发展需要,当代人在开发利用自然资源时不能损害后代人的利益,不能过度开发利用自然资源。究其根本,就是指自然资源的开发利用、生态环境的享受要实现时间以及空间上的公平,使自然资源在不同代人之间得到合理配置。人类的一切活动都是为了追求物质利益,人类通过不懈奋斗所争取的一切事物都同利益挂钩,这是其主要内容和本质,物质利益是激励和支配人类活动的能动因素和真实动机。追逐利益是人类的本能,每个人都拥有,尽管他们所追求的利益各不相同。每一代人都有权利享受自然界带给我们的各种利益,都有资格生活在美好的生态环境之中,但是,如果当代人只顾眼前的利益,忽视了长远利益,不考虑后代人的生存发展,而过度开发利用自然资源,只知道索取,而不懂得回报,那便是在断绝后代人的发展之路。不合理的开发利用,只会留给后代人各种各样的问题,导致自然家园被破坏。不难发现,当前我们的发展过程中确实存在代际不公平问题,存在"吃子孙饭,断子孙路"的现象。新时代生态伦理坚持可持续发展的理念,反对急功近利、见利忘义、利令智昏的行为,强调在满足当代人需求的同时不损害后代人的利益,着眼于长远发展利益,不能够不计后果地发展经济,破坏生态环境。同时,当代人在享受当前的美好生态环境时,要注重承担责任,节约资源、保护环境,修复已经遭到破坏的生态环境,发展绿色生产消费,将丰富的自然资源和美好的生态环境传递给后代人,真正实现社会可持续发展。

3. 国家之间的公平正义

国家是阶级矛盾不可调和的产物,是凌驾于社会之上的力量。国家的产生,使得不同国家的公民产生强烈的归属感,对公平正义的需求也就延续到了不同国家之间。维护国家间的公平正义,是构建新型国际关系、构建人类命运共同体的基本要求。尤其是生态环境方面的公平正义问题历来都是影响国际局势的重要问题。《里约热内卢宣言》中对于各国的生态环境保护权利与义务作出了呼吁,倡导各国合理利用本国资源,在本国范围活动,不对他国的资源环境造成破坏。但是,由于不同国家的发展历程、风俗习惯等各不相同,所以各个国家的发展情况也有所不同,世界各国之间的实力形成对比,国家之间的力量不平衡,导致各国的国际地位也不相同。霸权主义、强权政治的现象屡见不鲜,尤其是西方发达资本主义国家对发展中国家的欺压一直存在。正是各方面差异的存在,各国开发利用自然资源的程度以及破坏污染生态环境的程度也不相同,使得国际环境公平正义问题越来越成为各国共同面对和需要合力解决的难题。长期以来,发达国家享受着更多的自然资源,却不愿承担生态治理的责任,将大批资源消耗高、环境污染重的产业转移到发展中国家,甚至将自己国家产生的垃圾转运到发展中国家,导致发展中国家生态环境遭到极大破坏,发达国家假借环保的名义设置"绿色贸易壁垒",造成一系列国与国之间的生态不平等问题。各国为争夺国际权利与利益,往往会发生强者压制弱者的行为,他们以国际责任为借口,无视公平正义。这在很大程度上阻碍了全球生态环境保护工作的进行。对于发达国家而言,应当正视国际责任与义务,主动担当,遵守国际规则,合理处事,从而赢得尊重。对于发展中国家而言,要充分认清现状,积极承担起责任,同时要不畏强权,学会拒绝不公正的标准,以自身行动倡导各国承担平等而有差别的责任,共同维护国际公平正义,促进全球生态环境的治理,实现世界和平发展。

(三) 追求可持续发展的生态伦理诉求

实现可持续发展,意味着要实现人与自然的和谐、自然资源的可持续利用等,生态环境状况对于可持续发展意义重大。可持续发展要解决的是人类需求的无限性与自然资源的有限性之间的矛盾,新时代生态伦理观认识到了这一点,并且认识到这个矛盾已经日益尖锐,必须要保护生态环境,科学合理利用资源,促进人与自然共荣共生才能解决这一矛盾,最终实现可持续发展。

1. 以资源节约为根本途径

自然界的承载力是有限的,自然资源的总量也是有限的,对自然资源的开发利用必须控制在一定范围之内,不能超出自然界的承载力,否则将会断送人类未来的发展道路。传统粗放的生产方式只注重追求经济利益,忽视了生态环境的发展状况,产生大量污染;消费主义和享乐主义文化腐蚀着人们的生活,使人类大量掠取自然资源。新时代生态伦理观呼吁人们在对自然物进行价值判断和取舍时,不能单单考虑其眼前价值、单一价值或直接价值,还应考虑其未来价值、综合价值或间接价值,价值选择和判断的最高标准应该是有利于生态系统的平衡和人类的永续发展。即便是垃圾,也可以通过科学的处理再次变成对人类有价值的物品,这就需要我们进行科学技术创新,最大限度地将垃圾变废为宝,实现资源的循环利用。我国虽然国土面积广阔,但是人口众多,人均资源占有量比较低,所以我国的资源利用以及生态环境发展形势严峻,我们必须从根本上改变"高投入、高消耗、高排放、低效率"的粗放型增长方式,提升生产技术水平,实现资源利用效率最大化,整合各类资源,提高效益,努力以最小的资源消耗获得最大的经济效益;引导人民群众摒弃铺张浪费的生活习惯和不合理的消费方式,弘扬和传承中华民族勤俭节约的良好美德。新时代生态伦理观所提倡的资源节约是涉及生产、生活各个领域的节约,同时它不仅需要科学技术的支持,还对优秀文化与价值观念的传承。生态伦理观不否认人与自然之间的矛盾,但是它更强调人与自然的和谐发展,要求人类在开发利用自然的同时必须注重保护自然、尊重自然规律,它主张弘扬艰苦朴素、勤俭节约的中华传统美德,批判盲目攀比、铺张浪费、奢侈虚荣、过度消费的不良生活习惯和消费习惯。呼吁全体社会成员自觉践履勤俭节约的生活方式,同时让节约发展成为一种良好的生活习惯,成为对待生活的良好态度,成为人人必备的优秀精神品质,通过推动资源节约,进而实现社会的可持续发展。可持续发展的生活方式一定不是当下人们最奢华、最优越的生活方式,但是它带给我们的是健康、幸福、有尊严的无可替代的生活方式。

2. 以环境保护为优先原则

在自然资源有限性和人类需求无限性的这对基本矛盾中,矛盾的主要方面是自然资源的有限性。解决这对矛盾就要从其主要方面入手,缓解资源紧张的局面,按照保护优先的原则加大对自然资源和生态环境的保护力度,避免其遭到人类不合理的开发利用。良好的生态环境也可以转化为推动社会发展的生产力,因此我们必须重视保护生态环境。这种保护是建立在发挥人类的主观能动性基础之上的,要求人类重视生态利益和发展权利,以自己的实际行动改变以往肆无忌惮掠夺自然、破坏环境的行为,不断夯实生存和发展的自然根基。离开人的发展谈发展毫无意义,离开人类的整体利益谈发展同样毫无意义。然而发展必须在环境保护的基础上进行,并非人类随心所欲的发展。坚持环境保护优先原则具有重要的现实价值。一是可持续发展价值。坚持环

新时代生态伦理研究

境保护优先是在对人类利益与自然利益进行综合考量的结果,追求人与自然的和谐统一和协同发展。二是生态规律尊重价值。人类的生存发展过程与自然环境的交集就在于人类与自然之间的物质交换,只有维持交换过程的物质平衡,即人类不能只索取,也要给予自然相应的保护,这样才能实现人类与自然界的稳定发展。但是现实生活中,人类过分沉醉于对自然的开发利用,破坏了这种平衡,坚持环境保护优先是对这种破坏作出的回应,是对生态规律的尊重。三是生态公平正义价值。生态公平正义是指平等对待人类与自然,承认二者处于平等地位。坚持环境保护优先就是将人与自然进行地位的等同,是对生态伦理的认同。四是经济发展价值。国家发展情况决定了我们选择何种经济发展模式,而环境保护优先原则是对经济发展模式做出的生态化的规范,有助于企业坚持可持续发展道路,实现长远发展,最终实现经济效益、社会效益和生态效益的统一。

3. 以创新发展为重要手段

可持续发展是对现在与未来的考量,从未来的立场反观现在,以现在的发展承诺未来的发展,但是承诺未来的发展不能以牺牲当前的发展为代价,所以实现可持续发展必须进行创新,为资源节约和环境保护开辟新的活动领域和实践空间。例如,加快太阳能、风力、地热、生物工程等以安全、清洁、绿色、环保为特征的新能源和可再生能源的开发和利用。创新发展的过程是对传统观念的改革,是在实践基础上的思想解放过程,需要有勇气与胆识,更需要有新时代的使命与担当以及遵循客观规律的开拓进取的努力。创新是科技发展的动力,科技发展是创新的成果,二者互相促进。改革开放以来,我们为追赶世界发展的脚步,大力发展经济,取得了丰硕成果,但是伴随而来的是严峻的生态环境问题。在这一过程中,科技为经济发展提供了重要支持,大大提高了生产效率,改善了人们的生活水平,但是不可否认,由于不恰当的开发利用,科技也曾给我们带来负面影响,造成生态危机。这主要是因为人类在运用科学技术时主要关注的是它所能带来的经济效益,是在功利主义的引导下完成的。因此,生态环境问题不单单是自然问题,还是社会问题。我们必须重视科学技术创新对于生态环境的影响,科技创新不仅要为人类服务,还不能对自然造成破坏,不能成为人类征服自然的工具。所以说,最根本的是对人类创新理念的更新,在选择和使用科学技术手段时,必须关照其对生态环境的影响,考虑其是否符合生态伦理观,是否有利于人与自然的和谐发展。如果仅仅以追逐经济利益为目的,那么这样的科技创新是低价值的,是不符合可持续发展要求的,应当给予制止。科技创新过程总会伴随着各种各样质疑的声音,但是我们不能因此而丢失信心,应当坚信全球性生态问题的技术解决可以实现,要发挥科技创新在推动绿色发展、促进人与自然和谐方面的积极作用,实现科技创新生态化,让"科学技术不再是征服自然的工具,而是维护人与自然和谐的助手"①,成为人与自然和解的现实手段。

三、新时代生态伦理的目标样态

绿色发展、生态道德是现代文明的重要标志,是美好生活的基础、人民群众的期盼。② 新的社会实践需要新的理论。由于我国特殊的国情,在社会可持续发展中,简单地引进与照搬西方生态伦理思想或单纯地发掘与复活传统生态伦理思想,都是远远不够的。我们对生态伦理的研究是以中国的热土为根基,因而生态伦理的崛起和发展必须从这种"根基"中吸取营养。这意味着我们要创建的生态伦理道德应该是有中国特色的生态伦理。因此,探索与构建适合我国现代化进程,具有中国特色的生态伦理已成为现今重要的理论课题。

---

① 陈寿朋、杨立新:《生态文明建设论》,中央文献出版社 2007 年版,第 274—275 页。
② 《新时代公民道德建设实施纲要》,人民出版社 2019 年版,第 19 页。

（一）和谐共生的生态价值观念

人类、自然界和社会是构成这个世界的主体，并且三者之间有着紧密联系、不可分割。十八大以来，我们党高度重视人与自然的关系，十九大将"坚持人与自然和谐共生"作为当前和今后一个时期坚持和发展中国特色社会主义的基本方略之一，并且强调中国特色社会主义现代化的实现离不开生态文明建设，是实现人与自然和谐共生的现代化。我们强调人与自然是生命共同体，不仅强调人与自然和谐共生，还强调人与社会的和谐发展以及人与自身和谐统一，是人、自然和社会和谐统一、可持续发展的价值导向。

1. 人与自然和谐共生

人与自然有着密切联系，人类可以认识自然，发现自然的规律，从而利用自然，在此过程中，人类也会对人与自然的关系产生更深的思考，作出价值判断，重新审视人与自然的关系。第一，人是自然界的产物，人类来源于自然。人类存在于自然环境之中并同自然界一起发展，没有自然界就没有人类。第二，自然界为人类提供物质基础，人类依赖于自然界。人并没有创造物质本身。甚至人创造物质的这种或那种生产能力，也只是在物质本身预先存在的条件下才能进行，离开自然环境，人类就无法进行创造，无法继续繁衍。第三，人类的活动受到自然环境的限制，必须遵循自然规律。人的生产实践活动具有目的性、自主性和创造性。但是人类的实践活动只有在遵循自然规律的前提下才能实现对自然的改造，从而使自然服务于人类发展。以人定胜天、人是万物之灵等观念为内容的极端人类中心主义，不利于人与自然的和谐，在此思想指导下人类的行为必然与自然环境产生对抗，自然必然会报复人类，导致生态危机出现。所以说，人是自然的产物，自然属性是人的根本属性。人类必须重视自然，深刻认识到人与自然是命运共同体，人类只有尊重自然、顺应自然、保护自然，遵循自然发展规律，自然才会与人类和谐共处，并为人类创造价值，实现人与自然的共同发展。"坚持人与自然和谐共生"在党的十九大被确立为新时代坚持和发展中国特色社会主义的基本方略,这也是我们发展生态伦理、建设生态文明必须要坚持的原则,是我们的目标追求。

新时代的生态价值观念应当是对传统生态价值观的超越,改变以往只向自然索取,而不懂得保护自然的观念与行为。人与自然和谐共生的价值观是对人与自然关系重新审视后,所形成的一种理性、健康、文明的关系,以和谐共生作为最终的价值追求,反对把人与自然对立起来,而是辩证统一地进行认识。人类与自然界相互依赖、不可分割,人类的实践活动使自然界发生改变,同时自然界也在改造着人类,人类在自然中不断实现自我发展。人类在利用和改造自然的同时必须遵循自然规律,做自然环境的保护者和建设者;应当合理而又节制地开发利用自然资源,以积极的措施保护自然环境,而不能一味向自然索取,否则当自然界无法承受人类的索取,人类就要受到自然的惩罚。人与自然和谐共生不仅强调人是自然的一部分,自然界对人类的先在性,而且要求从实践出发,探寻人与自然的和谐统一。自然界在自己合乎规律的变化发展中所呈现出的某种合目的性,正是人的对象性实践活动所赋予的,人与人类社会是自然长期发展的产物,始终是自然存在物,是自然界的有机组成部分。

2. 人与社会和谐发展

"人同自然界的关系直接就是人和人之间的关系,而人和人之间的关系直接就是人同自然界的关系,就是他自己的自然的规定。"①人与社会的关系是由人与自然的关系延伸而来的。生活在自然界的人们通过生产实践活动和社会生活产生联系,这些活动不仅影响着自然界的发展,同时还影响着人与人之间的相互关系。生态伦理不仅强调人与自然之间的和谐关系,还强调人与人、人与社会之间的和谐关系,以人与人、人与社会的和谐促进自我反思,从而

---

① 《马克思恩格斯全集》第42卷,人民出版社1979年版,第119页。

建立起正确的生态伦理观念。自然为我们的生产生活提供了丰富的物质资料,而人与人的交往以及社会的存在为我们提供了各种人际关系以及生活的乐趣,人与人之间的关系决定着社会的发展面貌和整体状况,维持人与人之间关系的和谐,才能促进整个社会的和谐发展,从而为个人的发展提供良好社会环境,由此也能促使人们更加关注自然环境,重视人与自然关系的和谐发展。

马克思认为,人们对自然界的狭隘的关系制约着他们之间的狭隘的关系。人类的实践活动决定着人与人之间的关系,人与人之间的关系影响着人与自然之间的关系,人与自然之间的不协调和矛盾根源于人与人之间的矛盾。因为人们在实践活动中不仅存在人与人之间的互动,还与自然界产生联系。从某种意义上说,人与自然之间的关系也是人与人之间的关系,生态伦理是对这些关系的正确对待与处理。树立正确的生态伦理观念要求我们不仅要尊重自然,同时也要尊重他人,不侵犯他人的生态权益和生态福祉,不能因为一时的利益而破坏生态环境、浪费资源,从而对他人的生态权益造成损害。此外,在社会实践中应当秉承善良原则,树立权利意识与义务意识,自觉承担起生态责任,遵守生态道德与秩序,谋求个人利益与社会整体利益的一致,从而实现人与社会的和谐发展,推动人与自然、人与社会更好地向前发展。

3. 人与自身和谐统一

人与自身的和谐是决定人与社会、人与自然是否和谐的关键。从人与社会关系来看,人是组成社会的基本单位,社会由许许多多的人组成。因此,人与自我的和谐影响着由其组成的群体社会的和谐。从人与自然的关系来看,自然为人类提供生产生活的环境与资料,人类从事认识自然和改造自然的实践活动。但是如果人类在这一过程违反自然规律,不受道德与法律的约束,会导致自然环境遭到破坏。人既能创造价值、实现自我,也有可能在不断扩张的改造自然的能力和无限消费欲望中毁灭自己,这主要取决于自身是否和谐。实现人与自身和谐的生态伦理观就是要实现自然、社会及他人对自身的认同、关爱,最终实现身心和谐。首先,人要对自身有正确的认识,既包括对自身自然属性的认识,也包括对自身内在精神世界的认识。其次,道德素质是实现人与自身和谐必不可少的要素,从古至今,道德都是不可或缺的重要品质。拥有良好的社会公德要求正确对待名利,正确处理公德与私德的关系,正确对待个人与集体的利益。最后,追求人的自由而全面的发展。人的身心和谐,即"人与自身的和解",最终指向人的自由而全面发展。以全面的、联系的、发展的观点看待人与自然、人与社会、人与自身之间的关系,认识到人与自然的关系和人与人的关系之间是相互影响的,只有二者都实现和谐发展,才能实现整体的和谐。不能被以自我为中心、忽视自然主体性的狭隘思想所束缚,应当通过生产生活实践改造自我、提升自我,在爱护自然、奉献社会中不断完善自我、实现价值,最终走上人与自然和解、人与自身和解的道路,真正解决人与自然、人与社会之间的矛盾。

人与自然、人与社会、人与人的持续和谐发展是人类文明的体现,是人类在总结了认识和改造自然的经验教训,反思以往的不合理行为,进而提升自我主体意识和能力,在心态与行动上主动维护这种和谐,摒弃主宰自然万物思想的结果。

（二）　积极的生态伦理实践方式

积极的生态伦理实践方式应当是以绿色发展为根本准则的,无论是社会生产实践,还是人民群众的生活消费以及人格养成方式都体现着生态伦理价值准则,践行着绿色、低碳、节能、环保、求真、和谐的理念,是在新时代生态伦理观指导下进行的,是对我国传统粗放的社会发展实践模式的纠偏与超越。

1.节能清洁的生产实践方式

改革开放以来,伴随着飞速发展的工业化与现代化建设,经济水平迈上了新台阶,但是伴随而来的是各种生态环境问题,经济社会发展与生态环境之间的矛盾日益凸显,这就要求我们必须加强对生态环境问题的重视,以新时代生态伦理观为导向,采用节能清洁的生产实践方式,包括经济生产过程中的资源利用方式、技术应用方式等,从而调和经济发展与生态环境之间的矛盾。

就资源利用方式而言,应当摒弃以往征服自然和一味顺从自然的思想,选择既不违背自然的规律,肯定自然资源的价值,又能充分发挥人的主观能动性,实现人与自然关系的平衡发展方式。倡导和谐共生的资源利用方式,以自然法则为准则,优化资源利用方式,实现人与自然之间的和谐互动。当人类进行生产实践活动时,自然界便不再是独立于人类之外的,自然与人类产生相互作用,对人类的实践活动产生一定的约束,而对于人类违背自然规律的行为也会作出相应的惩罚,所以,人类在利用自然资源的过程中必须考虑自然的承载力,并以此为约束,在不损害自然资源的基础上科学、合理、高效地利用自然资源,从而实现对自然环境的保护,促进人与自然互利共赢。经济发展过程离不开科学技术的应用与推动,而科学技术的应用方式对于生态环境也有着重要影响,所以,就科学技术应用方式而言,应当坚持正确价值导向,实现科技绿色创新发展。科学技术的发展是有价值导向的,正确的价值导向不应当是单纯以追求经济利益为目的,而应该是遵守自然界的法则以及人类社会的道德,顺应社会发展需要,不断推进技术的创新,为实现可持续发展服务。因此,我们必须改变以往高耗能、高污染的科学技术,发展低消耗、低污染、可持续的科学技术,实现科技发展绿色化、生态化。具体来说,就是要创造能够实现资源节约、环境保护、循环发展且安全高效的技术体系。这就要求我们在具体实践过程中时刻践行生态伦理观,以市场为导向大力发展绿色产业技术,发展清洁低碳的能源技术,同时改进生产设备和产品,生产采用符合环保要求的设备,推进生态产品研发,提供更多无毒无害无污染、可回收可再生可降解、低能耗低物耗低排放的优质产品。

2. 绿色低碳的生活消费方式

人类的日常生活消费实践无时无刻不在发生,是人类实践活动的重要组成部分,与生态环境状况息息相关。人类的生活消费涉及衣食住行等方方面面,随着人民收入的增加,加之西方享乐主义、拜金主义等错误消费观的影响,人们逐渐形成了过度消费的观念。新时代的生态伦理倡导绿色低碳的消费方式,以实现人类的诗意栖居。

过度消费在短时间内可以起到扩大消费市场,拉动经济增长的作用,但是从根本上来讲这种方式是难以实现持续发展的,发展到一定程度时又会造成经济的混乱、资源的浪费。人类为了追求过度消费带来的快乐,为了满足自身需要,会大肆开发自然资源,从而导致造成自然资源急剧短缺,生态平衡遭到破坏。为了改变这种状况,必须引导人们践行绿色低碳的生活消费方式,从衣食住行等各方面做起,实现绿色生活。关于人们的服饰,不难发现,人们可选择的材质越来越多,其中不乏一些以牺牲动物生命为代价而取得的材料,这种不合理的、残忍的方式,已经对生态系统造成了严重破坏,威胁着越来越多动物的生命。我们必须改变这些不合理的消费理念,适度消费,选择低碳环保的衣物,同时对旧衣物进行改造,实现其功能的最大化。就从人们的饮食来看,浪费现象越来越严重,食用珍稀保护动植物的现象也已经屡见不鲜,这不仅是对资源的浪费,同时还破坏了生态系统平衡,很可能引发传染病等。我们必须培养绿色节约的饮食习惯,以实际行动响应"光盘行动",合理安排饮食结构,拒绝食用珍稀野生动物,对于剩菜剩饭科学处理,实现循环利用。关于人们的住房,人口不断增多,建筑面积越来越大,高楼大厦让动植物的生存空间越来越少,装修等带来的各种污染数不胜数。我们必须合理规划土地的开发利用,确保绿化面积,同时选择低碳环保的装修方式,避免噪声污染、光污染等。关于人们的出行,虽然道路更加宽阔了,但是却越来越拥挤,汽车尾气排放越来越多。我们必须倡导节能减排的出行方式,尽可能选择公共交通,购买低碳环保的新能源汽车,为环保做出正确的选择。

3. 求真至善的人格养成方式

新时代生态伦理的最终目标是要实现人与自然的和谐共生,实现人的自由而全面发展。在生态环境遭到破坏的情况下,人类的自由全面发展也必定遇到阻碍,所以,拯救生态危机,改善生态环境就是在为人类争取自由发展的空间,同时让人类在与自然和谐相处的过程中实现精神满足。这就要求我们不仅要在日常实践中贯彻生态伦理观,还要实现内在自身实践的生态化,以内心的生态伦理约束规范自己的行为,从而实现与自然的和谐相处,而内心约束的过程就体现在自我人格的塑造上。

人格是有着复杂内涵与长久发展历程的概念,人格与自我需要、价值观念有着紧密联系,是从不同角度对人自我的一种反映,能够在特定的条件下调节自我的思维方式与行为选择,以道德自律和达到"至善"为宗旨。伴随着历史与文明的发展,人格也经历了不同形态的发展变化。以往的人格没有正确认识人与自然的关系,忽视了二者的平衡。进入新时代,我们需要的是将人与自然看作一个整体,以生态价值指导人类实践的生态人格,以此来实现生态危机的解决与人类自由全面发展的统一。求真至善的人格养成过程是将新时代生态伦理观付诸实践的过程,一方面要追求符合道德伦理规范的生态思维、生态信仰和生态行为,另一方面要追寻人类自我的至真至善发展,成为真正意义上的人。这要求我们将伦理准则扩展至人与自然的相处过程,以正确的心态重新审视人与自然的关系,改变以往人类中心主义与非人类中心主义的偏执态度,把人与自然看作生命共同体,肯定自然的重要价值,不再肆意破坏自然、掠夺自然资源,遵循生态发展的客观规律,构建和谐的生态系统。同时,人类不应该只注重物质世界的满足,更要追求精神世界的自由独立,养成良好的道德品质,不被物质主义束缚,在精神层面破除物质享受的束缚,学会自我认识、自我和解,塑造求真向善、积极向上的精神面貌,树立人与自然和谐相处是一种美德的观念,实现人与自然的平等对话。

（三）　中国特色的生态伦理准则

生态伦理是人与生态之间的伦理关系,以伦理原则规范、调节人与自然环境之间的关系。生态伦理本质上是人与自然之间的和谐共生,由于不同国家的文化传统、社会发展情况的不同,生态伦理也具有其特殊性。当前,构建具有中国特色的生态伦理,对于推动中国特色社会主义生态文明建设至关重要。

1. 坚持生态民生价值观

生态文明建设关系到人民的幸福生活和国家的整体发展,生态是关系民生福祉的大事。随着我国经济建设不断取得重大成果,人民生活水平明显改善,人民的生态意识有所增强,人民对优美生态环境的需求日益迫切,生态文明建设已经成为人民关注的民生问题。中国特色的生态伦理价值观念应当是把生态环境与民生福祉紧密联系起来,坚持人民至上的生态民生价值观。

环境问题是时代发展过程中的声音,人民的生态需要是重要的政治问题。党和国家要推进各项工作,解决生态环境问题,就必须倾听人民的心声,以问题为导向,寻求解决路径。首先,坚持生态民生价值观,满足人民的优美生态环境需要。关于生态环境保护治理,一是克服人类中心论仅仅把自然资源当作促进人类发展的工具,忽视其本身的价值。二是克服自然中心论矫枉过正把人类看作为自然而存在的物种,只重视自然,而忽视了人类的主体性。三是坚持生态中心论,认识到人类与自然万物在时间、空间上都具有统一性,人与自然都是生态系统的重要组成部分,人类在发展过程中遵循自然生态系统共生共荣、维持平衡的规律,讲求自然与人类的整体统一。其次,充分认识到全面建设社会主义现代化国家必须推进生态文明建设,注重生态伦理。全面建设社会主义现代化国家,既强调现代化,更强调全面。生态环境质量是实现

"全面"的重点内容,起着关键作用。因此,真正实现全面社会主义现代化国家就必须加强生态文明建设,满足人民对美好生态环境的需求。在我国经济快速发展过程中,生态环境问题日益引起人们的重视,资源浪费、环境污染、生态恶化等问题不断得到克服和解决,正确的生态伦理和环境保护意识逐步形成。树立强烈的生态伦理观,要求我们认识到当前我国生态环境问题依然严峻,阻碍着经济发展以及人民美好生活的实现。我们必须实行绿色生产生活方式,处理好经济与环境的关系,以负责任的态度推进环境治理与生态保护工作,满足人民的美好生态环境需要,以实际行动贯彻生态伦理观。

2. 推进绿色可持续发展

无论是哪种发展观点,虽然观点、路径各不相同,甚至大相径庭,但究其根本可以发现,实现人类社会的可持续发展是其最终目标与追求。生态伦理观还要强调绿色发展,通过绿色发展,最终才能实现可持续发展。

首先,认识到人与自然是生命共同体是实现绿色可持续发展的前提所在。把人与自然看作是一个生命共同体是对自然主体地位的肯定与尊重,重视人与自然的双重价值,而不是简单的偏向其中一方面,忽视其他方面。人与自然是生命共同体的思想承认了人类的生存发展依赖于自然,而人类的存在又赋予自然以人的意义性,人类是自然界的一部分,自然为人类提供生态资源,二者互相具有价值。自然承载着多样性价值,人与自然就处在这其中。把人与自然看作是一个生命共同体意味着我们应当认识到生态伦理不仅仅是一种情感、规范、准则,更是一种切实的道德实践活动。其次,促进人与自然、人与社会、人与人的协调发展是生态伦理的核心价值所在,而绿色可持续发展理念便是促进和谐发展的前提基础。我们必须认识到自然环境也是生产力,坚持绿色发展能够实现经济效益与生态效益的统一。习近平总书记强调:"要正确处理好经济发展同生态环境保护的关系,牢固树立保护生态环境就是保护生产力、改善生态环境就是发展生产力的理念,更加自觉地推动绿色发展、循环发展、低碳发展,决不以牺牲环境为代价去换取一时的经济增长。"①由此可见,追求人与自然、经济与社会的和谐,就必须坚持绿色可持续发展。最后,可持续发展是生态文明的生命所在。纵观古今中外的历史,有许多文明曾存在于世界上,曾经辉煌过,却因没有持久的生命力而被历史湮没,他们的消失有着共同的教训,那就是不能把自然当作被统治的一方,任意支配自然,肆意开发自然资源。随着社会不断前进,人类文明也不断被更新创造,但是只有尊重自然主体地位,坚持绿色可持续发展,才能使文明生生不息,源远流长。

3. 树立命运共同体意识

人与自然的和谐关系首先是人与人之间的关系和谐。人与自然之间的关系是在人类的生产生活实践过程中产生的,是客观存在的。实践活动作为一种中介把人与自然、人与人之间的关系统一起来。所以,要牢固树立人与自然是生命共同体的意识,就必须深刻认识人与人之间命运与共的关系。生态伦理问题关系到每一个公民的生态权益问题,同时,它也不仅仅是中国一个国家的责任,无论是从内部还是外部,都应当树立命运共同体意识。

首先,从国内来看,把生态环境看作人民生活所必需的公共产品,人民生活的基础条件,并且要坚持公平正义原则,从价值论的高度来看待生态环境保护的重要性。生态文明建设的成果应当由全体人民普遍地、共同地、公平地分享,这是不容异议的。2013 年 4 月 8 日,习近平总书记在海南考察时指出,"良好生态环境是最公平的公共产品,是最普惠的民生福祉"②。习近平的这一科学论断正是对生态环境的公平性和共享性的肯定,体现了我们党坚持公平正义的生态伦理观,将生态环境视为重要的民生问题。其次,世界各国是一个命运共同体,必须贯彻共享理念,坚持公正导向,使世界各国之间的权利与

---

① 《习近平谈治国理政》,外文出版社 2014 年版,第 209 页。
② 中共中央文献研究室:《习近平关于全面建成小康社会论述摘编》,中央文献出版社 2016 年版,第 163 页。

义务保持对等性。中国作为世界上最大的发展中国家,面对全球生态环境方面的危机,我们应当主动承担起生态环境保护的责任,同时倡导全世界共同努力,坚持民主、平等、正义的原则,为改善生态环境做出行动。在这一过程中,各国不是孤立的个体,而是命运与共的共同体,各国之间应当相互支持,尊重国际法律法规的地位与作用,遵守相关规定,承担公正而有差异的国际环境责任。发达国家和发展中国家的社会发展进程、发展阶段以及各方面能力都不相同,所以共同但又有区别的责任原则不仅没有过时,而且应该得到遵守。只有世界各国携手合作、共同应对,推动各国尤其是发达国家多一点共享、多一点担当,最终才能实现互惠共赢。

4.构建严密的制度保障

树立绿色理念,践行生态伦理需要发挥政府的作用,运用多种措施,建立起制度保障,从而推进社会主义生态文明建设。习近平总书记一贯重视制度建设在生态文明中的积极性保障作用,为完善生态制度伦理提供了有力遵循。

制度对于生态环境保护工作起着至关重要的作用,实践证明:一个国家生态法治的程度在一定程度上能够反映出立法者的生态道德水平以及该国家的生态文明程度,加强生态立法,有助于对全体社会成员做出规范与约束,促进人民环境道德素质的提高。首先,要坚持科学、严谨、普遍的立法执法思维,实行最严格的制度、最严密的法治,为生态文明建设提供可靠保障。最重要的是把生态环境状况作为一项重要指标纳入经济社会发展评价体系,通过考核资源消耗状况、环境污染状况等对经济发展做出评价,建立以生态环境保护要求为准则的目标体系、考核办法、奖惩机制,使之成为推进生态文明建设的重要导向和约束。其次,必须严厉惩处与生态环境保护相关的违法犯罪行为。法制不完备,是执法有失严格、司法有失公正、守法有失普遍的源头,因此,必须从源头解决问题,把科学立法、严格执法作为首要工作推进。但是,完备的制度只有被严格执行,其作用才能更好地发挥,从而为生态环境保护提供可靠保障。所以,必须促进严格执法、公正司法和全民守法,尤其是要做到违法必究,严格按照相关法律制度规定,追究那些不顾生态环境状况盲目决策而造成严重后果的人的责任。中国特色的环境立法必须坚持生态伦理观,而"绿水青山就是金山银山"思想就是对这一理念的集中阐释,所以我国的环境立法必须始终贯彻这一思想,使其指导思想、基本原则、主要目标、重点任务、制度安排、政策措施等各个方面都具有坚实的生态伦理基础。

第五章　新时代生态伦理的理论构建

"生态伦理从哲学的世界观和方法论层次上诠释人与自然的关系,将伦理道德的对象、主体推演到自然界,赋予自然界以伦理价值。"①新时代生态伦理的理论构建,是推进生态文明建设的重要举措,也是生态伦理在新时代得以广泛传播、渗透人心的前提性支撑,更是将生态伦理由抽象导向具体的关键一环。基于新时代生态伦理的发展现状,把握新时代生态伦理的学理基础、现实要求、基本要素、核心结构、原则遵循,从理论层面系统探究生态伦理、科学构建生态伦理,厘清"人—自然—社会"的相互关系,有利于引导生态价值观在全社会的形成与践行。

一、构建新时代生态伦理的学理基础

生态伦理作为一门系统的学说,有其内在的逻辑次序,从学理层面来看,自然伦理与环境伦理是生态伦理的两个必要逻辑环节。以超越个体从人类整体出发为显著特征的整体主义生态伦理思想,在一定程度上综合了主体论视角下的自然伦理和以空间为界限的环境伦理。就新时代生态文明建设、全球

---

① 董玉宽:《科学发展观与生态伦理》,辽宁人民出版社 2013 年版,第 79 页。

生态危机治理的伦理支撑而言,三者共同构成新时代生态伦理构建的学理基础。

（一）　主体论视角下的自然伦理

关爱自然是生态危机频繁爆发后的必然选择,这一选择要求正确处理人与自然的关系,而在维系人与自然的平衡中究竟是以有意识的人为中心,还是以人类赖以生存的自然为中心,取决于对伦理主体的不同设定,是关于价值主体抉择的两难问题,人类中心主义与非人类中心主义是各派学者对这一问题的不同回答。

1.人类中心主义

人类中心主义的生态伦理,即在处理人与自然的关系中,坚持以人为中心的思想观点。人与自然的关系,从两者的最初状态来看,自然作为具体的、宏观的生存环境,是一切生物赖以生存的基本载体;人作为一种自然存在物,是自然的衍生,从始至终都与自然发生联系,并凭借自然的给予而得以世代繁衍。从社会演进的历程来看,从原始社会到农业社会再到工业社会,人对自然的态度也经历了从畏惧自然力量到利用自然力量再到支配自然力量这一过程,人的主体性在与自然发生的密切联系中得到充分彰显。人能够有意识将人与自然相分离,站在人的角度看待自然,是人类文明发展进步的重要体现。

以人为中心的价值理念在经济建设、政治建设、文化建设等方面都遵守其原则,在生态文明建设中以人为中心的价值理念往往遭到质疑与抨击,其根源在于生态文明建设中所涉及的价值主体——自然,或者说与人一样以自然为生存环境的其他所有生命体,都是生态文明建设中在伦理上所应该考虑的主体。由此,便形成了一种"共识",即在生态伦理意义上的人类中心主义是非正义的、是有违自然法则的。但回望人类中心主义的发展趋势,以工业革命为结点,"近代以来的人类中心主义可以说是一种盲目强化的人类中心主义,它将'以人为中心'推向了极端——'以人的贪欲为中心'"①,自然环境难以满足欲望膨胀的诉求,结果是自然资源枯竭、生存环境受损。在这一背景下,对人类中心主义的理解才逐渐由价值主体层面走向功利层面。但究其根本,生态文明建设的最终目的还在于实现人类文明的永续发展,在于满足人民群众对美好生活环境的追求。因而可以说将自然纳入伦理范围且完全以自然为中心、为了自然而展开的生态文明建设是不切实际的,也难以在现实生活中得以推行。

目前,学界对人类中心主义的研究愈加细化,以类别来看,就有强人类中心主义与弱人类中心主义、个人本位的人类中心主义与群体本位的人类中心主义及其类本位的人类中心主义。在伦理主体上的不同侧重决定了各人类中心主义间的差异,他们对人与自然的认识,无论是对伦理主体的界定还是深层的归因分析,对新时代生态伦理构建皆有一定的借鉴意义。总的来说,对人类中心主义的认识要结合不同的时代背景从价值主体层面与功利层面去分析,把握其以人为出发点的本质,但又要警惕其功利性的一面,即要防止向"个人中心主义""人类利己主义""人类沙文主义"发展。

2. 非人类中心主义

非人类中心主义与人类中心主义相对,人类中心主义以人为价值主体、重视人的主体地位,非人类中心主义强调动植物以及一切生物都有生存的需要、都是有生命的个体,因此他们也应是价值主体。也就是说非人类中心主义延展了生态主体的范围,超越了人作为单一主体的传统伦理主体论,赋予所有生命以"意识""主动性"即决定自然未来的力量。非人类中心主义与人类中心主义相比,二者的分歧主要体现在利益方面、伦理价值方面和意义方面,前者重视人与动植物在利益、价值、意义上的平等,在人之外重构了一个价值中心,

---

① 廖小平、孙欢:《国家治理与生态伦理》,湖南大学出版社 2018 年版,第 61 页。

依不同学者的知识背景或不同学派的见解,这个"中心"既是动物、植物,也可以泛指生物或生态。

以澳大利亚哲学家彼得·辛格为代表的动物解放流派认为动物与人一样具有平等的天赋价值,辛格提出,"唯有感知能力的极限所构成的界限,才使我们有理由去停止对他者的利益有所关怀"①,由此证明人类和动物之间不存在根本的界限,适应于人的道德原则也应向动物身上延展。以生物为中心的生物中心主义则强调对自然界中生命体的尊重,史怀则的"敬畏生命的伦理学"与泰勒的"尊重自然界的伦理学"共同构成生物中心主义的核心理论。前者认为只涉及人的伦理学是不完整的伦理学,在尊重生命体的同时还致力于构建与以往伦理学相区别的新伦理学,即以尊重生命为基本伦理原则,以保持生命、促进生命为最高的善,以压制生命、毁灭生命为无法饶恕的恶;泰勒则以史怀泽的伦理思想为起点,坚持所有生命的个体都是独立的价值主体,都是具有先在价值的存在物,那么也应该和人一样被尊重、被保护,并提出了尊重生命体的四大原则——不伤害、不干涉、忠诚和补偿正义。

可见,非人类中心主义就伦理学发展的意义而言,它第一次突破了传统伦理学以人类中心主义为导向的主体价值论,极具挑战性与创造性。在对人与自然及其自然环境的态度上,非人类中心主义的观点对自然万物的重视、对生命体的尊重都描绘了人与自然的应然状态、表达了对于自然环境的无限敬意。对人类中心主义所易滋生的弊端如"人类专制主义"也具有很好的调和作用与警醒作用,是新时代生态伦理构建的有力支撑。同时,也要明确人作为有意识的主体,与其他生命体相较而言所具有的预测、规划、实践等能力,决定了人在生态伦理中所居的主体地位不应该被否认,在具体生态文明建设实践中,要以非人类中心主义的万物平等维度、尊重生命维度助力人类中心主义的良性发展。

---

① [美]彼得·辛格:《动物解放》,梦祥胜译,光明日报出版社1999年版,第12页。

（二） 以空间为基点的环境伦理

"环境"在一般意义上是空间、场域的概念,在生态伦理中的环境是指一个普遍的生存空间,供生物体栖居的物质载体。以环境为基点的环境伦理即摆脱以某一自然物为对象的自然伦理,把生存空间、生活环境也作为伦理的对象。从国内外环境伦理思想的内容及其影响来看,西方环境伦理思想与中国传统环境伦理思想各自代表了中西生态伦理思想的一个方面,是生态伦理思想的重要理论基础。

1.西方环境伦理思想

自然伦理思想与环境伦理思想的划分是"主客二分"思维模式在生态伦理中的重要体现。文艺复兴伊始,当人本身与自然被有意识地区别,人清晰认识到自身的主动性与创造性,为"主客二分"思维模式提供了现实支撑。笛卡尔"我思故我在"的提出与传播,由人主观导出其他所有存在物的认识论与知识论得以形成,自然也由人的理性、人的意志推论而来,这一思想后又经康德而得以进一步完善。由此,西方文化、西方生态伦理体系中自然之于人的价值逐渐被弱化。"主客二分"思维模式即是在认识事物的过程中将主体与客体割裂开来,生态伦理角度即是将人与自然看作不可协调的、截然对立的两个部分,环境伦理思想则将空间整体纳入伦理范畴,较自然伦理而言既跳出了人类中心主义思想的局限,也摆脱了以某一自然物为主体的非人类中心主义思想。

对西方环境伦理思想的认识可以从西方生态伦理学的科学基础之一来看,即博物学,博物学也称博物志,英文词组为"natural history","是人类与大自然打交道而形成的一门既古老又亟待实现新发展的科学"①。博物学作为一门包罗多样、涉及广泛又在时代的发展中被逐渐细化的科学,何以成为生态

---

① 王国聘、曹顺仙、郭辉:《西方生态伦理思想》,中国林业出版社 2018 年版,第 35 页。

伦理学的科学基础？主要在于博物学对自然客观而严谨的记录与解读,脱离了以往以主观臆想、自我感知等认识自然的单一方法,将自然秩序的建立视作博物学的出发点与落脚点。西方环境伦理思想从一定程度上说是对博物学客观对待自然、理性认识自然的深入发展,将博物学中关于自然、关于生态的内容做了系统的总结与升华。以众生物赖以生存的环境空间或维持局部生态平衡的环境空间视为价值主体,其内容可概括为:集中关切人与生态环境的关系,强调人作为有意识的生命体,理应是环境的保护者;重视生态环境中整体与局部的关系,在整体与局部的相互促进中实现整个生态空间的和谐有序。总体而言,西方环境伦理思想是超越人之上为生态保护设计的宏观蓝图。

回到生态伦理学的核心问题——人与自然的关系,西方环境伦理学给出的答案是将自然的各要素所依赖的承载空间,即物理意义上的环境空间视作主体,回应人与自然间的问题。但归根而言,"所有系统都有价值(Value)和内在价值(intrinsic worth)。它们都是自然界强烈追求秩序和调节的表现,是自然界目标定向、自我维持和自我创造的表现"[1],同样对人与自然关系的探讨也应从其各自的价值出发,赋予人与自然以和谐与秩序、平等与兼容。

2. 中国传统环境伦理思想

目前,对中国传统环境伦理思想的内容、范围尚未有权威的界定或精准的定位,"中国传统环境伦理思想"作为一个词组或短语其概念也没有得到学界的认定,严格意义上来看,没有展开其论述的现实基础与理论支撑。但与西方环境伦理思想相对应,结合我国传统文化与传统哲学,剖析其蕴含的丰富生态智慧,不难发现儒、释、道各家的核心思想都是探究我国传统生态文化的源头。其中道家文化及其自然哲学所体现出的朴素自然观与纯粹天人论,是梳理并概括我国传统环境伦理思想的重要支撑。

---

① ［美］拉兹洛:《用系统论的观点看世界》,中国社会科学出版社1985年版,第109页。

道家将"道"视作万物的本源,是一切存在物的母体,并为"道"确定了其本源即自然,"人法地,地法天,天法道,道法自然"①就明确将自然看作了"道"的最高原则。这里的自然不是指具体存在的实体,即不是作为名词意义上的自然来理解,而是作为形容词意义上的自然表示自然而然的状态或无意识间"道"得以生并衍生出万物的过程。可见,道家关于万物本源的探索,是自然化的、是无意识的,既不依赖于人的主体性或主观能动力,也不像古代朴素唯物主义那般将世界的本源界定为火、水等某一具体实物。万物的本源既不是人也不是物,这是否意味着道家思想所蕴含的生态伦理是缺乏主体的呢?试想在自然而然中人、地、天得以孕育而生并和谐共处,这实则是道家生态思想的核心所在,即不预设任何既有的存在,从本源的一致性来保障万物的协调共处。在宏大的宇宙空间里无形的"混沌"之状孕育万象,在无始无终的空间里创造万物、维系万物。这都在一定意义上体现了道家以宇宙空间为对象、赋予无边空间以伦理价值的环境伦理思想,是扩展我国生态伦理研究领域、补充生态伦理内容的传统资源。

长期以来,我国对道家生态思想的研究主要集中在"天人合一""物无贵贱"等彰显万物平等、人与自然和谐共处等内容上,上述对道家环境伦理思想的论述虽较为单薄、略显苍白,但问题的提出也旨在以另一种解读来补充已成系统的道家生态伦理思想,延展对中国古代生态伦理思想的认识路径与思考模式,丰富我国传统生态思想的内容,为新时代生态伦理的理论构建提供坚实的理论支撑。

(三) 基于整体的生态伦理思想

以整体为出发点的生态伦理思想主张生态系统间的和谐有序,崇尚生态系统的整体利益,致力于维系和保持生态系统的完整、协调与平衡,并将人与

---

① 王弼注、王云五主编:《老子道德经》,商务印书馆1939年版,第24页。

自然间能否实现和谐共生视为人类进步与社会发展的基本评判标准。纵观中外丰富多样的生态伦理思想及其流派,其中"大地伦理学""深层生态学""生命共同体"等都是基于整体的生态伦理思想。

1.扩展道德共同体的边界——"大地伦理学"

奥尔多·利奥波德作为大地伦理学的代表人物,主张"土地只是扩大了这个共同体的界限,他包括土壤、水、植物和动物,或者把他们概括起来:土地"①。将道德伦理的范围扩展至土地、视生物共同体的完整与协调为最高的善是大地伦理学的核心所在。在利奥波德看来,伦理学应将每一个个体都视为道德共同体的一员,并以此作为伦理学的前提条件,在这里伦理关怀从人类扩展至整个大地。与从伦理角度出发的道德共同体相对应,利奥波德坚持所有生命体所构成的生物共同体也有其内在的原则遵循,即生物共同体中的每一个成员都平等享有被尊重的权利,任何一个主观行为或客观存在只有在他能够维系生物共同体的和谐、稳定时,他才是正确的、有意义的,反之则是错误的、无价值的。利奥波德对生物共同体及其基本原则的界定,隐含着大地伦理学对万物的尊重及其对共同体本身的敬畏。

那么,这是否意味着利奥波德的大地伦理学与前文论述的非人类中心主义、环境伦理思想毫无区别呢? 答案是否定的。如大地伦理学与非人类中心主义思想在出发点与落脚点上皆有所差异,前者与后者虽然都将以土地或其他环境要素为代表的大自然看作伦理价值主体,但大地伦理学的前提是人并不脱离于整个道德共同体,即"在生命共同体内,人类最重要的事情就是让自我的世界与大自然融为一体"②,强调作为价值主体的人要从以往征服者、主导者的角色转换为共同体中普通的一员。这里将人预设为在一定引导下能够

① [美]奥尔多·利奥波德:《沙乡年鉴》,侯文蕙译,吉林人民出版社 1997 年版,第193 页。

② 王国聘、曹顺仙、郭辉:《西方生态伦理思想》,中国林业出版社 2018 年版,第119 页。

转换角色的价值主体,并总揽和协调自身与其他生物及其整个生态系统的关系,从而达到整个生态系统的平衡,这与非人类中心主义思想将人的主体价值弱化甚至根除在本质上全然不同,且更具合理性与科学性。

2. 实现人与自然及其生物圈间的平等——"深层生态学"

深层生态学又称"生态智慧",其原因在于以阿伦·奈斯为代表的深层生态学家们在生态学中强调对"为什么""怎样才能"的追问,试图对生态危机、环境保护等生态学要素更深层次的剖析。阿伦·奈斯作为深层生态学的创造者,细致研究斯宾诺莎和甘地的哲学思想,并以斯宾诺莎本体论上的民主与平等作为贯穿其生态伦理学始终的核心思想,强调万物间没有高等、低等之分,认为人并非位于自然界之上或独立于自然界,而是构成整个生态系统的组成部分之一,在此基础上为深层生态学奠定了两条根本原则,即自我实现原则和生态中心主义平等原则,为深层生态学构建了基本理论支撑。

自我实现原则将自我分成生态系统中的"大我"与个体世界中的"小我",前者强调对整个生态系统的保护,后者即是对基于本我需求的满足。在深层生态学中自我实现原则中的"自我"主要是指大写的"自我",历经本我——社会的自我——生态自我这一发展过程。而自我得以发展、得以实现的过程就是人将认同不断扩展至所有生物体的过程,就是人将自己融入大自然与其他生命体和谐相处的过程。奈斯强调每个人都有自我实现的潜能,只要当自我认同的范围和对象不断扩大,降低自身与其他生命体的距离感、疏离感,抑制过度消费的欲望,与自然融为一体,就能在精神层面提升自己的境界,在物质需求层面趋向合理化、理性化,实现生态自我。基于自我实现这一前提,奈斯进一步阐释人与自然的关系,提出生态中心主义平等原则,将人可自我实现的权利延伸至自然界,认为所有生物都有生存、繁衍以及体现自身、实现自我的权利。所有的生命体因其存在的目的性与必然性决定了它的存在与人一样,没有高低贵贱之分,而人在生态系统中也不该拥有优于其他生物的特权。由此,人与自然的应然状态是基于平等、公平并有利于生态系统长远发展的和谐关系,具体展现为尊重功能上、结构上的差异,追求伦理上、价值上的同一。

3. 坚持山水林田湖草是有机的整体——"生命共同体"

这里所指的"生命共同体"来源于习近平同志对生态系统维护、生态环境保护的相关论述,他指出:"山水林田湖草是一个生命共同体"①,强调整个生态系统的协调性与关联性。习近平生态文明思想内容丰富、体系完整,其中所包含的"生命共同体"思想集中体现了以习近平同志为核心的党中央及人民群众的生态整体思维。将山水林田湖草视作"生命共同体",说明生态系统的维系与生态环境的保护绝不是靠某一力量或要素就能成功的,将各个要素纳入共同体,为各个生物体从价值层面能够互相尊重、平等以待提供了可能。对"生命共同体"的理解与把握可从系统与要素的关系以及要素间的关系两个层面出发。

一方面,自然界在长期的发展与演进中,人只是其中的生命体之一,与山、水、森林等一样是构成整个生态系统并维持生态系统良性循环的要素之一。自然界与其要素在共生层面是如何相互影响的呢? 可从两者间的影响环路来看,当自然界被破坏、生态系统失去了自我调节能力,那么此时其构成要素所呈现的状态一般是消极的,诸如生产方式的粗犷化、植被覆盖率的下降等客观现象必然存在。通常情况下,生态系统所具有的自洁自净能力能够应对一定的污染与"失衡",但是当各要素都处于不协调、有违自然规律时,其自我调节能力就将失效,生态危机紧随而至。由此,生态系统与各要素的关系是相辅相成、一损俱损,各要素的状态决定整个系统的整体,整个系统的状态也将以最彻底最全面的效力影响各要素的生存与灭亡。另一方面,各生物要素间也存在相互联系、共进共退的关系,如森林的消失直接产生的影响就是水循环失

---

① 中共中央宣传部编:《习近平新时代中国特色社会主义思想学习纲要》,学习出版社、人民出版社 2019 年版,第 173 页。

调、水资源减少。可见,山水林田湖草必然是也理应是息息相关、不可分割的生命共同体。

两组关系不难理解,也不难发现人在其中所处特殊的位置,人作为这一共同体中唯一有意识的主体,是凌驾于其他生物之上还是弱化自身的主观能动性听之任之消极以待,"生命共同体"暗含了对这一问题的回答,即人在其中发挥着协调生态系统各要素、合理配置各要素的作用,把自身与其他生物体的关系协调好、发展好,从而形成维系生态系统、保护生态环境的合力,是生命共同体思想的最终旨在。

二、构建新时代生态伦理的现实要求

时代引领思想,问题导向发展。新时代为什么要构建生态伦理? 对这一问题的回答,关系新时代生态伦理构建的方向、目标及原则。对此,需对新时代构建生态伦理的现实背景及其现实要求展开具体分析,从中国特色生态伦理体系构建、应对生态危机全球化与关联化趋势、社会主义生态文明新时代征程等视角明晰我国构建新时代生态伦理的现实性与紧迫性。

(一) 完善中国特色生态伦理体系

生态伦理及其生态伦理学作为一门系统科学,从其根源上来看源于西方并发展于西方。虽然生态伦理在我国学界得到了广泛研究,生态伦理学也作为一门课程日趋完善,但生态伦理的整个话语体系仍然以西方为主导。基于此,完善具有中国特色的生态伦理体系,推进生态伦理本土化,认清以中国特色丰富生态伦理体系的现实困境,是新时代生态伦理的理论构建所亟须面临的现实挑战。

1. 推进生态伦理本土化的必然导向

时代孕育思想,实践检验理论。自20世纪下半叶以来,我国面临着环境问题与生态危机,一系列环境保护政策相继颁布并实施,一系列生态文明新理念、新思想、新战略在生态实践中形成并指引新的生态实践。从现实环境来看,我国已经具备了构建体现中国特色的生态伦理体系的扎实基础,且在新时代进行生态伦理的理论构建也只有以本土伦理思想为指引、以本土生态文化为底色,才能增强新时代生态伦理的话语权与影响力。

首先,中国是一个具有深厚生态伦理底蕴的文明大国,推进生态伦理本土化是历史与现实的必然导向。"道生万物""天人合一""物无贵贱"等将人与自然万物置于同一高度、一视同仁的相关理念在中国古代传统哲学文化中难以穷尽,如《周易·序卦传》提到"有天地然后有万物,有万物然后有男女"[1],《庄子·达生》强调"天地者,万物之父母也其次"[2],这都体现出古代先哲将人看作自然的派生并依赖自然而得以生存发展的基本定位,这一定位体现了对人与自然关系的思考符合客观规律、切合可持续发展趋势,丰富的传统生态伦理将为新时代生态伦理的理论构建提供重要支撑。

其次,我国在生态伦理学教育教学及其研究过程中,已经积累了一定经验,取得了一定的积极成果,推进生态伦理本土化是理论与实践的必然导向。我国在引进生态伦理学早期,其主要内容是对西方生态伦理展开评介,以西方生态伦理体系为主导开展课程教学与相关研究。历经近半个世纪的努力,教学与科研相结合,理论与实践相统一,所提出的各项生态文明理念及其对生态伦理思想的中国化创新,为新时代生态伦理的理论构建提供了基本条件。

最后,我国综合实力的提升能为生态伦理领域话语体系的构建提供坚实的物质基础与强劲动力,推进生态伦理本土化是国家发展与民族富强的必然

---

[1]　周振甫:《周易译注》,中华书局1991年版,第295页。
[2]　沙少海:《庄子集注》,贵州人民出版社1987年版,第204页。

导向。根据马克思主义历史唯物主义的观点,文化、道德、伦理等意识形态由一定的经济基础决定,物质基础决定文明形态及其发展水平。当前,我国的经济总量已位居世界第二,人民生活质量普遍提高,但我国的文化影响力与全民综合素质与这一经济成就不相匹配,在生态文明思想培育与生态伦理构建领域亦然,这就决定了新时代生态伦理的理论构建有其丰厚的物质基础,但也有迫于西方生态伦理话语体系主导下丧失生态伦理主动权的压力。因此,完善我国生态伦理理论体系急不可待且势在必行。

2. 以中国特色丰富生态伦理的现实困境

党的十八大以来,习近平生态文明思想在实践中得到检验与完善,人们对人与自然关系的认识逐层深入,从"绿水青山就是金山银山"到"山水林田湖草是生命共同体",以人与自然和谐共存为首要价值遵循的美丽中国蓝图也将由点及面从理想走向现实。新时代,从以中国特色丰富生态伦理的现实问题来看,其问题主要体现在以下三个方面。

其一,对科学技术工具性价值的过分依赖、忽视伦理道德约束。我国在关注生态危机、开展环境保护工作方面较西方国家而言具有一定的滞后性,对生态伦理道德体系的构建也更是晚于国外,加上科学技术的日新月异,"科技+生态"所具有的便捷化、高效化等优势给人们造成一种误导,即只要科学技术足够先进就没有解决不了的生态危机。事实表明,新中国成立以来,即便我国在生态建设领域经历了由人工化植树造林、标语式环境保护宣传向卫星勘测环境污染、机器人处理各种废弃废物的过程,推进了环境保护技术化、科技化的趋势,在一定程度上提高了环境治理的效率,但是生态环境问题并没有因这一趋势而得到根本性解决。可见对于科学技术的依赖具有局限性与制约性,当前正确引导科学技术崇拜、加强生态伦理道德建设是解决以中国特色丰富生态伦理现实困境的重要途径之一。

其二,具有中国特色的社会主义生态文明新时代仍是当前的奋斗目标,且任重道远。党的十八大提出了向社会主义生态文明新时代迈进的战略部署，在这一背景下，生态文明建设在实践展开与理论总结上有了更加广阔的实现空间。但机遇与挑战并存，在迈向社会主义生态文明新时代的征途中，我们还处在起步阶段，没有成功的样板可复制。因此，以中国特色丰富生态伦理具有首创性与挑战性。

其三，在生态伦理中国化这一领域，仍然欠缺一支专业的高素质人才队伍。由于生态伦理学及其生态伦理培育在中国的起步较晚，在人才建设、人才储备方面还具有较大的缺口，就高校生态伦理学课程建设来看，因师资队伍、学科设置等原因，生态伦理学相关课程在非生态学专业、非环境保护类院校没有得到普遍开设。人才队伍不健全及其所导致的一系列消极反应也将在当前及此后一段时间里影响中国特色生态伦理理论体系的构建。

（二）　应对生态危机全球化、关联化趋势

西方是生态伦理的起源地，生态伦理话语权也始终由西方主导。但是，随着全球经济、政治等力量在区域性上的重构，以及引发全球生态危机的原因日益复杂化、多样化，全球环境治理的协同化与整体化趋势越发明显，西方生态伦理体系在回答时代之问、解决全球性生态危机面前呈现出一定的弊端与失效。因此，构建具有中国特色的生态伦理体系符合应对全球生态环境问题的现实需要。

1.综合评介西方生态伦理思想

长期以来，我国生态伦理学研究主要集中在对西方生态伦理学的引入及其生态伦理中国化等问题，其中对西方生态伦理学的评介是国内生态伦理研究的主要方向。新时代生态伦理的理论构建同样要将西方生态理论思想作为重要理论支撑，把握时代发展趋势与全球性生态环境问题对其展开综合性评介，从理论层面丰富我国新时代生态伦理，从实践层面指引全球生态危机的

破解。

首先,以构建中国特色社会主义生态伦理体系为目标,以主流意识形态为导向。任何思想或理论都是其特定时代背景及其社会经济、政治制度的产物,西方生态伦理思想亦然。究其根本,西方生态伦理思想是在维护资本主义生产方式、实现资本主义利益最大化的前提下,以扩大人对自然有效利用的期限为首要目的,构建的伦理道德秩序。因而,在评介西方生态伦理思想的过程中,就要明确我国社会主义国家的性质,将人民的利益放在第一位,紧扣社会主义核心价值观,构建具有中国特色社会主义性质、人文主义情怀的生态伦理体系。

其次,以全球视野评介西方生态伦理思想,在世界一体化进程中构建体现世界格局的新时代生态伦理。20 世纪中后期是西方生态伦理思想的形成期与发展期,世界各国在经济、政治、文化、生态各领域的联系较为松散,西方生态伦理思想所参照的地理环境及其生态现状,主要是欧洲和北美。随着经济全球化、信息全球化进程的加快,世界日益被连成一个有机的整体,生态危机所产生的连带效应随着空间距离的相对缩短,得到进一步确证,如南半球的大火会影响北半球的气候、极地冰川的融化导致海平面的上升等。这一现实背景下,只有将全球视野、世界格局融入对西方生态思想的评介中,才能进一步赋予新时代生态伦理的理论构建以现实意义。

最后,以问题意识融入西方生态理论思想评介的全过程,为新时代生态伦理的理论构建提供突破口。没有完美无缺的思想,也没有一成不变的教条式理论,恩格斯曾坚定地指出:"共产主义不是教义,而是运动"①,西方生态思想亦不应是固化的教义,这就告诫我们学习或评介西方生态伦理思想时要坚持问题导向与实践导向,应以事实为出发点,而不应以某一固定原则为定律,要结合中国生态环境实际与全球生态危机现实,在具体问题中展开具体分析,发

---

① 《马克思恩格斯选集》第 1 卷,人民出版社 2012 年版,第 291 页。

展出最符合时代要求的科学理论,使其指导实践又经得起实践检验。

2. 坚持环境保护无国界原则

世界各国随着经济全球化、信息全球化进程的加快逐渐被连成一个整体,任何一个国家都无法独自依靠自身的力量应对全球性生态危机。于我国亦然,美丽中国建设与美丽世界建设并不是决然对立的关系,而是辩证统一关系,即美丽中国建设是美丽世界建设的基础,美丽世界建设是美丽中国建设的目标之一,没有美丽中国,美丽世界难以建成,没有美丽世界,美丽中国难以独存,两者只有相辅相成、相互补充才能创造有利于人类文明永续发展的世界。

新时代生态伦理的理论构建,就要把握全球生态危机与世界人民幸福生活的关系,把人与自然生命体思想贯穿至生态伦理构建的全过程,以人与自然共生共存为导向,建设天蓝地绿水清的美丽中国与清洁的美丽世界。就其核心思路来看需重点把握以下两点。

一是构建生态领域的人类命运共同体,打破政治、经济、文化等各方面的壁垒,同世界各国一道共同应对全球生态危机。"按照'只有解放全人类才能解放无产阶级自己'的逻辑,构建人类命运共同体,也可以推理出'只有解放所有生命才能解放人类生命自己',构建生命共同体"①。这即是说只有摒弃国家与国家之间的各项冲突、人与人之间的分歧对立、人与自然及其他生物的不和谐状态,建立内外和谐的生命共同体,才能从根本上实现全人类的永续发展。就西方伦理学形成、发展的现实生态环境而言,其生态问题在复杂性与多样性方面远不及今天,因此从人与自然生命体层面丰富新时代生态伦理的理论构建,有其现实性与必要性。二是将共建共治共享理念融入生态伦理的理论构建,以互惠互建的国际关系为旨要,推动人与人及人与自然的"两个和解"。地球作为人类有且仅有的生活家园,供人类开发利用的自然资源也是

---

① 迟学芳:《走向生态文明:人类命运共同体和生命共同体的历史和逻辑构建》,《自然辩证法》2020年第9期。

有限的,"用之不觉,失之难存",保护生态环境、合理开发自然资源是各国共同的努力方向。在世界一体化的进程中,共建共治共享的新型治理观是各国应对生态危机所必须坚持的首要原则,保证各国在互惠互建中达成生态环境保护的共识也应是新时代生态伦理理论构建的重要方面。总之,要认同并实现生态伦理之于全球生态环境治理的价值导向作用,构建人与自然生命共同体,实现人类文明的可持续发展。

(三) 助推社会主义生态文明新时代

党的十八大明确我国要以生态文明建设为重点,向社会主义生态文明新时代迈进。围绕这一长远规划,认清中国的生态伦理体系尚待完善的现实困境,及其生态伦理在生态文明建设中所发挥的价值导向功能,新时代生态伦理的理论构建更显其必要性与紧迫性。

1. 生态伦理是检验社会主义生态文明新时代的重要尺度

生态伦理是人类处理自身与动物、植物等其他生命要素在内的自然环境间关系的一系列道德规范的总和,体现人类作为有意识的生命体如何对待自身与自然界的关系,要求在关乎人类长远发展与眼前既得利益面前做出正确的价值判断与价值选择。而社会主义生态文明新时代的显著特征是人与自然能够和谐共生,在非强制因素影响下,人类社会发展与自然环境保护也能得到合理兼顾并呈现良性互助局面。从过程论来看,向社会主义生态文明新时代迈进的进程中,建立健全环境保护法、加强生态文明教育等一系列生态措施是解决生态问题、应对生态危机的必要选择,即生态文明建设一方面需要完备的法律法规提供坚实保障,另一方面也需要一套完整的生态伦理体系发挥潜移默化的生态育人诲人功能。因而,生态伦理既是检验社会主义生态文明新时代的重要尺度,也是助推社会主义生态文明新时代的关键环节。

社会主义生态文明新时代仍是当前生态文明建设奋斗的总目标,其具体要义与内涵仍待进一步总结,生态伦理又何以成为检验社会主义生态文明新时代的尺度? 其原因可从以下两个层面来分析。一是任何理论的形成与完善都离不开特定的时代背景,中国奋力推进生态文明建设,开辟社会主义生态文明新时代是具有中国特色的新时代生态伦理得以构建的时代背景与现实基础。伟大时代呼唤伟大理论,伟大时代孕育伟大理论。新时代生态伦理的理论构建同样离不开特定的时代背景与生态实践,从生态文明建设具体诉求中形成和发展起来的生态道德伦理,是对生态文明建设具体实践的升华与总结,能够系统反映生态文明建设的有益经验与问题所在,其完善程度是衡量生态文明建设成效的有力标尺。二是生态伦理所内在的对人与自然关系的引导,与生态文明建设以及向社会主义生态文明新时代迈进的基本方向相一致。由此,我国生态实践的走向与目标只有符合生态伦理的内在要求与根本指向,才能在长期的实践推进中向美丽中国靠近。反之,如果生态文明建设在具体展开过程中出现方向性错误,背离人与自然和谐共生这一基本导向,社会主义生态文明新时代必然无法如期到来。故以生态伦理作为社会主义生态文明新时代的衡量尺度有其合理性与现实性,这就要求在构建新时代生态伦理理论中要以我国具体生态文明实践为基础,赋予其现实导向与现实价值。

2. 生态伦理是推进社会主义生态文明新时代的潜在力量

生态伦理通过道德规范制约人类对自然环境的破坏行为,从伦理道德层面调整人与自然的关系,是与生态环境立法、科技治理环境等相协调的落实生态文明建设的方法之一。随着我国综合实力的日益提高、国民综合素质的显著增强,以培育生态环保意识、营造良好的保护生态环境氛围等为主的"软性"方法显现出巨大影响力,与生态法制约束等"硬性"方法相比,所发挥的积极作用更具持久性与深刻性。在这一现实背景下,新时代生态伦理的理论构建也将在推进社会主义生态文明新时代的前进道路中,发挥其生态育人、伦理塑人的潜在力量。具体而言,生态伦理在生态文明建设实践及其社会主义生态文明新时代的推进过程中所具有的功能可体现在以下两个层面。

第一,在更深层面促进人们生态观念的转变,并为全面认识人与自然的关系提供价值指引。观念的形成与转变通常需要一定的条件或根据,没有脱离具体实践的理论,也没有空中楼阁般的观念大厦,正确科学的生态观念的形成同样需要现实的实践环境及其相应的理论支撑。生态伦理所内涵的标准、规范为人们分辨生态行为的合理与否提供了参照,其道德约束力对于人们的具体生活方式与行为方式制定不可触碰的底线。在持续而久远的道德制约中,人们的生态观念可得到进一步重塑进而转向可持续发展观念,自觉遵守生态规约。转变生态观念后,还要重视在全社会形成生态文明建设力量的首要条件,即对人与自然关系的正确认识。生态伦理作为较为系统的伦理体系,其对人与自然的价值认知与主体界定具有全面性。其中关于人类中心主义与非人类中心主义的调和以及整体性生态伦理架构等都为合理认识人与自然的关系提供理论支持,都可为把握人与自然的关系、明确人类的生态责任奠定坚实的基础。

第二,可充分调动生态文明建设中人的主体性作用,给予其更为持久的内在动力。生态伦理所含有的一组矛盾,即是对人的主体性加以确定与限制,对人的主体性的确定是各哲学派系所共有的特征,体现为对人作为有意识的生命体的一次次确证,对人本主义及其人文主义情怀的一次次强调;对人的主体性的限制则是生态伦理所关注的重点,一方面承认人是整个自然界中唯一有意识的主体,在生态治理方面具有不可推卸的责任与义务,另一方面从社会形态的演变来看,人类的贪婪与欲望是一把双刃剑,在推动社会进步的同时使得有且仅有的生存家园千疮百孔,这就要求将人类对自然界加以控制与开发的主体性力量予以限制,从而发挥人类保护自然环境的主体性力量,以更合理更利于可持续发展的方向调动人的主动性与创造性。

三、构建新时代生态伦理的基本要素

无论是从理论出发,还是从现实出发,都表明新时代生态伦理的理论构建并非由某一因素主导,而是内容丰富、内涵广阔的复杂体系。这就要求我们以系统思维去把握构建新时代生态伦理的基本要素,从生态文化自觉、生态理论自信、生态道德建设等方面明晰新时代生态伦理理论构建的重点内容与核心旨在。

(一) 提升生态文化自觉

习近平总书记在党的十九大报告中指出:"文化自信是一个国家、一个民族发展中更基本、更深沉、更持久的力量。"①新时代生态伦理的理论构建也要注重生态文化自觉,将我国上下五千年的优秀生态文化融入新时代生态伦理的理论构建中,赋予新时代生态伦理以强而有力的力量。

1.继承中国传统优秀生态文化,提升生态文化自觉

源远流长、博大精深是我国优秀传统文化的显著特点,灿烂的中华文化也在历史的演替中成为稳固中华民族生生不息的重要支撑,其中孕育的优秀传统生态文化则是我国接续发展生态文明、构建新时代生态伦理的坚实文化根基。"天人合一"的生态自然观在庄子朴素的价值观中占有重要地位,"汝身非汝有也,……孰有之哉? 曰:是天地之委形也。生非汝有,是天地之委和也;性命非汝有,是天地之委顺也;子孙非汝之有,是天地之委蜕也"②,又或是"天

---

① 习近平:《决胜全面建成小康社会 夺取新时代中国特色社会主义伟大胜利——在中国共产党第十九次全国代表大会上的报告》,人民出版社2017年版,第23页。

② (清)王先谦集解,方勇导读整理:《庄子》,上海古籍出版社2009年版,第217页。

地与我并生,而万物与我为一"①,皆体现出人与自然共生共存、互相依赖的生态价值观。尽管庄子的本意或许不是重在表达人与自然的应然状态,但从庄子对人生、对万物的考量来看,人与自然相生相融的自然观早已深入其身体的每一寸肌肤,成为与生俱来的实然状态。庄子的生态思想只是我国深厚传统生态文化中的一部分,从中折射出的是中华民族悠久的生态文化渊源,能够给予今天生态伦理构建的是浓厚而悠远的生态文化自信与生态实践动力。就此,在新时代生态伦理的理论构建过程中,要充分挖掘我国传统优秀生态文化,实现传统优秀生态文化的创造性转化与创新性发展。在继承与发展中国传统生态文化中提升生态文化自信,丰富新时代生态伦理的理论构建,促进新时代生态伦理体系向本土化发展、向中国特色化发展。

2. 总结中国共产党先进生态文化,提升生态文化自觉

马克思、恩格斯生态思想作为马克思主义理论的重要组成部分,马克思主义为中国建设社会主义提供基本的理论指导,其生态理念也在我国得到进一步的传承与发展。新中国成立以来,生态思想在我国历代领导人的发展与创新中,实现了从无到有再到日渐完善的转变,形成了内涵丰富、彰显先进性与科学性的生态文化。纵向来看,党的历代领导人的生态思想正是中国共产党先进生态文化的重要表现。新中国成立初期,结合当时百废待兴的社会环境,毛泽东生态思想主要聚焦植树造林、疏通河道、环境卫生等方面;改革开放实行后,生态思想亦没有为"发展才是硬道理"的现实环境所淹没,邓小平高度警惕经济发展可能带来的环境隐患,强调发展经济要尊重自然规律,合理利用自然资源,并紧跟时代发展方向,重视发展科技以增强资源利用率;十三届四中全会以来,中国经济迎来加速发展的新篇章,生态文明建设的进程也持续推进,从以江泽民同志为核心的党中央坚持走可持续发展道路,提倡人与自然共

---

① (清)王先谦集解,方勇导读整理:《庄子》,上海古籍出版社2009年版,第20页。

生共存、相互依赖,到以胡锦涛同志为总书记的党中央提出以人为本的科学发展观思想,再到以习近平同志为核心的党中央形成了系统、全面的习近平生态文明思想,生态文明建设已上升为实现中华民族永续发展的根本大计。生态文明思想在我国的生态治理实践中日渐完善,其所内含的生态文化也更显智慧与科学的光芒,新时代生态伦理的理论构建就要牢牢把握中国共产党的先进生态文化,增强生态文化自信,并以此为基点指引新时代生态伦理的构建方向,为其提供更加丰厚的现实经验与文化底蕴。

3. 推进新时代生态文明建设,提升生态文化自觉

文化作为更深层、更持久的力量嵌入一个国家、一个民族的发展命脉之中,提供实践指引与前进动力。新时代,我国生态文明建设的伟大征途浩浩荡荡向前推进,以举国之力齐心开拓美丽中国、建设美丽世界的信心与决心为世界各国所赞叹。在"生态+技术""生态+互联网"等硬件途径日益完善且发挥较大生态治理效益的新时代,就生态文明建设领域而言,对体现时代需求的生态文化的培育与传播是更为紧迫而必要的任务,这就要求在新时代生态伦理的理论构建中仍需以生态文化的挖掘与培育为重点,提升生态文化自信,构建更加完善的生态伦理体系。对此,在实践新时代生态文明建设伟大征途中提升生态文化自信要重点从具体生态实践中提炼总结具有代表性、号召力的时代精神。在生态文明建设的具体实践中,无论是植树造林、防沙治沙,还是垃圾处理、清洁水源,各个生态治理领域都凝聚了一个人或一个群体、一代人或几代人的心血,是每一个生态文明建设者的坚守与奋斗让全国范围内的生态文明建设取得总体性成就。如甘肃省古浪县的八步沙六老汉,在防沙治沙事业中代代相传,通过三代人的努力最终实现了沙逼人退向人进沙退的跨越性转换,而六老汉这种无私奉献、扎根沙漠的治沙精神正是新时代生态文化的生动写照与现实表达,是新时代生态文化的具体内容。像八步沙六老汉这样的事例仍待进一步发掘,新时代生态伦理的理论构建也只有从具体实践中把握

生态文化的具体内涵,才能有效提升生态文化自觉与生态文化自信,进而扎牢生态伦理体系的文化关。

（二） 增强生态理论自信

新时代生态伦理的理论构建,从其现实要求来看,需要以具有中国特色的生态理论为支撑,实现生态伦理体系的"本土化"。因而,在新时代生态伦理的理论构建中必须坚持以习近平生态文明思想为思想指导和根本遵循,增强生态理论自信也是其重要方面,增强生态理论自信就要紧扣时代要求,进而探索并构建符合新时代要求的生态伦理体系。

1. 坚持与落实习近平生态文明思想

习近平生态文明思想是马克思主义生态思想创新发展的最新成果,是中国特色社会主义理论体系的重要组成部分,是以习近平同志为核心的党中央带领全国人民展开生态文明建设实践的理论结晶。在构建生态伦理体系中增强生态理论自信,就要以习近平生态文明思想这一最新理论成果为指导,在坚持与落实习近平生态文明思想的过程中树立生态理论自信。

首先,深刻理解和把握习近平生态文明思想的精髓要义和实践指向,清楚地认识到习近平生态文明思想在指导实践、推动实践中充分展现出科学理论的真理伟力。党的十八大以来,在习近平生态文明思想指引下,我们把"美丽中国"纳入社会主义现代化强国目标,把"生态文明建设"纳入"五位一体"总体布局,把"人与自然和谐共生"纳入新时代坚持和发展中国特色社会主义基本方略,把"绿色"纳入新发展理念,把"污染防治"纳入三大攻坚战,生态文明建设谋篇布局更加成熟;相继出台涉及生态文明建设的改革方案,从总体目标、基本理念、主要原则、重点任务、制度保障等方面对生态文明建设进行全面系统部署安排,生态文明顶层设计和制度体系建设不断加快推进。我国生态环境持续改善、生态系统持续优化、整体功能持续提升,人民群众的生态环境获得感、幸福感、安全感不断增强,绿水青山就是金山银山的理念深入人心,不断形成人与自然和谐发展新格局。其次,围绕习近平生态文明思想的目标方向,为新时代生态伦理的理论构建提供方向性指引。建设美丽中国,满足人民对美好宜居家园的向往是生态文明建设的总体方向,也是习近平生态文明思想的目标所在。任何理论的形成与发展都是为了更好地指引实践,习近平生态文明思想亦然,在构建生态伦理理论体系中围绕美丽中国建设这一可触可及的目标,将更有利于生态伦理的构建及其在全社会的培育与落实。最后,新时代生态伦理构建立足习近平生态文明思想的实践指向。习近平生态文明思想作为新时代生态伦理理论构建的理论基础,为新时代生态伦理构建提供了认识论、价值论和方法论。所以在构建新时代生态伦理的过程中必须坚持以习近平生态文明思想为指导,深刻把握习近平生态文明思想具有的极为重大的政治意义、理论意义、历史意义、实践意义、世界意义,切实增强生态理论自信。

2. 探索并构建中国特色生态伦理的理论体系

纵观古今、通览中西,马克思主义生态伦理思想、马克思主义中国化生态伦理思想、中国优秀传统生态伦理思想、西方生态伦理思想等为新时代生态伦理构建提供了丰富而扎实的理论根基,是中国特色生态伦理构建的强有力支撑。但不可避免的是,构建中国特色生态伦理面临着一定的理论困境,这一理论困境成为增强生态理论自信的巨大挑战,即"一是伦理学具有民族性,不同的民族文化背景下形成不同的生态伦理,但是,民族文化系统是一个开放系统,不可避免地受到外来文化的影响,从而发生某种程度的改变,因而构建中国生态伦理应该吸收西方生态伦理学中有益的、能够融入中华文化的东西,二是尽管中国传统文化中包含着丰富的生态伦理思想,但是,生态伦理要具有明显的'时代性'。"①

可见，构建中国特色生态伦理的理论体系仍需进一步重视生态伦理所内含的理论要素的本土化，尊重生态伦理所具有的民族性，在开放包容而又因地制宜中合理吸收西方生态伦理的合理成分，如对待西方整体主义生态伦理思想时，一方面要把握其思考人与自然关系的整体性视角，将整体思维融入新时代生态伦理的理论构建之中，另一方面又要考虑其具体时代背景及其根本立场，坚持具体问题具体分析，坚持主流意识形态，使其与中国生态文化、中国生态文明建设实践相融合，为构建中国特色生态伦理的理论体系提供支持。再者，要持续探索我国生态伦理的本土理论根源，尤其是中国共产党成立以来，基于生态文明建设实践所形成的系统生态思想，从纵向把握近百年来我国生态治理与环境保护领域的生态伦理底蕴，赋予其时代价值，提供其参考与借鉴价值。总之，要从各个方面增强生态理论自信，构建符合当代世情、国情以及时代需要的生态伦理理论体系，以理论自信助力实践道路的开拓与完善。

（三）加强生态道德建设

生态道德，属于道德范畴所体现的一个重要方面，是一系列保障人与自然和谐共存的道德规范的总和，包括保护环境与治理生态的具体准则、基本要求等具体内容。伦理道德作为生态伦理的关键词与中心点，是新时代生态伦理构建的核心要素，这就需要集社会合力加强生态道德建设，构建更加完整、科学的生态伦理体系。

1. 生态道德的基本内容及特征

2019 年 10 月，中共中央、国务院印发的《新时代公民道德建设实施纲要》指出绿色发展、生态道德是现代文明的重要标志，是美好生活的基础、人民群

---

① 刘福森：《中国人应该有自己的生态伦理学》，《吉林大学社会科学学报》2011 年第 6 期。

众的期盼。生态道德作为新时代公民道德建设的重要方面,一方面对人的全面发展具有显著意义,另一方面对于人与自然关系的合理调节与正向引导也有不可忽视的作用。2020年初爆发的新冠疫情,更是凸显出正确处理人与自然关系的重要性,也从侧面反映出生态道德培育的紧迫性与必要性。重视生态道德培育,首先就要把握生态道德的基本内容及其特征,梳理其整体脉络,以进一步为培育生态道德规划正确的路径。

具体来看,生态道德的基本内容包括三个方面:第一,生态道德反映人与自然、人与人、人与社会三者间最本质的道德关系,具有普遍性。人—自然—社会是生态道德领域的三大主体,如何处理三者的关系、如何定位三者的价值,构成生态道德的核心内容。在马克思主义生态思想中,人—自然—社会是不可分割的有机统一体,自然具有第一性,为人提供生存空间的同时还提供必不可缺的物质资料,人们以自然为基础在展开生产活动中形成最基础的社会关系即生产关系,由此构成整个社会。生态道德就是要反映人—自然—社会三者间这一最为原始而本质的关系,在体现人—自然—社会的普遍性中培养人们以联系的观点展开生态行为。第二,生态道德包含一系列保护自然、治理环境的道德规范,这一道德规范是整个社会共同形成且自愿接受的,是社会经济发展到一定阶段的必然产物,具有历史性。包括生态道德在内的整个道德体系是上层建筑的一部分,由一定经济基础所决定,并反作用于经济基础。当前,对生态道德的强调与培育,既是基于生态环境的破坏程度日益加剧,也是基于生产水平的不断提高与经济社会的显著发展。就此,在把握生态道德的培育路径时,就要掌握生态道德内容本质,紧扣其历史性特征,具体问题具体分析。第三,生态道德从其内容的存在形式来看,它作为一种信念存在于人的内心,在潜移默化中指导并制约人的行为,具有潜隐性。生态道德作为规范、约束人们生态行为的无形力量,内含于人们的价值判断与价值选择,体现于人们的绿色生活方式与正确生态行动。认识生态道德的潜隐性就是对生态道德内容的初步把握,是导向生态行为的有力约束。由此,认识、培育生态道德首先就要把握其普遍性、历史性、潜隐性。

2.加强生态道德的主要途径

生态道德作为构建新时代生态伦理构建的核心要素,探索加强生态道德的主要途径,对构建新时代生态伦理具有重要意义。"加快形成绿色生活方式,要在全社会牢固树立生态文明理念,增强全民节约意识、环保意识、生态意识,培养生态道德和行为习惯,让天蓝地绿水清深入人心"①,是习近平总书记对生态道德建设做出的明确要求。结合新时代生态伦理构建来看,要加强生态道德建设就要以增强生态道德意识为重点,充分发挥生态道德的约束作用,充分发挥生态伦理的道德规范功能。

生态道德意识作为生态道德的主要组成部分,是生态道德发挥约束功能的前提。以增强生态道德意识为重点,首先就要创新生态道德意识的培育途径,长期以来,有组织、有目的的灌输教育是我国培育生态道德意识的主要途径与方法,从培育效果来看,在灌输教育下生态道德意识培育虽取得了一定成效,但总的来说其方法还有待进一步创新。创新生态道德意识的培育途径要结合新时代生态伦理构建的现实境遇,把握时代背景与人才培育导向,显性教育与隐形教育相结合、线下教育与线上教育相结合、理论教育与实践教育相结合、自主学习与教师引导相结合,建立全方位、立体化的生态道德意识培育模式。其次要将生态道德意识具体化,生态道德意识作为意识形态的一部分,相较于物质而言具有第二性与抽象性。这就要求在培育生态道德意识的过程中,要注重将生态道德意识转化为具体实际,在抽象思维具体化中明确生态道德意识的实际内容与核心要义,以易理解、易操作的形式开展生态道德意识培育。如在阐明生态道德意识培育的根本目的时,以建设美丽中国、实现人的全面发展等具体化、可企及的图景加以呈现。最后要注重生态道德实践,"纸上

---

① 中共中央宣传部编:《习近平新时代中国特色社会主义思想学习纲要》,学习出版社、人民出版社 2019 年版,第 172 页。

得来终觉浅,绝知此事要躬行",生态道德意识培育的关键还在于要注重生态道德实践。新时代,生态文明建设正以前所未有的强度与力度在全国各地逐一开展,"绿水青山就是金山银山"的生态发展观得到广泛实践,且成效显著。对生态道德意识的培育一方面要注重理论教育、思想熏陶,从立场、原则等前提性层面引导广大民众树立正确的生态道德意识,另一方面还要把握新时代生态文明建设实践,以具体实践为桥梁,助力生态道德意识培育。

四、构建新时代生态伦理的内在结构

新时代生态伦理的理论构建,不是脱离于实践的纯粹理论,而是依托时代背景、响应时代使命的实践指南。从其内在结构来看,国家治理、和谐社会、美丽中国是新时代生态伦理理论构建的基本方向,也是生态伦理作用于实践的奋斗目标,将生态伦理融入国家治理、社会建设、生态建设,发挥生态伦理的理论导向功能,由近及远、由浅入深实现人与自然的可持续发展。

(一) 国家治理与生态伦理

"国家治理的过程是生态秩序和社会秩序的构建过程,前者表现为人与自然和谐,后者表现为多元主体利益协调"①。国家治理与生态伦理具有内在关联性,生态伦理既内含于国家治理之中,又为国家治理过程中的生态秩序构建提供基本参照。

1. 国家治理的过程是生态秩序的构建过程

国家治理包括对政治、经济、文化、社会、生态等领域的规范与完善,国家治理的过程就是开展生态文明建设、构建生态秩序的过程。随着全球性生态

---

① 孙欢、廖小平:《国家治理的生态伦理意蕴》,《伦理学研究》2017 年第 5 期。

问题的日渐严峻,应对生态危机成为当代人的一项共识,是世界各国亟须重点关注并予以解决的主要任务。从国家层面来看,能否有效应对生态危机,为人民群众打造天蓝、地绿、水清的美丽宜居家园是国家治理体系完善与否、国家治理能力强弱的重要标尺。党的十八大将生态文明建设上升至推进中国特色社会主义事业"五位一体"总体布局的新高度,彰显了生态治理作为国家治理的重要组成部分,是体现国家治理能力的主要方面。国家治理过程就是生态秩序的构建过程具体可从两个层面来看:一方面,生态治理体系是国家治理体系的构成部分,完善国家治理体系的过程离不开对生态治理体系的完善与重视。从我国的国家治理结构来看,生态文明建设是其中不可分割的一部分,构建生态秩序是国家治理便捷化、高效化的重要途径,国家治理在生态秩序构建过程中得以最大化发挥其效力的条件就在于将二者视作统一体,要求以辩证思维加以审视。另一方面,生态文明建设作为统筹推进中国特色社会主义建设的内容之一,其生态治理成效直接反映国家治理能力。近年来我国生态文明建设成效显著,在防风治沙、防污治污、生态产业等领域取得了一系列重大成就,从其整体性而言是国家治理能力的提升,是国家治理能力在生态治理方面的体现。概括来说,国家治理是生态秩序的构建过程,亦是生态治理得以贯彻落实的坚强保障。

2. 生态伦理的理论构建内含于国家治理

生态伦理的理论构建从现实意义上来看具有指引实践的功能,就理论的构建而言,也绝不是为了理论而理论,而是基于特定现实基础、预见一定实践价值的目的性构建活动。新时代,构建生态伦理理论,从其现实性上来说,是对国家生态环境治理的有力回应与系统总结,具有现实性与实践性。从国家治理结构来看,生态伦理的理论构建是生产力发展到一定阶段、国家在物质文明建设方面取得一定成果的必然导向。改革开放以来,我国在经济领域取得了一系列重大成就,"贫穷不是社会主义""发展是第一要义"在改革开放四十余年得到逐层实践,人民生活水平显著提升,人民对美好生活的向往在深度与广度上皆有了更高需求。其中对美丽宜居家园的向往就是党和国家在进行总体性规划、战略性部署的重要方向。生态文明建设、生态伦理构建作为国家治理的内容之一,离不开国家层面的统一领导,而生态伦理的理论构建作为一项系统而细致的工程更是要坚持以主流意识形态为导向,以习近平生态文明思想为指导加以展开。此外,国家治理在形式与内涵、理论与实践层面是辩证统一的,究其根本都以一定的理论依据与价值导向为根基,这就要求我们在认识生态伦理的理论构建与国家治理的关系时,要充分把握实践主体与理论主体的一致性与统一性,既要把握生态伦理理论构建的实践性,也要从国家治理中透视生态伦理的理论构建内涵。

3. 推进国家治理是生态伦理构建的目标

国家治理是一个国家从全局性出发开展的一系列积极活动,具有较为广阔的外延与丰富的内涵。我国社会主义国家的性质决定了一切为了人民、一切依靠人民、发展成果由人民共享的以人民为中心的发展思想,是我国的重要指导思想,国家治理就是体现以人民为中心想人民所想、解人民所难的系统性活动,生态伦理构建作为其中的一部分,主要回答的是人与自然的关系问题,致力于协调人—自然—社会三者间的不和谐关系,进而推进国家治理向更好方向发展、交出人民满意的答卷。生态伦理构建的目标何以体现为是推进国家治理? 可从两个层面来看。其一,构建生态伦理的直接目的即培育民众的生态道德意识、建设美丽家园与国家治理在方向上具有一致性,并且是国家治理的具体化。新时代构建生态伦理理论的第一要义是更好地指导生态实践,为生态文明建设凝聚力量、指引方向。结合国家治理,就是要以推进国家治理为目标,从生态领域助力国家治理,为国家治理提供支持与保障。其二,国家治理从全局层面为生态伦理的理论构建奠定了总基调,即以协调人与自然的关系为起点,实现国家的可持续发展,为灿烂光辉的中华文明提供前提性保障。国家治理从其本质上来看是对致力于国家长远发展的各行各领域的行动力与生命力的有效保持,生态伦理的理论构建则是基于这一总体导向的局部部署,是实现国家治理目标的一个方面,以推进国家治理为奋斗方向,体现国家治理的要求,维护国家治理的立场。

(二) 和谐社会与生态伦理

和谐社会既指政治、经济、文化、社会、生态等各领域及其内部各部分处于稳定的协调状态,也指人与人、人与自然、人与社会间的协调状态。随着生态环境保护的急迫性与紧迫性加剧,从生态领域出发构建和谐社会是当前的重要任务。推进生态文明建设、构建生态伦理正是对"社会和谐是中国特色社会主义的本质属性"①的生动实践与最佳印证。

1. 人与自然和谐共生是和谐社会的重要方面

就广大人民群众对美好社会、和谐社会的认知来看,一个和谐的社会绝不是建立在环境日益恶化、自然资源枯竭的基础之上,并且从一定程度上来说,美丽舒适的生存家园既是持久而深层的物质力量,也是享之不尽、用之不竭的精神力量。由此,人与自然和谐共生是和谐社会建设的重要方面,实现人与自然和谐共生的路径就是对社会主义和谐社会的有力探索。具体而言,人与自然和谐共生是和谐社会的重要方面,主要体现为两点。一是人与自然构成的统一生命体是最原初最朴素意义上的和谐社会。从人类文明演变的过程来看,"社会"具有历史性,对其不同的修饰体现人类所处的不同阶段,如原始社会与封建社会、失衡社会与和谐社会等皆具有本质上的差异。人对自然界的初意识,即对自然有意识的依赖与利用始于农业文明时代,这一时期人对自然的依赖体现为"靠天吃饭",对自然界的认知与意识纯粹而质朴,随着人对自

---

① 《十六大以来重要文献选编》(下),中央文献出版社 2008 年版,第 753 页。

然有意识联系的日渐紧密,这一为了满足基本生存而形成的天然共同体构成单一而稳定的和谐社会。二是人与自然的矛盾点即生产发展与生态良好的调和是建设和谐社会实现可持续发展的重要环节。在传统发展观下,经济发展与生态保护间存在着不可调和的矛盾,认为两者是非此即彼的关系。但事实是以生态环境为代价的经济发展只能带来短期的效益,在人与自然关系恶化的前提下,人与人、人与社会间的和谐状态也必然会因资源紧缺、物质匮乏而不复存在。由此,处理好生产发展与生态保护间的关系,建立人与自然的友好关系是建设和谐社会的关键一环。

2. 生态伦理构建内含着和谐社会的基本要素

生态伦理构建作为一项以生态建设为中心涉及各领域的系统工程,协调各方利益是生态伦理构建过程中的必要原则,但在总体价值导向上具有社会价值优先于个人价值的显著特征。社会作为一个有机整体得以运转的关键就在于能够在遵循一定法则之下有效整合各方力量,使包括政府、学校、社区、家庭等在内的单一组群能各行其道、各取所需而又彼此联系、互助互进。这里所遵循的一定法则就我国社会主义国家的性质来看,主要表现为集体利益高于个人利益、社会价值优先于个人价值。因而,在一定程度上生态伦理构建的价值导向与和谐社会的基本遵循具有内在一致性。同时,生态伦理作为一系列生态道德规范的总和,具有潜隐的强制性,这里的强制性不同于法律层面的绝对性与严酷性,但与法律法规一道作为维系社会良好秩序的两大有力约束。生态伦理道德与传统伦理道德不同,其不同主要体现为在生成上它是非自然形成的,在外延上它已扩展至大地、空气、水源等自然领域。故生态伦理的培育与践行必然需要外在的引导与强力,当然这里所指的强力是非暴力的,是一定主体对一定客体的有意识、有目的的正向干预,其主要目的是维系人—自然—社会的协调统一,实现整个社会的长远可持续发展。总的来说,生态伦理构建所内含的价值导向与强制性特征皆是和谐社会建设的基本要素,二者表现为过程与结果的关系。

3.建立和谐社会是生态伦理构建的主要目标

根据上述说明,人与自然和谐共生是和谐社会的重要方面、生态伦理构建也包含着和谐社会的基本要素,这为理解生态伦理与和谐社会的内在联系提供了可能。当前,就"五位一体"总体布局中的社会建设与生态文明建设两者间的关系而言,建立生态型社会是两者的切合点,也是新时代构建生态伦理的主要目标所在。具体地说,生态型和谐社会"是相对于人际型和谐社会而言的,人际型和谐社会主张人际关系和谐,生态型和谐社会则是作为道德主体的个人,将对人的友善延伸到非人自然物身上,赋予自然存在物以道德关怀,实现人与自然和谐相处的社会"①。生态文明建设如火如荼开展的今天,理清其主要目标及其价值意义具有为下一步实践奠定基础的重要作用。这就要求在生态伦理构建过程中,要牢牢把握生态型和谐社会的要义,注重生态伦理构建的目标设定,一方面要以塑造生态道德主体为重任,这就要求生态道德培育主体在日常育人诲人过程中以提升人们对生态道德的重视程度为重点,引导广大民众自觉形成生态道德意识,进而在生产方式、生活习惯等方面约束自身的不良生态行为;另一方面要在更为广阔的层面上增强生态伦理道德内容的影响力,注重其与传统伦理学的差别,将非人自然物纳入道德领域,凝聚社会力量在更为广泛的意义上给予自然存在物以道德关怀,实现人与自然的和谐相处。

（三） 美丽中国与生态伦理

在党的十八大报告中"美丽中国"概念得以首次提出,随后党的十九大报告将"美丽"纳入社会主义现代化强国的目标之中,进一步强调美丽中国建

---

① 刘於清、李志良:《论友善品质与生态型和谐社会的构建》,《南京航空航天大学学报(哲学社会科学版)》2018 年第 2 期。

设,表明美丽中国建设在我国具有显著的时代价值与战略意义。新时代,研究生态伦理的理论构建就要充分把握美丽中国的现实意义及其当前所面临的主要困境,体悟其中的生态伦理意蕴,结合生态伦理构建的目标结构,认识美丽中国与生态伦理间的内在关系。

1. 美丽中国建设的主要问题概括

中国特色社会主义进入新时代,社会主要矛盾转变为人民对美好生活的向往和不平衡不充分发展之间的矛盾,这一矛盾包含着人民对美丽宜居家园的向往和生态环境恶化、自然资源枯竭之间的矛盾,美丽中国建设具有紧迫性与重要性。即便如此,结合美丽中国建设的现实境况来看,仍面临着诸多问题,就生态伦理领域而言其主要的问题可归纳为两点。其一,在生态意识层面,美丽中国的具体意蕴及其实践要求尚未得到广大民众的重视,道德约束弱于法制约束。改革开放以来,我国的发展重心是经济建设、扩大生产,在重物质建设的过程中对精神层面的重视程度有所式微,这在生态领域就体现为生态意识的欠缺难以凭借短期的"突击"得到弥补;其二,对美丽中国的剖析与解读亟待理清现实与理想、过程与结果的辩证关系。就我国的生态环境的改善状况、生态意识的培育程度来看,与建成美丽中国还存在一定的距离,在美丽中国建设过程中正视生态环境现实与美丽中国理想之间的关系,抓好生态文明建设过程、争取美丽中国这一最大生态建设成果是必然选择。此外,我们对美丽中国的建成要怀有信心,21世纪以来,我国在生态文明建设方面采取了一系列措施与取得了一系列成就。如自2005年习近平在浙江余村首次论述"绿水青山"与"金山银山"的关系以来,在"绿水青山就是金山银山"发展理念的指导下,经过十几年的实践所打造的成功样板不计其数,这充分表明以新时代为起点,党和国家所勾画的美丽中国图景定能从蓝图变为现实。

2. 美丽中国建设的生态伦理意蕴

美丽中国建设的生态伦理意蕴体现为美丽中国建设所内含的一系列生态伦理要求,以及所体现的生态伦理内涵。展开来讲,就是美丽中国建设需要构建人与自然和谐共生的生态伦理观、需要构建新型生态伦理关系。前者表现为美丽中国建设所必需的核心价值理念,后者表现为美丽中国建设所要处理好的各大主体间的关系。在严峻生态环境背景下建设美丽中国需要人与自然和谐的生态伦理做支撑,随着世界各国在经济、社会等各方面联系的日益紧密,生态危机应对在具有国家性的同时,也具有显著的世界性,这就扩大了传统意义上每个国家"自扫门前雪"的局限状态,也突破了以战争、摩擦等为主要防控内容的传统国家安全观。美丽中国建设所需要的人与自然和谐共生的生态伦理观就是要从世界格局出发,以新型国家安全观为参照,延展人与自然的深层关系,审视长期以来人对自然施加的绝对主导权,从价值主体层面破除人对自然的无节制开发,凸显自然界本身所具有的先在性与价值性,从而构建人与自然的和谐关系。再者,美丽中国建设所需要构建的新型生态伦理关系是指立足人类长远发展的生态伦理秩序,与传统生态伦理的最大不同就在于对伦理主体的延伸,将伦理主体从人扩展至自然领域,赋予自然万物以生命权、生存权,在最大限度实现人与自然间互相平等、相互促进的局面,这是开展生态文明建设、建成美丽中国的关键一环。

3. 生态伦理构建的美丽中国目标

生态伦理构建的目标结构中,建成美丽中国是其中的重要部分,生态伦理的旨归也在于从理论完善、意识培育层面引导生态文明建设实践。关于对美丽中国具体内涵与内在结构的界定,众说纷纭,尚未有全面的概括,其中学者陈华洲在《美丽中国三个层次的美》中将美丽中国概括为三个层次的美,即生态环境的美、社会中各方面的美、人与万物的和谐之美。这"三美"将美丽中国较为系统地进行了归纳,自然、社会、人三者既各美其美、又美美与共。生态伦理构建的美丽中国目标就体现对"三美"的实现,首先,实现生态环境的美是生态伦理构建的直接目标,新时代加强生态伦理构建的直接目的就是要提高民众对生态环境状态的重视,汇聚社会力量共同改善生态环境,进而打造广大民众所赖以生存的美丽家园。其次,实现社会各方面的美是生态伦理构建的间接目标,即以生态环境之美为物质依托,实现社会各方面的整体之美。这里说的社会各方面的美既包括环境之美,也包括民主法治、物质文明、教育教学、人际关系等方面的和谐一致,而一切带有人类文明印记的和谐之美都是基于自然环境良好这一物质基础之上的,因而实现社会各方面的美是生态伦理构建达到其直接目标过后的必经阶段。最后,实现人与万物的和谐之美是生态伦理构建的最终目标与最高要求。人与自然万物从原生性及其存在依托来看具有绝对的平等与同一,但是从其本质及其后天发展趋势来看,人相对于自然万物具有显著的主导权,然而这一理念指导下的发展倾向表明了其片面性与局限性,生态伦理构建的最终目的就是要突破传统伦理观的限制,为人与万物的和谐之美提供理论支撑。

第六章　新时代生态伦理的实践指向

新时代生态伦理的理论构建既是生态伦理理论发展的应然,也是社会生活实践需要的必然。但是,"真理的彼岸世界消逝以后,历史的任务就是确立此岸世界的真理"①。因此,要想全面把握新时代生态伦理,还需实现实践转向。新时代生态伦理的实践指向可以从认知、建设、保障三个层面来把握。从认知维度看,必须意识到保护环境是每个公民义不容辞的责任,自觉履行生态伦理规范。从建设维度看,要不断优化新时代生态伦理的构建环境,开发构建载体。从保障维度看,要用教育引领生态道德的社会风尚,用法律制度保障新时代生态伦理的构建。

一、责任伦理引导生态伦理

生态环境问题的出现很大程度上与人类对自然的道德缺失有关,这种对自然的道德缺失主要表现为人类生态责任意识的匮乏。责任伦理既是缓解日益严峻的生态困境的现实呼唤,又是构建新时代生态伦理的必然选择。因此,分析不同行为主体的生态伦理责任,有利于为新时代生态伦理构建提供理论

---

① 《马克思恩格斯选集》第 1 卷,人民出版社 2012 年版,第 2 页。

奠基,也有利于发挥其实践指导能力。

（一）　政府在新时代生态伦理建设中的责任及实践途径

新时代生态伦理建设是促使人与人、人与社会以及人与自然的关系达到理性和谐的过程,这一过程具有公共意志属性。因此,作为公共产品提供者、公共利益守护者、公共意志捍卫者的政府,在新时代生态伦理建设中理应承担最重要的责任。新时代,政府的生态伦理责任不仅要在伦理精神层面取得突破,而且在物质建设、环境政策制定、违法行为监督等方面,也要发挥多样的作用。

1.营造新时代生态伦理的社会氛围

新时代生态伦理建设最主要的是引导人们形成对文明、绿色、健康的生活态度、伦理选择和精神价值的追求,并将这种追求融入日常生活之中,以期改变在消费主义、享乐主义等不良社会思潮影响下形成的消费模式和生活方式。政府作为社会示范性机构,发挥重要的标杆作用,能够引导社会氛围和生活模式向着理性和谐、健康可持续的方向发展。因此,首先,政府需要转变执政思维,树立生态执政理念。要将生态伦理观念融入日常的各项方针政策,落实到具体的行政执法活动,要在自然承载力的基础上,确定科学合理的经济与社会发展目标。其次,政府需要创新管理模式,改革业绩考核标准。要借鉴国外政府的生态管理经验,并结合我国的实际情况,创新我国政府的管理模式,改革"唯 GDP 论英雄"的业绩考核标准,建立生态型的管理体制。最后,政府需要加强新时代生态伦理教育,提高工作人员的生态素养。政府工作人员是连接政府与百姓的桥梁,其伦理道德的建设是确立社会伦理规范的关键一环。因此,要加强对政府工作人员的生态伦理教育,使其养成良好的生态习惯。在日常的点滴工作中,展示我国政府良好形象的同时,也能为社会树立榜样,潜移默化地影响公众。

2. 推动新时代生态伦理物质建设

新时代生态伦理虽然属于精神层面的内容,但其在社会范围内的构建也需要物质层面的保障。新时代生态伦理物质建设的成效具体表现为生态环境质量的好坏,这直接决定着人民群众的美好生活需要能否真正得到满足,进而决定着新时代生态伦理理念能否被社会所真正接受。良好的生态环境属于人类社会的公共物品,因而生态伦理物质建设具有公共属性,这种消费或使用上的非竞争性以及受益上的非排他性,使得市场机制在这过程中的作用发挥受到限制。由此,新时代生态伦理物质建设必须发挥政府的主导和引领作用。首先,政府应该加大资金支持力度,支持生态文明领域内的科研机构发展,促进生态科研成果的研发更新以及实际应用。其次,政府可以借助财政、税收、法律等手段,通过资金支持、税收减免、政策扶持等方式,大力支持绿色产业、高新技术产业、环保产业的发展,引导我国企业生态化转型。最后,政府要充分发挥其影响力和号召力,广泛动员社会组织积极开展生态环境保护活动,打击各类环境污染行为,在全社会范围内推广生态化的生活方式,从而引导公众节约资源、理性消费,提高生态环境质量,推动生态伦理物质建设取得实质性进展。

3. 制定环境保护法律政策

道德与法律自古就是维护社会秩序的两大手段,二者都具有规约作用。但是在人们的道德水平还没有达到理想状态的今天,仅仅依靠伦理道德的规约作用,很难实现预定目标。因此,新时代生态伦理作用的发挥还需要法律制度的保障。目前,尽管我国已经出台了多部环境法律,但是由于大部分环境法律缺乏程序上的规定,以及处罚力度过轻甚至空缺,使之难以落实,达不到既定的目的。因此,政府作为国家宏观政策的制定者,也理应担负起环境保护法律政策的制定与监督等责任。首先,政府应该完善相应的法律法规,既要明确划分各部门的环境责任,也要将违反环境法律的对象进行分类,对公民、企业、社会团体等不同主体的不作为或乱作为予以清楚明确的惩处标准。其次,公民环境权的积极行使,能够有效推进我国的环境保护工作。因此,政府应该对公民的环境权予以明确规定,并保障其衍生出的环境诉讼权、环境知情权、环境决策权以及环境监督权等,从而引导公众广泛参与到环境保护中来。最后,政府应该积极监督各项环境保护法律、政策的落实情况,使得环境法律真正发挥规约作用,成为生态伦理道德的保障。

（二）　企业在新时代生态伦理建设中的责任及实践途径

在现代市场经济社会中,社会是企业的依托,企业是社会的细胞。当下,可持续发展是人类社会发展的必然选择,因此,企业只有在自身发展过程中,更多地贯彻可持续发展的理念,才有可能被社会接纳,获得更加广阔的发展空间。可见,不论是从企业自身发展角度,还是从人类社会永续发展的高度来看,引导企业自觉承担生态伦理责任显得尤为重要。在市场经济体制下,企业除了要保障投资者权益,为社会创造财富外,还要担负起保护环境、改善环境质量等责任,兼顾经济利益与生态利益、短期利益与长远利益的统一。

1.增强绿色生产理念,调整生产模式,发展循环经济

企业是将自然资源转变为人们所需的生活产品的中间主体,其所生产的产品类型在很大程度上决定了消费者的消费类型、对象以及方式。因此,要想促进经济社会发展全面绿色转型,首先需要企业树立生态伦理理念,健全绿色低碳循环发展的生产体系。一方面,各类型的企业都要着眼于人民群众日益增长的美好环境需要,在生产的各个环节降低资源浪费和环境污染,开发绿色产品、丰富产品的生态内涵。例如,工业企业要加快绿色化改造,大力发展再制造产业,广泛推行清洁生产,落实工业固废污染全过程管理。农业企业要逐渐向生态种植、生态养殖方向转型,合理使用耕地,大力推广节水技术,严格把

控农药使用,加快与旅游、教育、文化、健康等产业的深度融合。服务型企业要以产业发展与生态环境协调为目标,在物流、教育、文化、旅游、交通运输、住宿与餐饮等方面实现生态化发展。另一方面,企业要大力发展循环经济,将传统的"开采—加工—废弃"模式转变为不断循环再生的资源利用模式,打破企业间的生产壁垒,使某个企业的废弃物转化为另一个企业的生产原料,构建企业的循环经济链条,打造资源节约型和环境友好型企业。

2.增强绿色消费理念,革新生产技术,适应绿色消费潮流

随着经济发展、科技进步,我国人民生活水平日渐提高,越来越多的绿色消费需求不断涌现,倒逼供给侧进行结构性改革,以生产更多更高质量的绿色产品。可见,绿色消费需求成为近年来我国颇为流行的一个概念。因此,企业要想更好地生存和发展,就需要顺应这一消费潮流,培育生态伦理理念,构建绿色消费机制,增加绿色产品供给,适应绿色消费潮流。一方面,绿色往往意味着企业需要承担更多的外部成本,因此,企业只有不断创新生产技术,积极引进和发展绿色技术,才有可能在绿色产品生产中获得成本优势,从而提供更多的绿色产品,满足消费者的绿色需求。比如在原材料使用等消费源头上,企业可以用自然成分代替化学成分,同时,大力生产轻型或可拆卸的产品,以节省运输成本等。另一方面,绿色不仅是产品,也是一种生活态度、一种价值观,因而本身就是一种"消费品"。因此,企业要善于运用营销策略,在现有的绿色产品基础上,通过正确的营销手段,激发消费者的绿色需求。一要结合本地区群众的生活消费状况,制定科学合理的价格。二要运用"互联网+"策略,打造线上线下的产品营销模式。三要明确定位绿色产品的品牌,不断提高产品质量,丰富产品内涵,形成品牌效应,提高绿色产品的群众"口碑"。

3.培育绿色企业文化,塑造绿色形象,打造绿色品牌

进入21世纪,随着人们环境保护意识的不断提高,绿色文化逐渐兴起,日

益渗透进企业文化,在企业文化体系中居于核心地位。新时代,企业大力倡导绿色精神,培育绿色文化,有利于适应低碳化、生态化生产的国际环境,提高企业的核心竞争力。新时代,企业绿色文化主要由绿色精神文化、绿色体制文化以及绿色物质文化组成。因此,首先,企业要树立可持续发展的长远观念,将环境保护看作企业基本的社会责任。同时,也要积极开展生态伦理教育和培训,让绿色精神文化深入每一位员工的内心,成为其核心的价值观,从而支持和认同企业的绿色行动。其次,企业要加强绿色制度文化的建设。企业管理者要了解企业所在地的生态环境状况,了解企业自身运营过程中的资源使用、污染处理情况,从而评估企业的环境质量,参考国家、地方的环境法规,制定企业绿色发展的目标。同时,企业管理者也要完善企业的规则制度,认真监督各部门的工作,以杜绝损害环境利益的行为发生。最后,企业要重视绿色物质文化建设。尽管物质层面建设是企业绿色文化的表层,但是透过物质文化也可以折射出一个企业的精神面貌、管理理念以及工作作风等。因此,企业要使用绿色标识、绿色技术工艺设备,在产品外装、样式等方面运用绿色技艺,构建完整的企业绿色形象体系。

(三)　环保社会组织在生态伦理建设中的责任及实践途径

环保社会组织具有公益性、志愿性、非营利性等特点,这使得它自身具有鲜明的生态伦理的特征与属性,具有更加明显的生态道德整合的独特功能,因而是新时代生态伦理构建中不可或缺的重要力量。新时代,做好环保社会组织工作,使其成为生态伦理建设事业的生力军和同盟军,有利于充分发挥其号召力和影响力,提高全社会的环境保护和生态伦理意识,构建全民参与生态治理的行动体系。

1.宣传生态伦理理念,倡导生态的生活方式

生态型生活方式是一种崇尚公正生活、简单舒适生活、可持续生活的方

式,这种生活方式是一种有意义的生活,是道德高尚的生活,是生态道德在生活中的集中体现,以这种生活方式生活是构建新时代生态伦理的需要,是新的生活潮流。环保社会组织的非政府性、民间性、公益性等特点,使得其同社会公众有着天然的亲切感,这种亲切感使得公众更愿意相信和接受其所宣言的理念。因此,在与社会公众的生活互动和情感交流中,环保社会组织要利用其优势,大力开展新时代生态伦理宣传教育。一方面,要拓展宣传对象,生态文明教育是国民教育体系的重要组成部分,是一种全民教育,因而生态伦理的宣传普及要涵盖各地区、各民族、各行业。要全方位提升国民的生态意识,使绿色、低碳、可持续、人与自然和谐共生的生态伦理理念深入人心。另一方面,要丰富宣传内容,将新时代生态伦理的核心内涵及行为规范融入日常生活中,转化为具体的、细致的行为习惯。如使用纸质吸管、使用可降解塑料袋等,以灵活多样的、可操作性强的宣传调动公众广泛参与到生态文明建设中来,从而在传播生态伦理理念,增强公众生态保护意识的同时,培养公众的自觉意识和志愿精神,积极践行生态的生活方式,积极投身生态文明建设。

2. 积极参与环境监督,推动环境立法与公共决策

生态伦理作为道德规范的总和,不仅需要伦理约束,更需要法律保障。《中华人民共和国环境保护法》赋予社会组织开展环境保护法律法规和环境保护知识的宣传、参与环境监督、环境立法与公共决策等权利。环保社会组织起源于民间,扎根于社会、立足于基层,更能代表人民群众的利益诉求,反映人民群众的环境呼声,环保社会组织的建言献策,有利于推动环境立法的民主化进程。此外,环保社会组织中年轻人多,他们学历层次高、知识经验丰富、思维视野开阔、影响面广,能够汇聚环保方面的专业力量,通过环境社会调查、环境风险评估等专业化、规范化方式,促进环境立法的步伐,从而为新时代生态伦理建设提供坚实的法律保障。因此,环保社会组织要走进社会、走进农村、走进社区,不仅要围绕气候变化、节能减排、垃圾分类等主题开展公益活动,还要

走到群众身边、走进群众心里,倾听群众的环境诉求,为满足群众的美好环境需要努力。同时,环保社会组织也要发挥其专业性优势,整理各项环境信息和数据,定期发布企业违规排放、城市环境评价结果等信息,并监督政府行为,推动政府在环境立法、环境信息公开等方面的进程。

3.努力拓宽参与渠道,增进环保国际合作与交流

生态问题是不分国界的全球性问题,因此生态伦理的建设应该超越以国家为中心的道德观,构建符合全人类利益的道德规范体系,而这离不开国际合作。环保社会组织是国家交往的"润滑剂",是民心相通的"催化剂",是国际合作的积极推进者。因此,环保社会组织要充分发挥自身优势,积极拓展国际合作交流的平台,增加国家间的环境保护合作,从而共同应对全球环境风险和挑战。例如,环保社会组织可以通过积极参加政府和政府间国际组织发起的会议活动,可以通过媒体等形式发起环境倡议,可以通过联合沿线国家的相关机构开展合作研究、交流访问、科技合作、论坛展会等活动,借助多种形式的民间交往方式,广泛获取环境信息,敏锐察觉环境问题,引起主权国家或政府间国际组织对生态环境问题的重视,从而建立全球环境治理网络,凝聚世界各地致力于环境保护事业的各类人士的力量,打赢生态环境保护的攻坚战。

（四） 消费者群体在生态伦理建设中的责任及实践途径

生产、分配、交换、消费是社会再生产的四个环节。马克思认为,"消费直接也是生产"[①],消费这个不仅被看成终点而且被看成最后目的的结束行为,"又会反过来作用于起点并重新引起整个过程"[②]。消费的重要地位,决定了人类要想走上可持续发展的道路,必须从改变自身不合理的消费模式开始。因此,绿色消费概念应运而生。绿色消费要求树立正确的消费观念,在消费时

---

① 《马克思恩格斯文集》第 8 卷,人民出版社 2009 年版,第 14 页。
② 《马克思恩格斯文集》第 8 卷,人民出版社 2009 年版,第 13 页。

选择无污染、绿色健康的产品,在消费过程中注重废弃物的回收和利用,不造成环境污染。可见,绿色消费的理念与生态伦理的精神相一致,人们养成绿色消费的习惯,也就相应承担了生态伦理建设的责任。因此,建构生态伦理,对于消费者而言,需要践行绿色消费的理念。而绿色消费理念贯穿于日常生活的方方面面,由此,消费者的生态伦理责任也蕴含在日常生活中,具体表现在衣、食、住、行四个方面。

1. 服装方面:舒适合体、拒绝奢华

自从原始人类开始用树叶、草、兽皮等来遮风挡雨、防寒保暖以来,衣服就成了人们生活的必需品。随着时代的变迁、经济的发展,服饰的功能除了最初的防寒保暖之外,更具有了美化的意义,人们开始追求标新立异,以各色各式的服装来显示自己的地位、彰显自己的个性等。在这种趋势下,商家为了迎合消费者追求时尚、盲目攀比等心理,采用"快时尚"营销策略。这种营销方式以产品更新速度快、平价和紧跟时尚潮流为特点,迎合了消费者的消费需求,给商家带来了收益,但这利润的背后实际隐藏着巨大的污染和浪费,甚至会出现以牺牲无数动物生命为代价换取新奇奢华服装材质的现象。而作为消费者,我们应当理性思考,正确认识服饰对人类的意义,在选购服饰时,尽可能选购以麻、亚麻、纤维等低碳材料为主的服饰,拒绝过于奢华的材料,同时减少购买新衣的频率,合理利用每一件旧衣,变废为宝。

2. 饮食方面:绿色健康、杜绝浪费

中国是一个餐饮大国,自古就有"民以食为天"的说法。从远古时期山顶洞人用火烤食物,到如今中国八大菜系,还有百姓桌上的家常菜和数不清的特色小吃,但这些都已经无法满足人们愈加挑剔的胃口,各种珍奇的食材甚至是稀有的野生动物,在如今的餐桌上屡见不鲜。这不仅会造成污染浪费和破坏环境,而且往往会因处理不当,造成细菌滋生,危害人类的身体健康。因此,从

环保乃至健康的角度出发,我们都应该做一个"绿色食客"。在饮食观念上,不能仅仅为了满足口腹之欲而"尝新鲜""尝新奇",而要将"一粥一饭当思来之不易,一丝一缕恒念物力维艰"的优良传统落实到行动上,珍惜粮食、光盘行动、杜绝浪费。在饮食结构上,要合理饮食,荤素搭配。蔬菜的碳排放量是肉类的九分之一,多吃绿色蔬菜不仅有利于健康,也有利于保护环境。此外,消费者在选购食品时,应尽量选购本地食品、当季食品,从而减少在食品运输、农药催熟等环节造成的环境污染。

3.住房方面:安全舒适、节能环保

中国人历来重视住宅,安土重迁,房子有一种根的概念,是一种家的文化。大多数的中国人一生都在为房子而奋斗,但是到了晚年弥留之际才发现,"广厦万千,夜眠仅需三尺。家财万贯,一日仅需三餐。"因此,消费者要认识到房子最重要的不是宽敞奢华,而是舒适温馨,消费者应该结合自身的实际需要合理选购住房面积。此外,随着人们对地位名誉的追求,越来越多的人斥巨资装修,五花八门的装饰材料不仅花费高昂,容易引发装修污染和资源浪费,而且华丽的家具中隐含着大量的甲醛、苯等有毒物质,这些"隐性杀手"对健康也十分不利。总之,在住房方面,消费者应将舒适、安全作为首要标准,低碳装修,选择节能家电、环保家具,既能节约资源、保护环境,又能节省资金、呵护健康。

4.交通方面:环保减排、绿色低碳

随着人们物质生活水平的提高,私人交通工具的数量与日俱增,但随之而来的不仅仅是交通拥堵、尾气排放、噪音污染等问题,高血压、肥胖症等"现代文明病"也因人们锻炼的减少以及不良的生活方式而日渐成为危害人类健康的"第一杀手"。现代社会,工作、生活节奏越来越快,竞争越来越激烈,人们所面临的精神压力也越来越大,而健身锻炼是一种最简单而又有效的办法。

因此,人们应该在繁忙的生活中,合理利用零散时间进行体育锻炼,比如在出行方式的选择上,如果目的地较近,人们应该选择步行或者自行车,既锻炼了身体,也保护了环境。此外,在出行方面,搭乘地铁、公交车等公共交通工具,购买节能型汽车或者小排量汽车等,都是人们环保减排、绿色低碳出行的有效方式,都是人们履行生态伦理责任的有效途径。

(五) 大众传媒在生态伦理建设中的责任及实践途径

新时代大众传媒参与生态伦理建设责无旁贷。马克思指出报刊是"把个人同国家和整个世界联系起来的有声的纽带"①,是一种将物质世界与精神世界联系起来的工具。它不仅具有揭露功能,能够将信息及时准确地置于公众面前,而且还能够宣传思想、直击心灵、鼓动情感。随着时代的发展,广播、电视、网络也相应出现,它们和报刊一起承担着提供信息、监督社会、塑造精神等责任,它们以其特有的渗透力和传播力,深深镶嵌于社会结构之中,不断改变着社会,塑造着人类。可见,新时代大众传媒的社会责任尤为突出。当前生态环境形势比较严峻,构建新时代生态伦理迫在眉睫。因此,大众传媒要积极履行社会责任,参与构建新时代生态伦理

1. 报道环境事件,完善监督机制

议程设置是大众传媒一项非常重要的功能。媒介议程设置功能是指大众传媒可以通过反复播出某类新闻报道,强化该话题在公众心目中的重要程度。而在新时代生态伦理建设中,大众传媒的议程设置功能也尤为重要。大众传媒可以聚焦于人与自然的矛盾以及由此产生的一系列问题,将气候变化、水土流失、大气污染等环境事件作为议题反复报道,引发社会公众对生态环境的关注和警醒,也可以聚焦我国生态文明建设取得的显著成果或生态文明建设过

---

① 《马克思恩格斯全集》第1卷,人民出版社1956年版,第74页。

程中涌现出来的先进榜样,从而激励公众参与到生态环境保护中来。目前,许多有影响力的媒体、报纸等均开设了与生态环境有关的栏目,这些大众传媒设置的与生态有关的议题覆盖范围广、影响力大,不仅能够报道积极向上的环境事件,营造良好的生态道德风尚,而且还能够告知公众环境事件的真相,对破坏生态环境的人或组织形成巨大的社会舆论压力,从而间接监督社会不同主体的行为,督促其在生态环境问题上各司其职。

2. 引领社会舆论,塑造生态社会氛围

大众传媒作为人们获取信息的主要工具,在公众舆论的形成和引导方面有着至关重要的作用,大众传媒可以引领社会舆论,为新时代生态伦理建设营造生态道德的社会氛围。一方面,大众传媒作为信息传递的主角,要对信息的内容进行严格把控,要积极传播正能量的环境事件,有效引导社会公众的关注。同时,对于一些突如其来的舆论风暴,大众传媒也要直面舆论,抢占舆论的主动权。如雾霾调查纪录片《穹顶之下》曾形成波及全国的舆论巨浪,此时大众传媒应该告知公众真相,给予公众一定的表达权,让公众进行讨论,在讨论的过程中积极引导。另一方面,大众传媒也要创新宣传方式,遵循宣传规律,从人民群众的美好生活需要出发,围绕人民群众关心关注的现实生态环境问题,在打动人心、深入人心上下功夫,从而引导人们树立高度的生态道德意识,自觉践行新时代生态伦理规范,参与生态环境保护活动。

3. 教育和引导公众,培育生态型公民

现代社会,大众传媒以其特有的作用机制对人们的思想道德、精神面貌以及道德水平产生了重要影响,日益表现出强大的德育功能,在社会道德教育体系中占有重要地位。新时代生态伦理具体表现为协调人与自然关系的一系列道德规范,这些生态道德规范要想内化为人们的精神追求、外化为人们的自觉行动,就需要充分发挥大众传媒的教育功能,进而开展全民生态道德教育,培

养生态型公民。首先,大众传媒要发挥道德认知功能,通过传播生态道德观念,报道正能量的环境事件,使人们对社会生态道德领域的是非善恶形成最基本的判断,从而自觉接受正确的观念,促进良好行为的养成。其次,大众传媒要发挥道德社会化功能。在个体接受新时代生态伦理之后,大众传媒要结合各种社会现象,引导个体将自己独立的生态道德观念和行为反作用于社会,促进社会生态道德风尚的形成。最后,大众传媒要发挥道德监督功能。大众传媒要充分利用其传播速度快、影响力广的特点,对社会道德现象进行督促,纠正不正确的、违背生态道德原则的不良行为,营造以遵循生态伦理规范为荣、以违背生态伦理规范为耻的社会道德环境。

二、优化环境滋养生态伦理

马克思曾说"人创造环境,同样,环境也创造人。"①可见,就算是作为最高级动物的人类,也是环境的产物,环境决定着人类的修养、习惯,决定着人类的价值观念和行为方式。新时代生态伦理作为一种以人与自然和谐共生为核心的全新价值观,需要借助环境的积极作用才能被全社会广泛接受和认同。但是近年来,政治领域,领导干部以"GDP"论政绩;经济领域,企业将物质财富作为唯一的追求目标;社会领域,公众责任意识缺乏;文化领域,健康的社会风尚还未形成;国际社会领域,生态殖民主义日渐凸显,这些都严重阻碍了环境对人积极作用的发挥。因此,人们必须优化对自身行为产生直接影响的环境,在政治、经济、文化、社会乃至国际合作领域营造生态风尚,从而潜移默化地培养人们的生态道德意识,引导人与自然和谐共生。

(一) 生态经济:新时代生态伦理建设的物质基础

经济发展是人类发展和社会进步的最终决定力量。但是过去几十年的粗

---

① 《马克思恩格斯选集》第1卷,人民出版社1995年版,第92页。

放型发展已经使得人类对环境的欠账积攒到了"引爆点",无数历史经验和现实教训都证明当下我国的经济发展决不能再走"先污染后治理"的老路,否则人类文明将停滞不前。新时代,习近平总书记多次强调:"保护生态环境就是保护生产力、改善生态环境就是发展生产力"①。可见,生态环境本身就是一种生产力,保护生态环境也能促进经济发展。因此,新时代要大力发展生态经济,使得经济腾飞与环境保护相互促进、物质文明与精神文明充分融合。

1. 推动技术创新,大力发展生态科技

科学技术是现代生产力的灵魂。"在马克思看来,科学是一种在历史上起推动作用的、革命的力量。"②不同时期人类文明的背后永远有着不同科学技术力量的支撑,生态文明时代生产力的发展、经济的发展都需要建立与之相适应的科学技术基础之上。因此,发展生态经济的第一步就是遵循人与自然和谐共生的生态伦理原则推动技术创新,开发新能源、新材料、新工艺,克服以往工业文明时代生产机器"高污染""高排放""高耗能"的弊端,建立一种以太阳能、生物能、风能等可再生能源为基础,以生物技术、信息技术、新材料技术等高新技术为核心的生态技术体系。而这就需要我们大力发展现代教育事业,重视基础科学研究,启动能源、纳米、新材料、环境等方面的重大科研项目,培养高新技术人才;持续加强教育基础设施建设,加快补齐不同地区之间教育发展短板,不断优化生态科技研发环境;同时也要注重借鉴国外的优良经验,引进先进的生态技术,积极开展生态领域国际合作。

2. 转变经济发展方式,发展绿色经济、循环经济、低碳经济

习近平总书记指出,"根本改善生态环境状况,必须改变过多依赖增加物

---

① 《习近平谈治国理政》第一卷,外文出版社 2018 年版,第 209 页。
② 《马克思恩格斯选集》第 3 卷,人民出版社 2012 年版,第 1003 页。

质资源消耗、过多依赖规模粗放扩张、过多依赖高能耗高排放产业的发展模式"①,加快转变经济发展方式。经济发展方式一定程度上反映一国的发展理念,人与自然和谐共生的发展理念要求新时代我国必须大力发展绿色经济、循环经济、低碳经济。首先,绿色经济的"绿色"不是人们感官意义上的颜色,而是一种理念。发展绿色经济就要坚持绿色环保理念,以市场为导向,加大宏观调控力度,开发新的绿色能源,降低成本,从而逐渐改变人类的生产方式、生活理念和消费模式,追求人与自然的协调一致。其次,循环经济是通过资源的循环利用追求"更少资源投入""更低废物排放""更小环境破坏"的经济发展模式。因此,发展循环经济需要遵循"资源—产品—再生资源"的流程,依靠高科技,提高资源的循环利用,支持清洁型企业发展。最后,低碳经济则是以"低耗能""低污染""低排放"为基础的经济模式,实质是通过能源技术创新提高能源利用效率、优化能源结构。这三种经济发展方式相互联系、相互渗透,统一于生态文明建设的过程中,为构建新时代生态伦理奠定坚实的物质基础。

3.调整产业结构,实现产业的生态化

产业结构的不合理是造成生态环境问题的重要原因。自从党的十八大首次将生态文明建设列入中国特色社会主义事业总体布局以来,生态化就成为产业结构优化升级的方向。因此,新时代必须按照生态伦理的原则和要求,结合各地区自然资产和经济发展的实际状况,调整和优化产业结构,将节约资源、保护环境的理念应用到各个行业中,促进农业、工业、服务业实现生态化转型。首先,在农业方面,要运用现代科学技术和管理手段,在传统农业精耕细作的优良基础上,综合农业种植、养殖、加工、销售、旅游,走无公害有机化之

① 中共中央文献研究室:《习近平关于社会主义生态文明建设论述摘编》,中央文献出版社2017年版,第38页。

路。其次,在工业方面,要建立起生产者、消费者、还原者的工业生态链,走耗能低、污染少、技术高、效益好的新型工业化之路。最后,在服务业方面,要大力发展第三产业,发展生态旅游业,保护、开发、利用生态资源,走回归式园林化之路。总之,新时代要坚持在人与自然和谐共生的生态伦理理念的指导下,推动产业结构升级调整,从而着力推进绿色发展、循环发展、低碳发展,形成节约资源和保护环境的空间格局、产业结构、生产方式、生活方式,进而从经济环境入手,在源头上扭转生态恶化的趋势。

(二)　生态政治:新时代生态伦理建设的根本保障

生态伦理建设不仅需要大力发展生态经济为其夯实物质基础,更需要建设生态政治保证其沿着正确的方向进行。"生态政治文明是人类在政治生活实践中取得的一切进步成果的总和"[1],主要表现在政治机构和法律制度两个方面。其中,政府是政治机构的核心,政府工作人员的观念会影响政府的行政方式和决策结果。因此,建设生态政治就是坚定党的领导,各级政府机构转变政治观念,高度重视生态环境问题,把人与自然和谐共生作为价值目标落实到行政决策中,通过实行最严格的制度、最严明的法治,为生态伦理建设提供强有力的保障。

1.转变政府观念,树立"绿色"执政理念

新中国成立以来,中国共产党历代领导集体立足于社会主义初级阶段的基本国情,在发展经济、推进社会主义现代化建设的过程中,深刻总结了人类社会发展规律,不断深化了人与自然的关系,从"绿化祖国""美化全中国"到"协调发展""可持续发展";从"科学发展观""新发展理念"到"和谐社会""清洁世界",彰显了绿色情怀是中国共产党人与生俱来的执政风格、是始终

①　刘海霞:《马克思恩格斯生态思想及其当代价值研究》,中国社会科学出版社2016年版,第160页。

如一的执政理念。新时代,我们要将中国共产党的"绿色"执政风格一以贯之,各级政府要树立尊重自然、顺应自然、保护自然的理念,把握人与自然和谐共生的生态伦理原则,在经济发展与环境保护之间找到平衡点。同时,改革政府干部的绩效考核标准,不以 GDP 论英雄,而是将环境保护、生态建设工作纳入各级政府干部的考核体系中,作为领导干部选拔任用、政绩评价的重要标准。

2. 实行最严格的生态环境保护制度和法治

构建新时代生态伦理是一场涉及生活方式、思维方式以及价值观念的根本性变革,要实现这一根本性变革,必须依靠法律和制度,才能为其提供可靠保障。因此,在生态伦理建设过程中,要加快"深化生态文明体制改革,尽快把生态文明制度的'四梁八柱'建立起来,把生态文明建设纳入制度化、法治化轨道"[1]。一方面要完善生态文明制度体系。一要建立资源生态环境管理制度。要强化对水、土壤、大气等自然资源的开发和管理,强化制度约束。二要建立责任追究制度。各部门要认真履行职责,"对那些不顾生态环境盲目决策、造成严重后果的人,必须追究其责任,而且应该终身追究"[2]。三要建立新时代生态伦理教育宣传制度。建设新时代生态伦理,既需要高效的政府行动,又需要积极的全民参与。因此,要加大新时代生态伦理的宣传教育,扩大新时代生态伦理的知晓面,最终形成全民共建的局面。另一方面要建立最严明、最严密的生态法治。伦理道德的柔性特点使其离不开良法善治。因此要坚持科学立法,将新时代生态伦理理念写入法律中,促进法律的生态化;要实施严格执法,亮出环境执法的"利剑",对环境违法行为实行"零容忍";要落实

---

[1] 中共中央文献研究室:《习近平关于社会主义生态文明建设论述摘编》,中央文献出版社 2017 年版,第 109 页。

[2] 中共中央文献研究室:《习近平关于社会主义生态文明建设论述摘编》,中央文献出版社 2017 年版,第 100 页。

公正司法,深化司法体制改革,提高司法人员在生态环境保护方面的法律素养,建立专门的环境审判和诉讼制度,维护人民群众的公益环境权益,提高司法公信力;要推动全民守法,在全社会深入开展社会主义法治宣传,弘扬以保护自然生态、遵守环保法规为荣,以漠视生态规律、违背环保法规为耻的社会风尚,增强全民的法治意识。

（三）　生态文化：新时代生态伦理建设的精神力量

现代社会人与自然关系恶化的起因,不在于生态系统变迁,而在于人类文化系统的失衡。当今时代,在世界经济高速增长,物质生活奢华富足,大众文化蓬勃发展,异质文化不断出现影响下,人类物质生活与精神生活逐渐失衡,人文精神的缺失使人类走上了一条对物质财富无限度追求的道路,对自然环境无止境的掠夺不仅使人类失去了美丽的生存家园,也更加加剧了人类精神家园的空虚,"生命的意义何在""除了自己,我还应该关怀什么"等问题困扰着人类。可见,文化的缺失是造成人与自然关系恶化的深层原因。因此,新时期协调人与自然关系,需要繁荣生态文化,从而为新时代生态伦理建设提供精神力量。

1.提高全民族的生态文化素养

生态文化是一种全新的文化,是以生态为核心的价值观念、思维方式以及生活方式的总和。培育生态文化,首要的是提高全民族的生态文化素养,引导人们树立尊重自然、和谐共生的价值观念,形成敬畏生命、感恩一切的心理认知,养成清洁生产、生态消费的行为习惯。首先,政府要加大宣传力度,充分发挥社会舆论的引导作用。要充分利用电视、广告、网络、报刊等媒体以及公交站、社区宣传栏、图书馆、文化馆等群众日常生活阵地,线上线下多渠道宣传生态知识。同时也要积极宣传国家的一系列环境保护政策和相关法律法规,加强生态环境警示教育,培养公民的环境底线意识和责任意识,使公民努力提高自身的生态素养。其次,培育公民的生态素养,除了发挥政府的主导作用外,关键的是要发挥社区的教育功能。社区作为公民生产生活的主要场所,在服务群众生活、促进社会管理等方面的作用日渐突出。因此,社区要积极发挥作用,建设环境优美、宜人宜居的绿色生态社区,从而唤醒人们的生态情感,做到尊重、爱护自然。同时,社区也要积极营造生态文化氛围,举办养生保健的系列讲座,组织居民植树,组建社区生态旅行团,在丰富多彩的社区活动中提高居民的生态文化素养。最后,要加强生态教育。生态教育是提高全民族生态文化素养最直接、最有效的手段。因此,各级各类学校要将生态理念融入学校所有教育思想、教育理念和教育活动中,引导学生树立生态观念,养成良好的生态习惯,成为具备较高生态素养的公民。

2. 弘扬中华优秀传统文化中的生态智慧

"中华民族向来尊重自然、热爱自然,绵延5000多年的中华文明孕育着丰富的生态文化"①,这些丰富的生态智慧不仅为我国生态文明建设提供了有益借鉴,而且大力弘扬生态文化,能够提升人民群众的文化涵养,丰富群众的精神生活,从而平衡人类的物质生活与精神生活,弥补人文精神的缺失。翻阅我国的古代典籍就会发现,生态伦理并非现代才出现的思想,古代先贤圣哲早就对人与自然关系进行了一系列探索,提出了深刻的见解。例如,儒家强调人在天地之间,与万物同流,认为人不是超脱于自然之外的,更不是凌驾于自然之上的,而是生活于自然之中的。张载在《西铭》中说"民吾同胞,物吾与也"②,即人与物虽有种类之分,但无贵贱之别,万物与我都是天地所生。孟子在《孟子·尽心上》曰:"亲亲而仁民,仁民而爱物"③,这意味着人不仅要"功至于百姓",热爱自己的同胞;而且要"恩足以及禽兽",对其他动植物及大自然也要

---

① 习近平:《推动我国生态文明建设迈上新台阶》,《求是》2019年第2期。
② 《张载·西铭》。
③ 《孟子·尽心上》。

怀有仁慈之德、仁爱之心。《庄子·齐物论》讲"天地与我并生,而万物与我为一"①等,这一系列朴素的人与自然关系思想蕴含着与生态伦理思维相一致的观念。可见,弘扬中华优秀传统文化中的生态智慧,不仅有利于优化文化环境,更有利于为生态伦理建设提供诸如文化基因、精神支撑。

3. 开展多种形式的生态文化群众创建活动

广泛开展形式多样的生态文化群众创建活动,有利于繁荣生态文化,提升全体公民的生态道德意识,营造生态社会风尚。新时代开展生态文化群众创建活动,首先,需要加快文化基础设施建设。要加快博物馆、文化馆、影剧院、图书馆等基础设施的建设,繁荣文化市场。同时,也要保护地方特色和历史遗址,要充分利用地方自然资源,建设集生态教育、生态旅游以及生态保护于一体的生态景区。其次,要发挥利用民间环保组织作用,深入群众开展宣传教育工作,引导群众积极为国家环境事业献言献策。再次,要积极组织"环保惠民"文艺活动,将生态伦理融入通俗易懂的歌曲、相声、小品、戏曲等文艺节目中,为群众献上"绿色大餐"。最后,要经常开展"生态文明·有你有我"实践活动,从日常生活的小事入手,如组织群众开展文明督导活动,组建文明督导队,提醒广大公众注意随地吐痰、乱扔垃圾、践踏草坪等不文明行为,引导公众增强社会公德意识,自觉保护环境。又如发动全民植树造林,发起"地球一小时",评选"绿色文明家庭"等活动,调动广大群众的积极性,自觉参与到生态文明的建设实践中。

（四）　生态社会：新时代生态伦理建设的不竭动力

进入新世纪,"和谐"一词成为时代的最强音、时代的主旋律。中国共产党高举和谐的旗帜,对外积极倡导和谐世界,对内主张构建和谐社会。"和

---

① 《庄子·齐物论》。

谐"不仅意味着人与自身、人与人、人与社会之间的和谐,也意味着社会各系统之间的和谐,国家和外部世界之间的和谐,还意味着人与自然之间的和谐。当下,人与自然之间的和谐显得尤为重要。而要实现人与自然的和谐则首先需要构建人与自然和谐相处的社会,即生态社会。在生态社会,生态生产是社会的基本模式,生态产品是社会的主要产品,生态消费是社会的行为准则,生态意识是社会的主导观念。由此可见,构建生态社会,能够为新时代生态伦理建设提供良好的社会环境基础。

1. 践行环境正义

在科学技术的进步和人类追求更好地生存与发展的需求下,人类开发资源和利用环境的需要大幅度增加。但是由人类构成的社会共同体是复杂多样的,这其中融合了不同国家、不同民族、不同群体甚至不同个人的多样化的利益和需要,因此人类在行使环境权利时,需要协调不同群体之间的社会利益关系,即人类必须在享受环境权益和担负环境责任之间实现公正分配,而这就是环境正义。所谓环境正义,就是指"人类在保护生态环境时,不同的人群、种族、民族、国家和地区之间应该公正地对待互相间的环境权益和环境责任的主张"①。践行环境正义,有利于构建生态社会。一方面,我们需要建立平等的国际环境秩序。世界各国对于保护地球都有着不可推卸的共同责任。但是发达国家往往借助相对优势的经济和科技实力,不仅在全球范围内搜刮、掠夺自然资源,甚至将其产生的大量污染物和有害废弃物运送到发展中国家进行填埋和处理,这严重违反了环境正义原则。因此,要建立公正的国际政治经济关系和公平的国际资源管理原则,限制发达国家的掠夺和滥用,保护广大发展中国家的权益,从而使各个国家共担环境保护责任。另一方面,践行环境正义也要实现国内环境公平。国内环境的不平等突出表现为城市地区居民的大量生

---

① 余正荣:《天人一体　民胞物与:对生命共同体的道德关怀》,广州人民出版社 2015 年版,第 132 页。

活物质来自于对乡村生态资源的剥削,但是其产生的垃圾与废弃物却又多半由相对贫困的乡村地区人民来承受。因此,要减少因地域、民族、性别、年龄、经济发展水平等差异造成的不平等的环境关系,使所有人都共同享有平等的环境权利,共同担负环境污染责任。

2. 实现生态公正

新时代生态社会的另一重要表现就是生态公正。生态公正就是不同的群体在享受生态利益方面是均等的,它包括种际公正、代内公正和代际公正三个方面。推进生态公正,就是指人类在实现自身生存与发展的过程中,不仅需要公平分配、同舟共济,实现同代人之间的和谐;还要保证非人类生命存在物的安全、健康和稳定,实现生命间的共荣;更要为我们的子孙后代留足生存根基,实现人类的永续。可见,生态公正主张尊重自然、敬畏生命、崇尚和谐、追求可持续发展的内涵与新时代生态伦理不谋而合,生态公正是新时代生态伦理的理论支点和实现方式,有利于协调人与自然以及人与社会之间的关系,构建人与自然和谐、人与人和谐、人与未来和谐的社会环境,从而为构建新时代生态伦理夯实社会基础。

（五）　生态世界：新时代生态伦理建设的有利条件

当今世界正处于百年未有之大变局,挑战层出不穷,风险日益增多。同时,由于过去人类只讲发展不讲保护、只讲利用不讲修复的工业化发展道路,给地球造成了难以弥补的生态创伤,这种创伤在新时代表现为气候变化、环境污染、资源短缺等一系列问题,不断冲击世界经济发展,威胁着各国的生存与稳定,这再次警告人类必须重新审视与自然的关系,需要通过一场自我革命,形成绿色的发展方式和生活方式,建设生态、文明和美丽的地球。当下,构建繁荣、清洁、美丽的生态世界的呼声日益高涨。生态世界是世界各国都秉持尊重自然、和谐共生的理念,合理利用环境权益、履行环境污染责任,从可持续发展的高度谋划各国的经济发展。建设生态世界,有利于营造生态文明风尚,为新时代生态伦理建设提供有利的国际大环境。

1. 秉持命运共同体理念

建设生态文明关乎人类未来。新时代,习近平总书记立足世界,放眼未来,指出,"面对全球环境风险挑战,各国是同舟共济的命运共同体,单边主义不得人心,携手合作方为正道"①,强调要秉持命运共同体理念,共谋全球生态文明建设之路。可见,各国秉持命运共同体理念,携手合作是应对全球生态危机的必由之路。命运共同体是一种超越民族国家和意识形态的国际观,主张国家之间要放弃零和博弈思维,走向合作共赢,共同应对挑战。特别是在生态问题上,面对气候变化、能源资源短缺、重大自然灾害频发、生物多样性锐减等日益增多的全球性生态问题,国际社会更应该携手同行,共同反对生态殖民主义,发扬合作、公正、共荣等伦理精神,"达成一个全面、均衡、有力度、有约束力的气候变化协议,提出公平、合理、有效的全球应对气候变化解决方案,探索人类可持续的发展路径和治理模式"②,共同呵护人类唯一的地球家园。

2. 实施绿色"一带一路"战略

"一带一路"战略是各国积极开展国际合作的纽带,是凝聚民心、互惠互通、达成共识的根本保障。在人类命运共同体的背景下,"绿色"承载着共建新世界的价值观。因此,习近平总书记强调,"我们要着力深化环保合作,践行绿色发展理念,加大生态环境保护力度,携手打造"绿色丝绸之路"③。首先,要在"一带一路"沿线地区建设首批绿色发展示范区,进而全面推广绿色

---

① 习近平:《习近平在联合国生物多样性峰会上的讲话》,《人民日报》2020 年 10 月 1 日。
② 中共中央文献研究室:《习近平关于社会主义生态文明建设论述摘编》,中央文献出版社 2017 年版,第 134 页。
③ 中共中央文献研究室:《习近平关于社会主义生态文明建设论述摘编》,中央文献出版社 2017 年版,第 138 页。

发展理念,引领"一带一路"绿色发展。其次,要加强"一带一路"沿线地区生态环境保护国际合作。各国要积极开展应对气候变化、治理水土流失、保护生物多样性等领域的合作,建立跨国境污染防治国际合作机制、生态环境风险和灾害联合监测预警与应急机制等,携手应对全球生态风险。最后,积极开展人才培训,为"一带一路"绿色发展提供智力支持。设立"一带一路"研究中心,加强各国青年学者的交流合作,从而推动科技创新,解决"一带一路"绿色发展面临的重大技术难题。

3.共同助推全球可持续发展

可持续发展是人类社会的永恒主题,其核心理念是实现人与自然、人与人、人与社会的协调发展,这种模式恰好契合了新时代生态伦理的核心理念,因而成为新时代生态伦理的实践范式。但是当前,这一目标的实现面临重大挑战,自然资源匮乏、气候持续变化、土地荒漠化加剧等生态问题严重阻碍了全球可持续发展目的的达成。因此,唯有各国"牢固树立尊重自然、顺应自然、保护自然的意识,坚持走绿色、低碳、循环、可持续发展之路"[1],精诚合作,积极推动科技创新,将生态技术运用到实际应用中,才有希望实现可持续发展的目标。总之,在命运共同体的大背景下,实施绿色"一带一路"战略、助推全球可持续发展,不仅能够为经济发展提供新引擎,而且为人类重新认识世界提供了新思维,这将深刻改变人类的生产生活方式以及对自然、对自身的认识,从而为新时代生态伦理的建构提供有利的外部环境。

三、开发载体助力生态伦理

构建新时代生态伦理是美丽中国建设的关键一环,其顺利开展依赖于生

---

[1]　中共中央文献研究室:《习近平关于社会主义生态文明建设论述摘编》,中央文献出版社2017年版,第131页。

态伦理系统内主体、客体、载体、环体等构成要素的相互作用。其中,载体是新时代生态伦理建设至关重要的因素,它为主客体发生相互作用提供了一个平台,承载着主客体之间传递的信息。从途径上来看,载体分为家庭、学校、社会等载体;而以时间为划分单位,又可分为传统载体和现代载体。目前,在传统载体与现代载体共存、显性载体与隐性载体相交、现实载体与虚拟载体并存的载体发展趋势影响下,构建新时代生态伦理需要创新文化载体,重视管理载体,丰富活动载体。

(一) 创新文化载体

文化承载着一个国家、一个民族的精神追求。在中华民族文化发展的历史进程中,丰富多样的生态文化成果不断涌现,这意味着文化以载体的形式进入生态伦理系统是历史的必然。生态伦理建设的文化载体是指将生态伦理的价值观渗透于各种文化产品和各项文化建设中,让各种文化活动蕴含一定的生态伦理意蕴。随着时代的发展、社会的进步,生态伦理建设的文化载体也必须与时俱进,才能更好地发挥作用。因此,新时代生态伦理建设需要创新文化载体。

1. 节日仪式:构建新时代生态伦理的仪式文化载体

作为生活于特定地域环境内的社会个体,人们经常置身于各种类型的节日中,这些约定俗成的仪式活动一年一次地重复,不仅传递着社会和历史的集体记忆,其背后蕴藏的丰富文化资源也使其成为文化载体的一种,承担着强化人们集体记忆、唤醒人们情感认同的功能,日益受到高度重视。在我国,传统节日大体分为岁时农事节日、宗教祭祀节日以及纪念庆贺节日,这些丰富多彩的节日不仅展现了中华民族的整体风貌和精神特征,也集中体现了各民族强烈的保护自然、尊重自然以及和谐利用自然等生态伦理观念。新时代,高度重视这些节日仪式,不仅有利于保护少数民族优秀传统文化,丰富中华民族传统文化的内涵,也能够为新时代生态伦理建设注入精神给养,提供仪式载体,从而更好地教育和引导人们践行新时代生态伦理。

首先,我国是农业国家,在一年四季的农业生产中,形成了丰富多样的岁时农事节日。例如彝族的火把节、藏族的望果节等,这些岁时农事节日涵盖于农林牧副渔业,贯穿于一年中各个重要的生产环节,包含着人们对于自然的朴素认识,体现了人们尊重自然、按自然规律办事的生态伦理思想。其次,在我国的节日仪式中,宗教祭祀活动占有重要地位。无论是自发宗教中的自然崇拜、图腾崇拜以及动植物崇拜,还是"道家""佛教""伊斯兰教"等宗教中的"道法自然""适度开发""众生平等"等思想,都强调人与自然要和谐相处,都体现着丰富的生态伦理意蕴。最后,在我国纷繁复杂的纪念庆贺节日中,节约资源、保护环境等生态道德观也贯穿始终。总之,以节日仪式作为生态伦理建设的文化仪式载体,能够通过周而复始的重复强化人们的集体记忆和情感认同,从而使人们保持尊重自然、善待自然的文化属性。

2.建筑场馆:构建新时代生态伦理的固态文化载体

建筑场馆是历史文脉的记忆者,是价值理念的承载者,不仅具有实用性功能,更是一种信息传递工具。如布莱恩·劳斯所言:"建筑是由该事件背后的人或组织修建的,因而体现了那些人的价值和行为"①。可见,现存的所有建筑场馆均不是人们一时兴起修建的,而是传递着一定时期内的思想观念、道德规范等,因而能够成为文化载体,担负着一定的教育功能。我国地广物博、历史悠久,从南到北四时之景不同、民族文化各异,形成了风格迥异的建筑。这些传统建筑不仅反映了某个时代的历史文化、人文风貌、地域特征,也凝聚着人们顺应自然、万物平等、和谐相处等生态伦理观念。可见,发掘建筑场馆中的生态伦理意蕴,有利于为新时代生态伦理建设提供固态文化载体,从而唤

---

①　[英]布莱恩·劳森:《空间的语言》,杨青娟译,中国建筑工业出版社2003年版,第94页。

醒、激发、重塑人们共同的生态文化记忆。

"万物有灵"是苗族生态伦理的认识论前提,这一思想的实质是"万物平等",贯穿于苗族建筑选址与奠基的全过程,集中体现在"干栏式"建筑中。苗族选址以"自然"为中心,以"协商"的态度处理与树木、动物的关系,维护和谐的自然秩序。"吊脚楼"则是土家族人根据其生活习惯、自然环境所约定俗成的建筑物,这些"吊脚楼"或依山而傍,或靠岩临水,反映了土家族人对自然的敬畏之心以及追求物尽其用、因地制宜等生态伦理思想。近年来,生态建筑的呼声日益高涨。北京冬奥会延庆赛区秉持"山林场馆、生态冬奥"的设计理念,将中国山水文化与冬奥文化结合,打造生态环保可持续场馆。此外,八步沙六老汉治沙纪念馆、长岛海洋生态文明展览馆等纪念场馆也为生态伦理建设提供了实践基地。可见,建筑与自然环境应是共乐、共雅,当人们置身于这些生态建筑中,可以不出城郭而有山林之乐,身居闹市而得林泉之致,享受到与自然和谐相处的乐趣。因此,以建筑场馆作为固态文化载体,借助各种类型的生态建筑塑造人与自然和谐统一的氛围,能够切实增强生态伦理建设的实效性。

3.服饰衣帽:构建新时代生态伦理的鲜活文化载体

服饰衣帽作为人类生活的必需品,贯穿于各个历史时期,历经时间的沉淀,逐渐形成了一种服饰文化。服饰文化是人类重要的物质文化之一,又包含着人类绚烂的精神文化因素。几乎是从服饰起源的那天起,人们就将其生活习俗、审美情趣,甚至是宗教思想、文化心理、道德观念积淀于服饰之中,赋予了服饰特殊的文化意义。因此,我国民族服饰被称为"记在衣服上的历史"和"穿在身上的图腾"。可见,服饰不仅仅具有防寒保暖、美化点缀等实用功能,也记载着不同时期的历史文化和价值传统,是一种鲜活的文化载体。

我国服饰的形成不仅受制于特定时期的经济发展水平,也与自然环境有着密切联系。例如,武陵山区地理环境复杂、生物资源丰富,以该区域中生活的土家族、苗族、瑶族等少数民族的服饰为例,体现了我国的服饰是传统文化与生态伦理的融合。武陵山区民族服饰的最初选材来源于自然,并将动植物等图案刻画在服饰上,同时依据不同的用途以及冬夏的气候,制作出草鞋、钉鞋、布鞋等,诠释了武陵山区民族对大自然的尊敬和崇拜之情。普洱市内的哈尼族、彝族、佤族等民族也都感谢自然的馈赠,服饰的原料、染料的原料等都从自然中取材,物尽其用,追求与自然的和谐相处。随着生产力的发展以及技术革新,服饰产业链中的生态伦理问题也被越来越重视。当下,世界许多设计名师已经将设计的出发点定位在生态与环保上,在服饰选材方面大量使用植物纤维、蚕丝织物等,采用环保染色、植物染色等新的染色工艺,由此打造的生态服饰逐渐成为人们的选择。因此,以衣帽服饰作为新时代生态伦理建设的鲜活文化载体,既能将生态伦理理念融入服饰设计、生产、营销、售后等衣帽服饰形成的全过程,从"衣"开始,逐步实现人与自然的和谐发展,也能在衣帽服饰生产、消费的过程中培养人们的生态伦理意识。

(二)　重视管理载体

管理是人类社会最古老、最普遍的社会现象之一。自从有了人类社会,就有了人类的管理活动。现代社会,管理更是无处不在。大到国家层面的经济管理、行政管理、司法管理,小到一类企业、一所学校、一个家庭也有各式各样的管理活动。新时代生态伦理的对象是人,是分布在各行各业、各个年龄段的人,具有广泛的社会性。因此,新时代生态伦理的建构载体也必须拥有广泛的覆盖面,才能发挥作用。而管理活动普遍存在于人类社会的每一角落,正好迎合了新时代生态伦理建构载体普遍性的要求。因此,在新时代生态伦理构建过程中,要高度重视管理载体的作用。

1. 规章制度:构建新时代生态伦理的强力管理载体

构建新时代生态伦理的管理载体,是指将新时代生态伦理的内涵和精神渗透到人们日常工作、生活的各项管理活动中,从而有效规范人们的行为,提高人们的思想觉悟。在各类型的管理载体中,规章制度以其规范化、制度化的表达,具有强力的约束性,占据重要地位。"不以规矩,不成方圆"①,在人们的道德意识普遍没有达到理想状态的今天,新时代生态伦理的顺利构建与推行离不开纲要文件、规章制度的保障,规章制度是构建新时代生态伦理的强力管理载体。

"建设生态文明,关系人民福祉,关乎民族未来"②。党中央高度重视生态环境问题,颁布了一系列有关环境保护、污染防治、生态文明建设的规章制度、纲要文件,为构建生态伦理提供了强力保障。1973 年 8 月,第一次全国环境保护会议召开,随后出台了《国务院关于保护和改善环境的若干规定(试行草案)》,这是我国第一部环境保护的综合性法规。1979 年《环境保护法(试行)》颁布,首次将环境保护纳入国家制定的经济社会发展规划中。1989 年 12 月《环境保护法》正式实施,成为我国环境保护的基本法律。2004 年党的十六届四中全会首次完整提出了"构建社会主义和谐社会"的概念,"人与自然和谐相处"是社会主义和谐社会的主要内容。2017 年,"生态文明"被写入党的十七大报告。党的十八大以来,以习近平同志为核心的党中央持续重视生态文明建设工作,弘扬生态伦理精神,提出要"增强全民节约意识、环保意识、生态意识,培育生态道德和行为准则,开展全民绿色行动,动员全社会都以实际行动减少能源资源消耗和污染排放,为生态环境保护作出贡献"③。习近平总书记的重要讲话,为新时代生态伦理构建指明了方向、提供了根本遵循,切实保障了新时代生态伦理的构建。总之,规章制度以强力管理载体的形式参与新时代生态伦理的构建,有利于明确新时代生态伦理的重要地位,指明

---

① 《孟子·离娄上》。
② 中共中央文献研究室:《习近平关于社会主义生态文明建设论述摘编》,中央文献出版社 2017 年版,第 5 页。
③ 习近平:《推动我国生态文明建设迈上新台阶》,《求是》2019 年第 3 期。

建设方向;有利于为公民行为划定底线,引导公民的价值观念和行为方式向理想目标转换;有利于协调、整合各方社会资源和社会力量形成合力,共同构建新时代生态伦理。

2.榜样人物:构建新时代生态伦理的特殊管理载体

中华民族历来重视榜样人物、弘扬榜样精神,也从来不缺乏榜样的出现。在美丽中国建设的过程中,我国涌现出一大批先进人物,例如一辈子只干两件事,将一生与沙、林联系在一起的贾道尔吉;三代人接力治沙,使荒漠变绿洲的奋斗者"六老汉";获联合国"地球卫士奖"的塞罕坝林场建设者等,这些榜样人物身上彰显着中华民族尊重自然、热爱自然的优秀品质。因此,一方面要科学树立榜样,注重过程性素材。在多元文化背景下,人们的思想状况和价值取向日渐多样,榜样人物的选树要兼顾不同群体的要求,在坚持平等、公正的基础上,广泛听取民意。此外,在榜样宣传的过程中,不能仅就榜样人物所取得的成就进行宣传,而忽视其过程的艰辛性。要充分发掘过程性素材,拉近群众与美丽中国建设榜样的关系,更好地发挥榜样人物的引领示范作用。另一方面要发掘榜样精神,丰富生态伦理内涵。榜样教育要促进生态伦理建设就需要充分发掘榜样精神,使其成为涵养生态伦理的重要途径。生态文明建设中涌现的榜样人物,不仅是保护环境、爱护自然的典范,也是社会主义核心价值观的集中体现,生动传达了公正、平等、共荣、合作等伦理精神,这些都是生态伦理的精神基因,与生态伦理建设有着密不可分的关系。因此,要结合时代需要提炼生态文明建设榜样人物的精神品质,为新时期生态伦理建设注入生机与活力。

(三) 丰富活动载体

实践是认识的来源,是认识发展的动力,实践决定认识。新时代生态伦理作为一种道德观,属于人类的认识层面,因此,新时代生态伦理的构建需要借助一定的实践活动,活动载体是构建新时代生态伦理的重要载体。马克思将人类的实践活动分为改造客观世界的物质实践活动和改造主观世界的精神实践活动两种,这两种实践活动均推动人类认识能力的不断进步。随着时代发展、社会进步,必须将活动载体与现代信息技术相结合,将物质活动与精神活动相结合,才能更好地构建新时代生态伦理。

1.物质活动:构建新时代生态伦理的物质活动载体

生态文明是人类在保护生态环境、建设美好家园过程中形成的一系列物质成果、精神成果的总和。可见,生态文明建设既包括美化生态环境、养成生态行为习惯、践行绿色消费等物质活动,也包括营造生态道德风气、培养生态道德意识等精神活动。新时代生态伦理作为生态文明的重要组成部分,属于精神层面的内容。但是,马克思主义认为物质活动决定精神活动,物质生产方式不同,相应地精神生产及其成果、作用效果也不同。可见,新时代生态伦理需要建立在生态的生产方式、生活方式基础之上,需要借助物质活动载体才能得以顺利构建。

以物质活动为载体,构建新时代生态伦理,一方面需要传承优秀的传统民俗活动。中国有悠久的全国性传统节日,在清明节民间有祭祖、踏青、插柳、放风筝等活动;在端午节有赛龙舟、采茶、挂菖蒲等风俗;在中秋节有赏月、观潮、赏桂花等风俗;在重阳节有赏秋、登高、赏菊等活动,这些民俗活动在带给人们极大精神愉悦的同时,也把人们融入大自然中,拉近了人与自然的关系。另一方面需要引导公众积极参与生态环保活动。公众的积极参与不仅能直接产生生态环保效应,还能促进生产方式转型、监督生态文明行为,继而间接改善生态环境质量。首先,可以通过制定阶梯电价、阶梯水价等政策,或借鉴一些地区出台的"绿色消费积分"制度,引导普通民众养成绿色消费习惯。其次,可以举办群众性生态文明创建活动,借助企业职工活动、学校课余实践、社区宣传栏等,推动生态伦理进企业、进学校、进社区。最后,可以通过设立有奖举报基金等措施,鼓励公众积极行使监督权利,促进各类社会环保机构的规范健康发展,进而减少污染环境等不文明行为,切实提高生态环境质量。可见,各种类型的物质活动是新时代生态伦理建设的重要活动载体,有利于充分发挥实践活动联系人与自然、协调人与自然、统一人与自然的作用,为构建新时代生态伦理奠定基础。

2. 精神活动:构建新时代生态伦理的精神活动载体

构建新时代生态伦理,不仅需要各式各样的物质活动为其提供基础,而且需要丰富多彩的精神活动,才能深入人心。精神活动作为社会主义精神文明建设的重要组成部分,对整个中华民族的精神风貌产生了巨大影响。因此,开展精神活动,借助音乐、舞蹈、诗歌、电影等艺术样式潜移默化、润物无声地传递新时代生态伦理,能够在轻松愉悦的氛围中培育人们的思想观念、激发人们对自然的情感、塑造人们的生态行为。

以精神活动为载体,构建新时代生态伦理,一方面,需要借助音乐、舞蹈、诗歌等传统艺术形式。我国历史悠久、幅员辽阔、民族众多,因此,民间音乐、舞蹈等丰富多彩,这些传统艺术形式内容丰富、品类繁多、题材多样,生动记载着不同民族的价值观念,塑造着各族人民的精神风貌。新时代,我们要充分利用这些传统艺术形式,将新时代生态伦理融入民族歌曲、舞蹈中,以丰富多彩的文艺惠民活动向群众传播生态道德观念。另一方面,需要发挥现代信息技术的优势,利用电影、电视、公益广告、微视频等宣传新时代生态伦理。随着生产力的发展、科技的进步,人们逐步进入信息时代,互联网是人们接受信息的重要渠道,电影、电视等成为人们日常休闲的主要途径。因此,构建新时代生态伦理,要利用新媒体设备,将枯燥乏味、晦涩难懂的生态伦理知识拍摄成生动、趣味、通俗易懂的宣传片、公益广告等,融入电影、电视中,丰富群众精神生活的同时,也能培养人民群众的生态道德意识。总之,通过丰富多彩的精神活动,在丰富群众精神世界的同时,也能提升群众的道德境界,使人民群众的关注点从物质满足、从自身中脱离出来,更加关注精神世界,关注健全人格的塑造,从而引导人们认清人与自然之间的关系,推动新时代生态伦理的构建。

四、教化育人夯实生态伦理

马克思主义伦理学认为,一种新的道德观念能否被全社会真正接受,能否内化为全体社会成员的精神品质、外化为道德实践,主要在于"这种道德是否反映伦理关系的本质,是否体现社会发展的必然性"①,以及是否让全体社会成员人人知晓和了解。新时代生态伦理是生态文明时代的诉求、是对传统人与人、人与社会之间的伦理关系的拓展,因而体现了伦理学发展以及社会发展的必然性。因此,新时代生态伦理在全社会的真正建构和接受则取决于这种伦理观念在多大范围内、多大程度上得到人们的了解和认可,而这又依赖于教育的广度和深度。教育是普及生态伦理最快速、有效、直接的手段,因此,新时代生态伦理的建构离不开教育的支持和助力。

(一) 推进新时代生态伦理自我教育

自我教育与教育是开展生态伦理教育过程中相互促进、相互协调、密不可分的两方面。正如苏联著名教育家苏霍姆林斯基所说:"只有能够激发学生进行自我教育的教育,才是真正的教育"②。特别是对于生态伦理这种需要人们发自内心地认同的教育而言,唯有依赖自我教育,才能得到人们的真正接受。

---

① 王顺玲:《生态伦理及生态伦理教育研究》,北京交通大学博士学位论文,2013 年。
② [苏]瓦·阿·苏霍姆林斯基:《给教师的建议》,教育科学出版社 1984 年版,第350 页。

1.新时代生态伦理自我教育的内涵

自我教育,简单来说就是自己教育自己。新时代生态伦理自我教育就是受教育者充分发挥积极性和主动性,将新时代生态伦理教育目标变为自己的目标,从而自觉接受新时代生态伦理的理念和要求,将其内化为个人的意志品质,进而指导自己进行一系列实践活动。可见,新时代生态伦理自我教育实际上是一个连续的、能动的过程。首先,需要受教育者发挥自我认识的能力,根据我国生态环境现状以及社会重塑生态道德风尚的需要激发自己主动学习新时代生态伦理的意识。其次,受教育者要充分发挥主观能动性,按照社会需要以及新时代生态伦理教育要求不断调整自身的思想和行为。最后,受教育者要积极运用批评与自我批评的能力,善于肯定并坚持自己正确的思想言行,勇于否定并改正自己错误的思想言行,使自己的思想言行始终符合新时代生态伦理的要求。

2.新时代生态伦理自我教育的重要性

新时代生态伦理是在人与自然矛盾日趋凸显的背景下,力图通过一系列道德原则和规范,调整人与人、人与其他生命系统之间的关系,最终实现人类的可持续发展。可见,人是目的使新时代生态伦理成为可能,对人类的终极关怀是新时代生态伦理的核心,而对人类的终极关怀一定程度上表现为满足人的需要。但是在现代社会,人的需要发生了异化,人们丧失了辨别、鉴赏、评判的能力,人变成了单向度的人,分辨不出需要的两种性质,这导致现实社会人类的欲望大多数都是自身的虚假需要,是"为了特定的社会利益而从外部强加在个人身上的那些需要"①,这种需要刺激人们无限度地发展经济,大肆开发自然资源以满足欲望。因此,在现代社会自我教育显得尤为重要。人们需

---

① 　[美]赫伯特·马尔库塞:《单向度的人》,刘继译,上海译文出版社 2006 年版,第 6 页。

要通过自我教育,能够认识自己的本心,监督自己的行为,评价自己的实践结果,进而释放最本质的真实需要,在满足自身的同时也能关心自然、关心他人。可见,在自我教育下,当人们不被欲望遮蔽双眼,在虚幻的世界中认清自己的真实需要,并在实践活动中不断得到满足后,人们会自觉地将对自身的关怀拓展到其他人乃至自然界,从而产生更高一级的生态伦理需要,在人与自然间衍生出一种新型伦理关系,实现人与自然的和谐。

3. 开展新时代生态伦理自我教育的途径

开展新时代生态伦理自我教育,首先,需要完善自我意识,处理好物质与精神的关系。人们应该认识到真正的快乐是精神上的满足,而不是物质上的享受。因此,在满足基本生活需要之后,人们应该加强精神层面的消费,通过劳动实现自我价值,获得精神上的愉悦,从而摆脱不合理的物质消费模式,减少对自然资源的浪费和破坏。其次,强化自我监督,处理好现在与未来的关系。在生态危机日趋严峻的今天,合理处理当代人利益与未来人利益的关系是生态伦理的实践课题。因此,我们应该通过学习生态伦理观念,认识到可持续发展的重要意义,从而强化对自我行为的管理和监督,处理好当下与长远之间的关系,对现在已经取得或将要取得的利益作出一定的让步,从而保障未来人类能够享有同等的权益,实现人类的永续发展。最后,实现自我提高,处理好认识与行动的关系。通过提高自己的意识、监督自己的行为、评价自己的实践,最终学会正确处理认识自然与保护自然间的关系,从而将尊重自然的伦理意识转换为保护自然的具体习惯,比如日常生活中,通过节水节电、垃圾分类、低碳出行等行动落实新时代生态伦理规范。

(二) 探索新时代生态伦理自然教育

如果人们对自然的印象大多只是书籍、电视上的只言片语,就无法亲身接触鲜活的自然万物,就很难从情感和内心深处产生对自然的认同和肯定,新时代生态伦理教育需要在体验中开展,需要将教育场所更改到广袤的自然天地,需要在自然教育中生发。

1. 新时代生态伦理自然教育的内涵

自然教育本意是让受教育者在生态自然体系下接受教育,是促进学生成长,身心健康发展的一种教育模式。但是在全球生态环境恶化的背景下,自然教育逐渐有了生态伦理意蕴,它不再单单强调回归自然、解放天性,而是要培养人们对自然的道德情感,确立人与自然的伦理关系,实现环境保护目的。在我国自然教育是逐步发展起来的,2004 年国家林业局出台了《关于加强未成年人生态道德教育的实施意见》,强调要加强未成年人的生态道德教育,大力推进自然与生态知识进学校、进课堂、进课本。随后,自然教育在我国逐渐传播,目前,自然教育在我国已初步形成了"学校自然教育、自然保护地自然教育、NGO 自然教育机构自然教育三大系列"[1]。

2. 新时代生态伦理自然教育的重要性

体验是新时代生态伦理教育的重要原则,基于体验而进行的生态伦理教育能让人们认清生命的本质,更容易激发人们的生态道德情感。生命是宇宙中最美的奇迹,是地球上最珍贵的财富,每一种生命间都是共生共荣的关系。但是,随着科学技术赋予了人类改造自然的强大生产力,人们逐渐忘记了"我们连同我们的肉、血和头脑都是属于自然界和存在于自然界之中的"[2],逐渐忽视了人不是孤立的存在物,人类的生存发展依赖于其他生命乃至整个自然界的和谐和稳定。可见,重塑人与自然之间的和谐关系需要首先在情感中将人与自然连接起来。但是,传统的生态伦理教育侧重于知识层面,这种单纯认知性的生态伦理教育缺乏生机与活力,很难唤醒人们的情感认同。因此,新时

---

① 李彬庆、张志国:《推进自然教育　共筑生态文明》,《绿色中国》2020 年第 23 期。

② 《马克思恩格斯选集》第 3 卷,人民出版社 2012 年版,第 998 页。

代生态伦理教育需要增加体验元素,需要引导人们在自然体验中理解"蝉噪林愈静,鸟鸣山更幽"的自然魅力,从而对生命万物生发"己欲立而立人,己欲达而达人"的真正敬畏。可见,开展新时代生态伦理自然教育,亲近自然,体验自然,有利于人们在与大自然的连接中学会尊重自然、敬畏生命,从而建立人与自然之间的真正的情感联系,唤醒内心的良知,激发人们热烈的生态情感,在此基础上建立的新时代生态伦理才是真情实感的,才是充满活力的。

3. 探索新时代生态伦理自然教育的途径

开展新时代生态伦理自然教育,基于自然物与自然界是基础。自然是一种客观存在,既是古木遮天的森林,也是鱼虾戏水的小溪,还是奇花异草的公园,因此要充分挖掘国家公园、自然保护区、各类森林公园、湿地公园、地质公园等的生态价值,将现有的自然景观转换为高质量的教育资源。其次,学会敬畏生命是核心。开展自然教育,就是要让人们在自然中学习,欣赏日月星辰的浩瀚,观察山川河流的形态,留心雨雪风霜的变化,了解花鸟鱼虫的习性,感叹天地的浩瀚、自然的奇妙,明白生命的崇高、人类的渺小,由此以敬畏的姿态看待大自然的一切。再次,重建人与自然的和谐是目的。生态危机背景下的自然教育有了生存价值和伦理意蕴,希望通过引导人们接触自然、体验自然,进而认识自然的力量、尊重自然的规律、感激自然的馈赠,在此基础上超越物质化、功利化的认知模式,在人与自然之间塑造一种由尊重和喜爱构建的伦理关系,最终实现人与自然和谐共生。最后,凝聚社会力量是手段。新时代生态伦理自然教育应以服务群众为根本,让广大人民群众都有机会亲近大自然。因此要不断积蓄社会力量,充分调动政府机构、企事业单位、环保社会组织以及科研机构、专家学者的积极性,在理论层面厚实自然教育的基础,在实践层面创新自然教育的途径,从而构建全民参与的行动体系,引领一种尊重自然、敬畏生命、崇尚公正的新型伦理风尚。

（三）　改进新时代生态伦理家庭教育

"家庭是人生的第一个课堂,父母是孩子的第一任老师。"①家庭生活对一个人价值观念的形成有着终身影响。目前我国大部分家庭教育仍没有走出"唯分数论"的误区,"望子成才""光宗耀祖"等观念使得我国的家庭教育重智力教育、轻德育培养。因此,我们必须顺应时代发展,改进家庭教育,在家庭教育中融入生态要素,打造"绿色家庭",让家庭教育成为新时代生态伦理建构的起点和基础。

1. 新时代生态伦理家庭教育的内涵

家庭教育是指在家庭生活中,由父母或直系亲属对孩子进行的教育,即家长有意识地通过言传身教及家庭生活实践对子女施加一定影响的社会活动,家庭教育在孩子的意志品质塑造、行为习惯养成、道德礼仪培养以及人生理想确立等方面具有重要作用。可见,家庭教育是人生教育的起点。新时代生态伦理作为一种全新的道德观和道德范式,更需要从小教育,从家庭教育开始。因此,新时代生态伦理家庭教育是指家庭成员将生态道德观念融入日常生活实践中,通过家庭成员的言行举止潜移默化地引导孩子从小树立生态道德观,践行生态道德原则。新时代生态伦理家庭教育与其他教育类型不同,它着重于孩子生态道德意识的培养以及生态道德观念的塑造,是新时代生态伦理教育的基础。

2. 新时代生态伦理家庭教育的重要性

子曰:"吾十有五而志于学,三十而立,四十不惑,五十而知天命,六十耳顺,七十从心所欲不逾矩"②,这意味着求学、立身、明德再到思想境界的不断

---

① 《习近平谈治国理政》第二卷,外文出版社 2017 年版,第 354 页。

② 《论语·为政》。

提升是每一个人一生学习和修炼品性的必经之路,可见,道德养成不在一朝一夕之功,而是日积月累的结果。生态伦理作为新时代的道德观,它将人类的道德关怀拓展到了人类以外的其他生命,这就更需要人类拥有崇高的道德境界,因此新时代生态伦理的建构与落实更不可能是一蹴而就的,更需要久久为功的反复教育、需要潜移默化的不断渗透、需要耳濡目染的日常熏陶。可见,"渗透教育"在生态伦理教育中有着重要地位。而在所有的教育模式中,只有家庭教育最具"渗透性",无时不在、无处不在,能够润物细无声地渗透、潜移默化地培养。因为"无论过去、现在还是将来,绝大多数人都生活在家庭之中"①。因此,在新时代生态伦理的建构中,家庭教育发挥着举足轻重的作用。

3. 改进新时代生态伦理家庭教育的方法

家庭教育与学校教育不同,"渗透性"是其突出特点,因此,新时代生态伦理家庭教育要走出单纯说教的误区,发挥其优势,将"身教"与"境教"相结合。一方面,注重"身教"。"身教"就是父母或长辈以自己的言行举止去教育影响孩子。古语有言,"言传身教,身行一例,胜似千言",父母或长辈的日常行为习惯会潜移默化地塑造孩子的价值观念。因此,家长要以身作则,为孩子树立良好榜样,如不食用野生动物、不破坏花草树木、不随地乱扔垃圾、用洗菜水浇花、用无磷洗衣粉等,在点滴行为中融入生态环保理念,在日常生活中培养生态伦理意识。另一方面,营造"境教。""境教"则是以良好的家庭环境给予家庭成员积极的影响。家庭环境包括物质环境和精神环境两方面。家庭的物质环境主要指家庭的物质生活水平,包括衣、食、住、行四个维度。在人民日益追求美好生活的今天,既要保证较好的物质生活条件,也不可过度奢华、铺张浪费。每一个家庭、每一位成员都应保持一颗平常心,量入为出、适度消费。而家庭的精神环境则主要表现为家风。家风是一个家庭的精神内核,"是社会

---

① 《习近平谈治国理政》第二卷,外文出版社 2017 年版,第 353 页。

风气的重要组成部分"①,当前我国家风建设中缺少生态要素,因此,每一个家庭都应该继承优秀传统文化中的生态智慧,营造"敬畏生命""热爱自然""绿色低碳"的家庭风气。特别是党员干部家庭,要继承和弘扬革命前辈的优良作风,做好家风建设的榜样,以绿色家风引领生态社会风尚。

（四）　完善新时代生态伦理学校教育

自党的十八大报告首次将"立德树人"作为教育的根本任务以来,关注学生道德品质的培养就成为教育的重要议题。近年来,各级各类学校加快推进道德教育。但是,当下学校道德教育的主要内容仍然局限在人与人、人与社会层面,仍然没有完全打破传统人际道德教育的局限,这使得学生生态道德意识仍有缺乏。此外,在仅有的学校生态教育中,也存在教育内容不够完善、体系不够健全、师资力量匮乏等一系列问题。因此,新时代需要完善生态伦理学校教育,培养合格的生态文明建设道德主体。

1. 新时代生态伦理学校教育的内涵

学校是思想政治教育的主阵地,学校在学生道德品质培养、道德情操塑造、道德习惯养成等方面发挥着积极作用。但是,新时代的道德观不再仅仅局限于人与人、人与社会之间。2019年,中共中央、国务院印发《新时代公民道德建设实施纲要》,指出社会公德是全体公民在社会交往和公共生活中应该遵循的行为准则,涵盖了人与人、人与社会、人与自然之间的关系。可见,人与自然之间的生态道德是新时代道德教育的重点。因此,新时代学校要加强生态道德教育,要以新时代生态伦理为依据,系统传播生态知识与生态文化,逐步渗透生态道德观与道德规范,提高学生的生态意识与生态素养,为推动生态文明建设,实现美丽中国培养主力军。

---

① 《习近平谈治国理政》第二卷,外文出版社2017年版,第355页。

2. 新时代生态伦理学校教育的重要性

与环境教育不同,新时代生态伦理教育注重整体性。首先是对象的整体性。新时代生态伦理不是指导某些人或某一类人的道德观念和道德原则,而是全民的精神指引。因此,新时代生态伦理的教育对象不能局限于专业学生,更要注重对非相关专业学生的教育。其次是方法的整体性。新时代生态伦理建构不仅需要日常生活中情感的渗透、价值观念的塑造以及行为习惯的培养,更需要系统的知识教育,需要理论知识的灌输。只有通过多种方式,将知识教育与情感体验相结合,才能全面建构起新时代生态伦理。最后是目标的整体性。新时代生态伦理教育的目标不仅仅是培养具备生态知识、生态意识以及生态习惯的"生态人",而是帮助人们在处理与自然关系的过程中,学会明辨是非善恶,学会从大局出发,面向世界、面向未来做选择,从而学会调整与自然、与社会的关系,成为"现代生态人"。可见,新时代生态伦理教育是一个复杂的工程,具有一定的系统性与专业性,而这仅仅依赖自我教育、自然教育以及家庭教育是很难达成预期的。学校教育不仅有专门的教育场所、专业的师资力量,更有精心设置的课程体系和丰富多样的教育方法,能够有效推进新时代生态伦理教育。因此,开展新时代生态伦理教育,必须依赖学校力量。

3. 完善新时代生态伦理学校教育的途径

开展新时代生态伦理学校教育,一方面需要完善大中小学"全程化"的教育体系,使新时代生态伦理在中小学德育课程中渗透,在大学思想政治理论课上强化。2017年教育部制定了《中小学德育工作指南》,主张将生态文明教育纳入德育内容,这意味着中小学德育教育要切实涉及生态内容,要将引导学生树立亲近自然、爱护环境的价值观,培养学生掌握保护环境、爱护自然的能力作为课程目标,将体味生命的可贵、认识身边的动植物等作为课程内容。而对于大学生来讲,思想政治理论课是其接受思想政治教育的主渠道,因此,应将新时代生态伦理融入四门思想政治理论必修课中,潜移默化开展。比如,在"马克思主义基本原理"中可以适当介绍马克思恩格斯的生态伦理思想,在"中国近现代史纲要"中可以通过生动形象的革命故事引导学生体味中国人勤俭节约的优良传统,在"毛泽东思想和中国特色社会主义理论体系概论"中可以讲述中国共产党的"绿色"执政风格。另一方面需要建构课程、文化、活动、管理全方位的工作格局。首先,充分发挥课堂的主渠道作用,将生态伦理内容细化到各学科课程的教学目标之中,渗透到教育教学全过程。其次,重视校园环境建设,既要结合周边的自然环境,打造生机盎然的校园物质环境,又要加强人文环境熏陶,塑造师生的生态观。再次,要精心设置,利用植树节、环境日、地球日等节日,组织开展主题明确、形式多样、吸引力强的教育活动。最后,要积极推进学校管理的生态化。将新时代生态伦理要求贯穿到学校管理的每一个细节中,内化于全体师生广泛认同和自觉遵守的制度规章中。

(五) 重视社会教育

生态问题是不分种族、国界的全球性问题,生态伦理教育因而也是不分民族、地域的全社会问题。因此,新时代生态伦理教育不能局限于学校,而应逐渐面向各个层次,涵盖所有年龄段,成为一种在全社会范围内广泛开展的社会教育、全民教育、终身教育。

1. 新时代生态伦理社会教育的内涵

随着生态危机和环境恶化日渐成为普遍存在的问题,单靠某一个人或某一群体转变价值观念和行为习惯不可能解决所有人的问题。因此,新时代生态伦理教育必须涵盖每一个人,必须使全民都树立生态伦理意识,才可能达成人与自然和谐相处的目标。新时代生态伦理社会教育一方面要为每一个人提供接受生态知识、提高生态技能的机会,引导全民树立生态价值观,强化其履行生态责任的意识。另一方面也要通过广泛的社会动员,动员全民参与环境保护事业。人民群众是推进生态文明建设的生力军,是解决生态问题的根本力量,新时代生态伦理社会教育不仅要增强全民族的生态伦理意识,更要提高全体社会成员关心自然、保护环境、参与生态文明建设的道德热情和道德能力。

2. 新时代生态伦理社会教育的重要性

马克思主义认为人是自然性与社会性的统一。"人是自然界的一部分"①,与其他所有生命一样,永远无法摆脱自然属性的羁绊。但同时,人又是"最名副其实的政治动物"②,是"社会存在物",人的本质"是一切社会关系的总和"③,只有在社会中人才能证明自身的独立性。因此,人总是社会的人,人的一生都将生活于社会中,良好的社会环境有利于个人发展。可见,人的成长已经完全不局限于家庭和学校,必须同社会相结合,良好的社会教育更有利于人的道德品格的形成。与家庭教育、学校教育相比,社会教育是一种活的教育,它有更广阔的教育对象、更灵活的教育形式、更丰富的教育内容,能够全民、全程、全方位开展。同时,社会教育对人的影响是长远而且牢固的,这种影响一旦形成,就会伴随人的一生。可见,营造有利于新时代生态伦理教育的社会环境,积极开展社会教育,引导人们在和谐、优美的社会环境中学习、感悟新时代生态伦理,从而认识自己,唤醒人们对自然的道德认同,是十分必要且有效的。

3. 开展新时代生态伦理社会教育的途径

开展社会教育,首先,需要充分发挥社区的作用,建设全面覆盖的生态伦理教育网络。社区是社会的缩影,更具凝聚人心、塑造共同价值观的作用。一

---

① 《马克思恩格斯选集》第 1 卷,人民出版社 2012 年版,第 56 页。
② 《马克思恩格斯选集》第 2 卷,人民出版社 2012 年版,第 684 页。
③ 《马克思恩格斯选集》第 1 卷,人民出版社 2012 年版,第 135 页。

要借助社区的力量普及生态伦理知识。无论学校教育体系多么完善，都不可能涵盖所有人，而社区则可以弥补学校教育对象范围狭窄的不足，社区的宣传栏、活动室等是所有人接受生态伦理知识的殿堂。二要依靠社区的活动使公民养成生态伦理行为习惯。社区可以积极开展废旧物品变成宝、垃圾分类我给力、闲置物品大家换等活动，在日常活动中提高公众的环境保护意识和保护环境能力。其次，将生态元素融入快板、小品、话剧、三句半、脱口秀等文艺惠民活动中，用百姓喜闻乐见的方式在全社会范围内广泛开展，推动学习宣传新时代生态伦理形成规模、声势和热潮。最后，建设生态文明教育馆，打造全民环境教育宣传"主阵地"。目前我国的生态文明建设还处于碎片化、零散化的起步阶段，没有完整的教育体系，缺乏合适的教育场所。因此，我们必须像开展爱国教育、红色教育一样，打造专门的生态教育基地。生态文明教育馆是集生态文明成果展示、教育、监管、保护于一体的多功能场馆，有利于向公众集中宣传生态伦理精神、普及生态及环境保护知识，是新时代传播生态伦理的窗口，是人民群众了解生态、体验环保的基地，能够把宣传、建构新时代生态伦理向广、向深推进。

五、法律制度保障生态伦理

生态伦理与环境保护制度具有内在联系。生态伦理是环境法治的基础和核心，一项环境保护制度要想保持持久的生命力，就必须与当时社会所普遍接受的关于保护环境的意识形态、价值观念相融合，必须真实客观地反映特定社会的生态伦理。而生态伦理本质上是一种道德自律，这种道德自律会得到所有人的普遍遵循则显得过于理想化，特别是进入 20 世纪以来，频频爆发的自然灾害、愈演愈烈的生态危机使人类认识到在现实社会中，人们的道德自律意识不强，那么就必须将生态伦理规范转化为有章可循的环境法律制度，才能约束人们的行为。因此，生态伦理建设要想长期推进并取得显著效果，必须构筑完备的生态伦理法律体系,为其提供坚实保障。

(一) 新时代生态伦理法律保障体系的构建原则

新时代生态伦理法律保障体系要想获得权威和认可就必须在构建过程中遵循一定的原则,将这些原则作为其构建的基础和核心精神。具体而言,新时代生态伦理法律保障体系的构建原则包括生态优先原则、底线思维原则、公正平等原则和民主参与原则。

1.坚持生态优先原则

经济发展与环境保护本质上是共生共荣的,但是二者并不完全一致,有时甚至会出现对立,这时就需要法律给出一个明确的原则来确定取舍,这一基本原则就是生态优先原则。生态优先原则是指当经济发展与环境保护发生矛盾时,我们要"把生态环境保护摆在更加突出的位置"①。生态优先原则的确立必须把握好三个层级原则的关系。首先,既要绿水青山,也要金山银山。发展是硬道理,现阶段,大力发展生产力仍是我国的主要任务。但是我们要实现的现代化是人与自然和谐共生的现代化,是既能够创造物质财富满足人民群众的基本生活需要,也能提供优质生态产品满足人民群众的美好生活需要。其次,宁要绿水青山,不要金山银山。在现实生活中,一旦经济发展与环境保护发生矛盾,我们"决不以牺牲环境为代价去换取一时的经济增长"②。最后,绿水青山就是金山银山。绿水青山与金山银山绝不是对立的,生态环境本身也是生产力,我们要让绿水青山充分发挥经济社会效益,因地制宜发展产业,推动全体人民实现共同富裕。

---

① 中共中央文献研究室编:《习近平关于社会主义生态文明建设论述摘编》,中央文献出版社2017年版,第20页。
② 中共中央文献研究室编:《习近平关于社会主义生态文明建设论述摘编》,中央文献出版社2017年版,第20页。

2. 树立底线思维原则

道德是基础,法律是底线。环境立法的目的就是优化和改善环境。因此,底线思维原则也成为新时代生态伦理法律保障体系的构建原则。首先,坚守生态底线、发展底线、民生底线,不踩红线、不越雷池。生态环境日益成为衡量一个国家或地区综合竞争力的重要组成部分,因此,必须守住生态底线,拒绝一切破坏环境的行为。同时,环境就是民生、环境就是生产力,保护环境绝不等于不作为。因此,我们必须从广大人民群众的最根本需要出发,促进生产发展,提高人民生活水平的同时,让人民群众普遍都能享受良好的生态环境。其次,树立忧患意识,培养居安思危的精神。构建新时代生态伦理不是一朝一夕就能完成的,而是要全国各族人民一代接着一代坚持下去,这就要求我们对生态环境要有未雨绸缪的意识,认识到当前生态状况的紧迫性,立足当下,着眼未来,珍惜每一种资源,合理利用每一寸土地。最后,积极创造条件,化被动为主动,争取取得最优结果。底线思维原则要求我们做好准备以应对最恶劣的情况,比如制定详细的法律条文对破坏环境的行为作出量裁,但法律是最后的手段,并不是最优的办法。我们应该充分利用一切条件,宣传生态伦理理念,培养人民的生态道德意识,从而自觉约束自身行为。

3. 重视公正平等原则

"良好生态环境是最公平的公共产品,是最普惠的民生福祉"①,公正平等是生态文明建设的题中应有之义,是生态伦理的基本原则。因此,建构生态伦理法律保障体系必须坚持公正平等的原则,实现人与自然、人与当代人以及人与未来人的和谐统一。首先,要坚持种际公平原则。人类中心主义或非人类中心主义会割裂人与自然的关系,而新时代生态伦理将人与自然看作生命共

---

① 中共中央文献研究室编:《习近平关于社会主义生态文明建设论述摘编》,中央文献出版社 2017 年版,第 4 页。

同体,人与自然之间是一种公正平等的关系。因此,人类应该以平等的角度看待自然,认识到人类离不开自然,摒弃征服自然的思想,尊重其他物种的权利。其次,要坚持代内公平原则。代内公平是指同时代内的所有人,不论国籍、种族、身份、年龄、性别、受教育程度,在自然资源占有、良好环境享用方面一律拥有平等的权利。因此,在制定法律政策方面,要合理协调发达地区与落后地区在环境保护上的责任和义务。最后,是代际公平原则。代际公平是指不同历史时期的人们在利用自然资源、谋求生存发展等方面均等,即当代人必须给后代人的生存和发展留下必要的环境资源和自然资源。生态伦理要求我们必须对后代人施以应有的道德关怀,当代人在生态环境上埋下的"因",不能让子孙后代去承担大自然报复的"果"。因此,生态伦理法律保障体系的建构必须坚持代际公平的原则,从可持续发展的视角出发,实现人类社会的永续发展。

4.践行环境民主原则

生态环境作为一种特殊的公共产品,与每个人息息相关,我们每个人都是生态环境的保护者、建设者,而不是旁观者、局外人。优美的生态环境需要全社会共同维护,而构建新时代生态伦理也需要公众的广泛参与和社会团体的积极介入,而这反映到法律规范上就是在生态伦理法律保障体系建构的过程中要坚持环境民主原则。环境民主原则是指一切人或团体均有权按照一定的程序参与社会公共环境相关的决策及实施,表达环境诉求、获得环境救济,即让人民群众成为推动环境保护法制化进程的主力军。首先,人民群众有权参与环境影响评价。人民群众是生态环境质量的最直接评判者,因此,那些可能会影响到人民生活环境的建设项目,应在广泛听取群众意见的基础上,再决定其是否实施。其次,人民群众有权参与环境立法与决策。健全信息公开制度,让人民群众知晓信息,并通过召开听证会、座谈会等,广泛征求意见,邀请群众参与立法。最后,人民群众有权参与环境监督。生态环境属于公共资源,目前我国对于公共资源的配置还是以市场调节为主、政府调节辅之,这种模式有可能造成资源配置效率低下。因此,让人民群众参与环境监督,可以有效督促政府履职,监督企业行为,有效提高资源利用效率。

(二) 新时代生态伦理法律保障体系的逻辑架构

新时代生态伦理法律保障体系是在科学发展观的指导下,在人与自然和谐相处、人与自然是生命共同体等理念的基础上,以环境保护法律为基础、以自然资源法律为核心、以污染防治法律为重点。

1. 环境保护法是新时代生态伦理法律保障体系的基础

法律是最低限度的道德,建构生态伦理的目的是缓解生态危机、保护生态环境。因此,新时代生态伦理法律保障体系必须以保护生态环境不被破坏为底线,具体包括以下两部分。一方面,坚持以《中华人民共和国环境保护法》为纲领和指导。在我国的环境法律体系中,《中华人民共和国环境保护法》被看作是环境保护的基本法。因此,必须将《中华人民共和国环境保护法》作为新时代生态伦理法律保障体系的根基,深入理解其核心精神和基本指示。另一方面,要在《中华人民共和国环境保护法》的基础上,根据人类生存和发展所需要的各种天然的和经过人工改造的环境,包括大气、水、海洋、土地、森林、草原、自然保护区、城市和乡村等,制定具体的保护条例或管理规定,如《中华人民共和国海洋环境保护法》《湿地管理条例》《文化遗产保护法》《乡村环境保护和治理条例》等,有针对性地开展环境保护工作。

2. 自然资源法是新时代生态伦理法律保障体系的核心

新时代生态伦理要求人类对自然、对社会、对自身担负一定的道德关怀,这与可持续发展观所要求的人类应该善待自然、尊重自己、与社会和谐相处相一致,因此,可持续发展不仅是新时代生态伦理的基本原则,也是新时代生态伦理的价值目标。而自然资源是人类赖以生存的物质基础,但是自然资源具有有限性,这就决定了人类社会要想实现可持续发展就必须珍惜自然资源。因此,自然资源法是新时代生态伦理法律保障体系的核心。自然资源法是有关自然资源的开发、利用、管理和保护等方面法律规范的总称。与环境保护法不同,自然资源法着重调整各种自然资源的开发和利用。因此,根据自然资源的属性,自然资源法可分为保护可再生资源的法律,包括《土地法》《森林法》《草原法》《渔业法》等,和保护不可再生资源的法律,主要有《矿产资源法》。

3. 污染防治法是新时代生态伦理法律保障体系的重点

构建新时代生态伦理的目的是提高人们的生态道德,使人们自觉行动,保护环境,防止污染,因而污染防治法是新时代生态伦理法律保障体系的重点。污染防治法是有关各类污染的防治和处理等领域法律的总称。根据环境污染的类别,我国的污染防治法大体分为两类,一类包括《大气污染防治法》《水污染防治法》《土壤污染防治法》等。另一类则包括《固体废弃物污染》《光污染防治法》《噪音污染防治法》等。就目前情况而言,《大气污染防治法》《水污染防治法》《土壤污染防治法》等法律有待完善和落实,而《化学物品污染防治法》《光污染防治法》《噪音污染防治法》等亟待起草与修订。

(三) 新时代生态伦理法律保障体系的基本内容

党的十八大以来,生态文明建设被纳入"五位一体"总体布局之中,赋予了生态文明建设重要的战略地位,生态文明法律保障体系的"四梁八柱"也随之建立。而法律的生命力在于执行,因此需要一系列明确的法律制度为其顺利执行提供基本立足点。党的十九届四中全会提出坚持和完善生态文明制度体系,力图通过制度的内化和落实推动生态文明建设。而新时代生态伦理作为生态文明的精神内核,其法律保障体系的构建也需要各项具体制度的支持。具体而言,新时代生态伦理法律保障体系的基本内容包括:建立自然资源管理制度、完善责任追究制度、健全生态环境保护公众参与制度。

1.建立自然资源管理制度

我国是资源大国,自然资源总量大、种类齐全,这使得长期以来我国对自然资源的使用以市场供给为主,绝大多数环境使用费未纳入成本费中,自然资源使用门槛低,这种模式造成了严重的资源浪费。但是"大部分对生态环境造成破坏的原因是来自对资源的过度开发、粗放型使用"①。可见,节约资源是保护生态环境的根本之策,这意味着必须建立自然资源管理制度,从资源使用这个源头抓起。一方面,根据市场需求和资源稀缺程度,建立自然资源有偿使用制。自然资源有偿使用制即资源使用者在开发资源时必须支付一定的费用,以用来修复和持续使用自然资源。因此,要在坚持自然资源全民所有制的前提下,丰富自然资源资产使用权利类型,扩大资源有偿使用的范围,提高资源使用门槛。同时,也要充分发挥市场的作用,根据市场需求和资源稀缺程度,探索多样化有偿使用方式,构建完善的自然资源有偿使用的价格机制和管理方法。另一方面,要建立体现市场需求和代际补偿的生态补偿制度。生态补偿制度是为了保护生态环境、促进人与自然和谐发展,基于"污染者付费""破坏者付费"和"受益者付费"原则,以生态环境保护和建设为核心、以行政手段和市场手段为保障的一项环境管理制度。现阶段,虽然我国关于生态补偿制度的规定原则性较强,但是在实践中缺乏可操作性。因此,要充分利用财政、税收、行政等手段,有效落实生态补偿制度。

2.完善责任追究制度

现阶段的生态环境问题大部分都是由人的不适当行为造成的,对破坏环

---

① 中共中央文献研究室编:《习近平关于社会主义生态文明建设论述摘编》,中央文献出版社 2017 年版,第 45 页。

境行为的责任追究事关生态伦理建设的成效。因此,在明晰社会各类主体的生态伦理责任和规范后,要落实责任追究制度,保障新时代生态伦理作用的有效发挥。一方面,要建立生态损害终身责任追究制。现阶段,在党中央大力开展生态文明建设、督查环境违法行为的背景下,部分地区或企业仍顶风作案、敷衍行事。因此,必须加大执法力度,严厉查处各种环境违法行为,落实终身责任追究制度,打消人们的侥幸心理,从而使各类主体切实履行好各自的生态伦理责任。另一方面,要建立生态环境损害责任赔偿制。新时代生态伦理的责任原则要求"损害担责",即造成生态环境损害的责任人要承担修复生态环境等责任。这意味着首先要明确生态环境损害赔偿范围。其次,要确定赔偿义务人,违反法律法规,造成生态环境损害的个人或团体均应该承担赔偿,应赔尽赔。最后,要明确赔偿权利人。省级、地市级政府作为本行政区域内生态环境损害赔偿权利人,有权提起诉讼,开展生态环境损害赔偿工作,进而走出"企业污染、群众受害、政府买单"的困境。

3. 健全生态环境保护公众参与制度

新时代生态伦理是人类在进行与大自然有关的活动中形成的伦理关系及原则规范。可见,在人与自然的伦理关系中,人是主体,因而只有人类才有"力量"违背自然规律,造成生态危机,也只有人类有"方法"调整自身行为,促成人与自然的和谐。因此每一位公民都应该积极发挥主观能动性,自觉树立人与自然和谐相处意识,主动参与到生态文明建设之中。但是,目前我国环境保护中的公众参与制度并不成熟完善,在立法上,没有专门的立法,也没有明确规定公民的相关参与权利,造成公众缺乏积极性。在具体的制度设计上,我国的公众参与环境保护制度不完善,参与机制存在缺陷,这使得公众参与环保的机会少,也无实效。在执法上,"全能政府"观念依然浓厚,绝大部分人认为环境保护是政府的职责而非个人的责任。此外,我国环境保护中现有的公众参与侧重于监督,而事前的预防及事后的弥补明显不够。因此,针对我国目前环境保护中公众参与制度的不足,要借鉴国外有益经验。首先,建立信息公开制度,保障公民的环境知情权。其次,完善公众参与环境保护的机制,使之法律化、规范化、具体化。最后,促进环保社会组织的蓬勃发展,为公众自发参与环境保护提供可靠的组织形式。

参 考 文 献

一、著作类

马克思恩格斯选集》(1—4卷),人民出版社2012年版。

《马克思恩格斯文集》(1—10卷),人民出版社2009年版。

《马克思恩格斯全集》第2卷(2005年版)、第3卷(2002年版)、第31卷(1998年版)、第44卷(2001年版),人民出版社。

《列宁选集》(1—4卷),人民出版社2012年版。

《毛泽东选集》第一至四卷,人民出版社1991年版。

《邓小平文选》第一至二卷,人民出版社1994年版。

《邓小平文选》第三卷,人民出版社1993年版。

《江泽民文选》第一至三卷,人民出版社2006年版。

《胡锦涛文选》第一至三卷,人民出版社2016年版。

《习近平谈治国理政》第1卷,外文出版社2018年版。

《习近平谈治国理政》第2卷,外文出版社2017年版。

《习近平谈治国理政》第3卷,外文出版社2020年版。

习近平:《之江新语》,浙江人民出版社2007年版。

习近平:《干在实处 走在前列:推进浙江新发展的思考与实践》,中共中央党校出版社2006年版。

习近平:《决胜全面建成小康社会 夺取新时代中国特色社会主义伟大胜利——在中国共产党第十九次全国代表大会上的报告》,人民出版社2017年版。

中共中央宣传部:《习近平总书记系列重要讲话读本》,学习出版社、人民出版社2014年版。

中共中央宣传部:《习近平总书记系列重要讲话读本(2016年版)》,学习出版社、人民出版社2016年版。

中共中央宣传部:《习近平新时代中国特色社会主义思想三十讲》,学习出版社2018年版。

中共中央宣传部:《习近平新时代中国特色社会主义思想学习纲要》,学习出版社、人民出版社2019年版。

中共中央文献研究室:《习近平关于社会主义生态文明建设论述摘编》,中央文献出版社2017年版。

中共中央文献研究室:《习近平关于全面深化改革论述摘编》,中央文献出版社2014年版。

中共中央文献研究室:《习近平关于全面建成小康社会论述摘编》,中央文献出版社2016年版。

中共中央文献研究室:《十六大以来重要文献选编》下,中央文献出版社2011年版。

全国干部培训教材编审指导委员会:《推进生态文明 建设美丽中国》,人民出版社2019年版。

国家林业局:《建设生态文明 建设美丽中国:学习贯彻习近平总书记关于生态文明建设重大战略思想》,中国林业出版社2014年版。

生态环境部环境与经济政策研究中心:《生态文明理论与制度研究》,中国环境出版集团2019年版。

《新时代公民道德建设实施纲要》,人民出版社2019年版。

李捷:《学习习近平生态文明思想问答》,浙江人民出版社2019年版。

方世南:《马克思恩格斯的生态文明思想——基于〈马克思恩格斯文集〉的研究》,人民出版社2017年版。

方世南:《马克思环境思想与环境友好型社会研究》,上海三联书店2014年版。

方世南:《美丽中国生态梦:一个学者的生态情怀》,上海三联书店2014年版。

郇庆治:《重建现代文明的根基:生态社会主义研究》,北京大学出版社2010年版。

郇庆治:《环境政治学:理论与实践》,山东大学出版社2007年版。

郇庆治:《生态文明建设十讲》,商务印书馆2014年版。

郁庆治:《自然环境价值的发现 现代环境中的马克思恩格斯自然观研究》,广西人民出版社 1994 年版。

廖福霖:《生态文明观与全面发展教育》,东北林业大学出版社 2002 年版。

廖福霖:《生态文明建设理论与实践》,中国林业出版社 2003 年版。

廖福霖:《生态文明学》,中国林业出版社 2012 年版。

廖福霖:《建设美丽中国理论与实践》,中国社会科学出版社 2014 年版。

顾钰民等:《新时代中国特色社会主义生态文明体系研究》,上海人民出版社 2019 年版。

陈宗兴:《区域环境与可持续发展》,西安大学出版社 1997 年版。

陈宗兴、刘燕华:《循环经济面面观》,辽宁科学技术出版社 2007 年版。

陈宗兴:《生态文明建设》(理论卷/实践卷),学习出版社 2014 年版。

曹孟勤、卢风:《环境哲学:理论与实践》,南京师范大学出版社 2010 年版。

曹孟勤、卢风:《中国环境哲学 20 年》,南京师范大学出版社 2012 年版。

陈寿朋:《生态文明建设论》,中央文献出版社 2007 年版。

陈寿朋:《生态文明建设读本》,浙江人民出版社 2010 年版。

沈满洪:《生态文明建设:从概念到行动》,中国环境科学出版社 2014 年版。

沈满洪:《生态文明建设思路与出路》,中国环境科学出版社 2014 年版。

赵建军:《我国生态文明建设的理论创新与实践探索》,宁波出版社 2017 年版。

黄承梁:《新时代生态文明建设思想概论》,人民出版社 2018 年版。

王雨辰:《走进生态文明》,湖北人民出版社 2011 年版。

曹鹤舰:《新时代中国生态文明建设》,四川人民出版社 2019 年版。

汤洪俊:《新时代生态文明建设若干思考》,辽海出版社 2019 年版。

李勇进、陈文江:《生态文明建设的社会学研究》,兰州大学出版社 2018 年版。

李学林:《邓小平生态文明建设思想研究》,中国社会科学出版社 2019 年版。

任铃、张云飞:《改革开放 40 年的中国生态文明建设》,中共党史出版社 2018 年版。

张云飞:《辉煌 40 年——中国改革开放成就丛书(生态文明建设卷)》,安徽教育出版社 2018 年版。

于文杰、毛杰:《论西方生态思想演进的历史形态》,商务印书馆 1999 年版。

刘经纬:《中国生态文明建设理论研究》,人民出版社 2019 年版。

傅治平:《生态文明建设导论》,国家行政学院出版社 2008 年版。

王丽萍:《中国特色社会主义生态文明建设理论与实践研究》,九州出版社 2018 年版。

秦书生:《社会主义生态文明建设研究》,东北大学出版社 2015 年版。

赵成、于萍:《马克思主义与生态文明建设研究》,中国社会科学出版社 2016 年版。

叶文虎:《中国学者论环境与可持续发展》,重庆出版社 2011 年版。

黄治东、徐习军:《美丽中国语境下的生态责任教育》,吉林人民出版社 2015 年版。

潘家华:《生态文明建设的理论建构与实践探索》,中国社会科学出版社 2019 年版。

张雪:《我国社会主义生态文明建设研究》,四川大学出版社 2015 年版。

戴星翼、董骁:《"五位一体"推进生态文明建设》,上海人民出版社 2014 年版。

周鑫:《西方生态现代化理论与当代中国生态文明建设》,光明日报出版社 2012 年版。

孙立:《西部地区生态文明建设理论与实践》,宁夏人民出版社 2013 年版。

陈润羊、张贡生:《清洁生产与循环经济——基于生态文明建设的理论建构》,山西经济出版社 2014 年版。

王华雷:《人与自然交争的忧患泛论——生态文明建设考》,湖北科学技术出版社 2013 年版。

徐传珍:《开放型思维与生态文明建设研究》,浙江大学出版社 2011 年版。

舒俭民、张林波:《国家生态文明建设指标体系研究与评估》,科学出版社 2019 年版。

曾刚:《我国生态文明建设的科学基础与路径选择》,人民出版社 2018 年版。

魏胜文、朱智文:《科学发展观视域中的生态文明建设》,甘肃人民出版社 2009 年版。

孔翔:《地方认同、文化传承与区域生态文明建设》,科学出版社 2016 年版。

张忠伦:《人类文明的起落及中国生态文明建设探要》,东北林业大学出版社 2005 年版。

张君明:《环境法与生态文明建设》,吉林大学出版社 2017 年版。

蔡守秋:《生态文明建设的法律和制度》,中国法制出版社 2017 年版。

吴季松:《生态文明建设》,北京航空航天大学出版社 2016 年版。

王仲颖、张有生:《生态文明建设与能源转型》,中国经济出版社 2016 年版。

马建堂、郑国光:《气候变化应对与生态文明建设》,国家行政学院出版社 2017

年版。

　　关道明、马明辉、许妍:《海洋生态文明建设及制度体系研究》,海洋出版社 2017年版。

　　胡刚:《中国特色社会主义生态文明建设路径研究》,电子科学技术大学出版社 2018 年版。

　　王晓峰:《西安生态文明建设模式与评价》,陕西师范大学出版总社 2015 年版。

　　许尔君、袁凤香:《生态文明建设——美丽中国视域下的生态文明建设现实路径》,甘肃人民出版社 2015 年版。

　　燕芳敏:《现代化视域下的生态文明建设研究》,山东人民出版社 2016 年版。

　　刘健康:《中国社会主义现代化进程中的生态文明建设研究》,江西人民出版社 2018 年版。

　　郭濂编:《生态文明建设与深化绿色金融实践》,中国金融出版社 2014 年版。

　　朱光明、卢晨阳、李毅:《生态文明建设中外经验研究(国际篇)》,中国人口出版社 2014 年版。

　　朱光明、游祥斌:《生态文明建设中外经验研究(国内篇)》,中国人口出版社 2015年版。

　　章如庚:《浅论国学与生态文明建设》,中国戏剧出版社 2012 年版。

　　刘国新、宋华忠、高国卫:《美丽中国:中国生态文明建设政策解读》,天津人民出版社 2014 年版。

　　黄国勤:《生态文明建设的实践与探索》,中国环境科学出版社 2009 年版。

　　左亚文:《资源 环境 生态文明——中国特色社会主义生态文明建设》,武汉大学出版社 2014 年版。

　　蒙秋明、李浩:《大学生生态文明观教育与生态文明建设》,西南交通大学出版社 2010 年版。

　　刘永红:《生态文明建设的法治保障》,社会科学文献出版社 2019 年版。

　　邓琳:《河流生态文明建设》,云南人民出版社 2019 年版。

　　王鲁娜:《生态文明建设》,河北大学出版社 2018 年版。

　　马志强、江心英:《生态文明建设》,社会科学文献出版社 2017 年版。

　　娄瑞雪:《生态文明建设与制度研究》,吉林大学出版社 2018 年版。

　　杨瑞、鲁长安:《生态文明建设新篇章》,中国人民大学出版社 2018 年版。

　　黄茂兴:《党员干部生态文明建设读本》,中国林业出版社 2019 年版。

汤文颖:《生态文明建设的理论与实践》,中国言实出版社 2017 年版。

王岳丽:《环境法视阈下生态文明建设研究》,东北师范大学出版社 2019 年版。

魏东:《生态文明建设与绿色经济发展研究》,北京工业大学出版社 2018 年版。

徐婷婷:《新时期生态文明建设研究》,吉林人民出版社 2018 年版。

李颖:《土地管理创新与生态文明建设》,地质出版社 2018 年版。

吴平:《共建美丽中国:新时代生态文明理念、政策与实践》,商务印书馆 2018 年版。

陈勇:《中部地区生态文明建设及发展战略研究》,科学出版社 2020 年版。

邬晓燕:《中国生态修复的进展与前景》,经济科学出版社 2017 年版。

余谋昌、雷毅、杨通进:《环境伦理学》,高等教育出版社 2019 年版。

于川:《实践哲学语境下的生态伦理研究》,上海社会科学院出版社 2019 年版。

林红梅:《生态伦理学概论》,中央编译出版社 2008 年版。

廖小平、孙欢:《国家治理与生态伦理》,湖南大学出版社 2018 年版。

王国聘、曹顺仙、郭辉:《西方生态伦理思想》,中国林业出版社 2018 年版。

陈万球:《绿色发展理念与生态伦理反思》,新华出版社 2016 年版。

董玉宽:《科学发展观与生态伦理》,辽宁人民出版社 2013 年版。

叶平:《基于生态伦理的环境科学理论和实践观念》,哈尔滨工业大学出版社 2014 年版。

霍功:《中国生态伦理思想研究》,新华出版社 2009 年版。

曲爱春:《孔孟荀的天人观及其生态伦理》,吉林大学出版社 2007 年版。

曹孟勤:《人性与自然:生态伦理哲学基础反思》,南京师范大学出版社 2006 年版。

聂长久、韩喜平:《马克思主义生态伦理学导论》,中国环境出版社 2016 年版。

余正荣:《天人一体 民胞物与:对生命共同体的道德关怀》,广州人民出版社 2015 年版。

[美]彼得·辛格:《动物解放》,祖述宪译,青岛出版社 2004 年版。

[美]彼得·辛格:《动物解放》,梦祥胜译,光明日报出版社 1999 年版。

[美]汤姆·雷根、卡尔·科亨:《动物权利论争》,杨通进等译,中国政法大学出版社 2005 年版。

[德]施韦泽:《敬畏生命》,陈泽环译,上海社会科学院出版社 1996 年版。

[美]罗尔斯顿:《环境伦理学:大自然的价值以及人对大自然的义务》,杨通进译,中国社会科学出版社 2000 年版。

［古希腊］亚里士多德:《政治学》,吴寿彭译,商务印书馆1965年版。

［美］德尼·占莱:《发展伦理学》,高铦、温平、李继红译,中国社会科学出版社2003年版。

［英］汤因比、［日］池田大作:《展望21世纪》,荀春生,朱征继,陈国梁译,国际文化出版公司1997年版。

［美］拉兹洛:《用系统论的观点看世界》,中国社会科学出版社1985年版。

［美］奥尔多·利奥波德:《沙乡年鉴》,侯文蕙译,吉林人民出版社1997年版。

［美］赫伯特·马尔库塞著:《单向度的人》,刘继译,上海译文出版社2008年版。

［英］布莱恩·劳森著:《空间的语言》,杨青娟译,中国建筑工业出版社2003年版。

二、 期刊类

习近平:《推动我国生态文明建设迈上新台阶》,《求是》2019年第3期。

郇庆治:《环境人文社科视野下的习近平生态文明思想研究》,《环境与可持续发展》2019年第6期。

郇庆治:《2019年生态主义思潮:从中国参与到中国引领》,《人民论坛》2019年第35期。

郇庆治、马丁·耶内克:《生态现代化理论:回顾与展望》,《马克思主义与现实》2010年第1期。

郇庆治:《以更高的理论自觉推进新时代生态文明建设》,《鄱阳湖学刊》2018年第3期。

方世南:《习近平生态文明思想的鲜明政治指向》,《理论探索》2020年第1期。

方世南:《习近平生态文明思想对马克思主义规律论的继承和发展》,《理论视野》2019年第11期。

方世南:《建设人与自然和谐共生的现代化》,《理论视野》2018年第2期。

方世南、徐雪闪:《正视生态治理与经济发展的辩证关系》,《国家治理》2017年Z1期。

张云飞:《绿色激荡中的生态主义》,《人民论坛》2020年第3期。

张云飞:《生态理性:生态文明建设的路径选择》,《中国特色社会主义研究》2015年第1期。

张云飞、黄顺基:《中国传统伦理的生态文明意蕴》,《中国人民大学学报》2009年第5期。

王雨辰:《习近平生态文明思想的三个维度及其当代价值》,《马克思主义与现实》2019 年第 2 期。

李昕、曹洪军:《习近平生态文明思想的核心构成及其时代特征》,《宏观经济研究》2019 年第 6 期。

刘海霞、王宗礼:《邓小平生态环境思想探析》,《中南大学学报(社会科学版)》,2014 年第 6 期。

左文盼:《推动社会公正和公民道德建设良性互动》,《人民论坛》2019 年第 33 期。

马莉:《审视与重构:人类学生态进路的研究范式及其转向》,《广西民族研究》2020 年第 1 期。

马俊峰、王鹏:《习近平生态文明思想的三个维度解析》,《学术交流》2019 年第 7 期。

张力兵:《坚决扛起生态文明建设的政治责任》,《前线》2018 年第 12 期。

赵建军:《习近平生态文明思想的科学内涵及时代价值》,《环境与可持续发展》2019 年第 6 期。

陈宗兴:《深入学习贯彻习近平生态文明思想 以生态文明建设引领高质量发展》,《中国生态文明》2019 年第 6 期。

季正聚:《习近平生态文明思想理论贡献的多维度研究》,《环境与可持续发展》2019 年第 6 期。

秦宣:《习近平生态文明思想产生的历史逻辑背景》,《环境与可持续发展》2019 年第 6 期。

陈俊:《新时代中国生态文明建设的行动指南——深刻把握习近平生态文明思想的理论结构》,《环境与可持续发展》2019 年第 6 期。

黄承梁:《着力推进习近平生态文明思想马克思主义整体性研究》,《环境与可持续发展》2019 年第 6 期。

孔婷:《生态文明建设思想对马克思主义哲学的继承与创新》,《马克思主义哲学研究》2019 年第 1 期。

黎明辉、王经北:《习近平生态文明思想的真善美特质》,《理论导刊》2020 年第 1 期。

赵英:《渊源·内涵·价值——理解习近平生态文明思想的科学维度》,《理论导刊》2019 年第 12 期。

王东、李宏伟:《"天人和谐型生态文明观"的思想精髓》,《人民论坛》2017 年第

31 期。

　　沈广明、钟明华：《习近平生态文明思想的政治经济学解读》,《马克思主义研究》
2019 年第 8 期。

　　肖巍：《当代中国马克思主义研究与传播的方法》,《马克思主义研究》2009 年第
10 期。

　　陈学明：《习近平生态文明思想对马克思主义基本理论的继承和发展》,《探索》
2019 年第 4 期。

　　杨非凡：《"一带一路"建设视域下的生态文明》,《科学技术哲学研究》2019 年第
6 期。

　　魏华、卢黎歌：《习近平生态文明思想的内涵、特征与时代价值》,《西安交通大学学
报(社会科学版)》2019 年第 3 期。

　　卢黎歌、李小京、魏华：《生态伦理思想的觉醒与当前中国生态文明建设的困境》,
《西安交通大学学报(社会科学版)》2019 年第 3 期。

　　杜丽群、陈阳：《新时代中国生态文明建设研究述评》,《新疆师范大学学报(哲学
社会科学版)》2019 年第 3 期。

　　杨莉、刘海燕：《习近平"两山理论"的科学内涵及思维能力的分析》,《自然辩证法
研究》2019 年第 10 期。

　　刘海娟、田启波：《习近平生态文明思想的核心理念与内在逻辑》,《山东大学学报
(哲学社会科学版)》2020 年第 1 期。

　　张颖、王智晨：《论中国特色生态文明建设的系统性——习近平生态文明思想的系
统论解读》,《陕西师范大学学报(哲学社会科学版)》2020 年第 1 期。

　　孙永平：《习近平生态文明思想对环境经济学的理论贡献》,《南京社会科学》2019
年第 3 期。

　　黄爱宝：《生态型政府初探》,《南京社会科学》2006 年第 1 期。

　　宋献中、胡珺：《理论创新与实践引领：习近平生态文明思想研究》,《暨南学报(哲
学社会科学版)》2018 年第 1 期。

　　李昕蕾：《习近平生态文明思想的国际化意蕴与民间外交传播路径》,《福建师范
大学学报(哲学社会科学版)》2019 年第 6 期。

　　刘耀彬、郑维伟：《习近平新时代中国特色社会主义生态文明思想：历史形成、逻辑
主线及实践创新》,《湖南科技大学学报(社会科学版)》2018 年第 1 期。

　　王季潇、吴宏洛：《习近平关于乡村生态文明重要论述的内生逻辑、理论意蕴与实

践向度》，《广西社会科学》2019 年第 8 期。

李全喜：《习近平生态文明思想的核心要义》，《广西社会科学》2019 年第 4 期。

吴明涛、毕红梅：《习近平生态文明思想的生成逻辑、理论意蕴与实践向度》，《广西社会科学》2019 年第 4 期。

黄高晓：《论习近平全球生态文明建设思想》，《广西社会科学》2018 年第 6 期。

李艳芳、曲建武：《习近平新时代中国特色社会主义生态文明建设思想探析》，《广西社会科学》2017 年第 12 期。

李宏伟：《深刻把握习近平生态文明思想的基本要义》，《党建》2019 年第 7 期。

周宏春、江晓军：《习近平生态文明思想的主要来源、组成部分与实践指引》，《中国人口·资源与环境》2019 年第 1 期。

李明义：《习近平生态文明思想是环境司法根本指导》，《中国生态文明》2019 年第 1 期。

杨煌：《走向社会主义生态文明新时代的根本指针——深入学习习近平生态文明思想》，《世界社会主义研究》2019 年第 3 期。

董亮：《习近平生态文明思想中的全球环境治理观》，《教学与研究》2018 年第 12 期。

刘燕：《"生命共同体"：习近平生态文明思想的理论格局》，《中共福建省委党校学报》2019 年第 1 期。

张森年：《习近平生态文明思想的哲学基础与逻辑体系》，《南京大学学报（哲学·人文科学·社会科学)》2018 年第 6 期。

丁威：《习近平生态文明思想六大原则的深刻意蕴与时代价值》，《理论视野》2019 年第 2 期。

刘希刚、孙芬：《论习近平生态文明思想创新》，《江苏社会科学》2019 年第 3 期。

梁炳辉：《习近平生态文明思想的形成背景、理论内涵、实践探索与历史价值》，《南宁师范大学学报（哲学社会科学版)》2020 年第 1 期。

张波：《习近平生态文明思想的科学内涵与生动实践》，《邓小平研究》2019 年第 3 期。

杜昌建：《习近平生态文明思想研究述评》，《北京交通大学学报（社会科学版)》2018 年第 1 期。

穆艳杰、魏恒：《习近平生态文明思想研究》，《东北师大学报（哲学社会科学版)》2019 年第 1 期。

李玟兵:《论习近平的生态审美思想》,《北京林业大学学报(社会科学版)》2019 年第 4 期。

韩跃民:《全球生态矛盾冲突及其治理》,《社会科学战线》2017 年第 11 期。

赖明:《贯彻习近平生态文明思想 加强水生态建设》,《中国生态文明》2018 年第 6 期。

骆清:《习近平生态文明思想的哲学底蕴》,《环境与发展》2019 年第 2 期。

余成武、蔡如兴:《习近平生态文明思想的三重维度及其当代价值》,《闽南师范大学学报(哲学社会科学版)》2019 年第 4 期。

张赓、徐保风:《习近平生态文明思想研究述评》,《中南林业科技大学学报(社会科学版)》2019 年第 6 期。

孟鹏程:《共同但有区别责任原则中的国家伦理探析》,《法制与社会》2019 年第 22 期。

张宏璞:《推动习近平生态文明思想在基层落地》,《中国党政干部论坛》2018 年第 12 期。

田恒国:《习近平生态文明思想对科学社会主义的原创性贡献》,《理论研究》2019 年第 3 期。

张健、王文祥:《"两山理论"浙江实践的理论缘起、基本样板和经验》,《理论观察》2018 年第 8 期。

靖洁:《习近平新时代生态文明建设思想的哲学方法论意蕴》,《河南理工大学学报(社会科学版)》2020 年第 2 期。

候立超:《简析环境信息公开制度》,《法治与经济》2018 年第 2 期。

王野林,赵本义:《自然的内在价值:生态伦理的理论基础与评判主体的范式转换》,《江西社会科学》2016 年第 9 期。

陈俊、张忠潮:《习近平生态文明思想:要义、价值、实践路径》,《中共天津市委党校学报》2016 年第 6 期。

罗国亮:《习近平主政地方时期的生态文明思想及其现实启示》,《中共山西省委党校学报》2018 年第 2 期。

王晓政:《生态政治视域下的生态型政府建构研究》,《大理大学学报》2016 年第 1 期。

徐宗良:《为何要构建人与自然的道德关系》,《道德与文明》2005 年第 6 期。

T.雷根、杨通进:关于动物权利的激进的平等主义观点,《哲学译丛》1999 年第

4 期。

　　罗顺元、苏琦童:《马克思以人为本和谐生态观及其当代价值》,《华北水利水电大学学报(社会科学版)》2020 年第 4 期。

　　包庆德、李春娟:《从"工具价值"到"内在价值":自然价值论进展》,《南京林业大学学报(人文社会科学版)》2009 年第 3 期。

　　黄爱宝:《法治政府构建与政府生态法治建设》,《探索》2008 年第 1 期。

　　孙经纬:《新中国成立 70 年来生态文明建设的演进》,《中共南京市委党校学报》2020 年第 2 期。

　　谢秋凌:《生态法治之实践维度》,《思想战线》2020 年第 3 期。

　　迟学芳:《走向生态文明:人类命运共同体和生命共同体的历史和逻辑构建》,《自然辩证法》2020 年第 9 期。

　　陈燕:《庄周生态伦理思想及其当代启示》,《南通大学学报(社会科学版)》2020 年第 3 期。

　　王宽、秦书生:《西方生态伦理学"生命共同体"的逻辑与超越》,《自然辩证法通讯》2020 年第 1 期。

　　王宽、秦书生:《习近平新时代关于生态伦理重要论述的逻辑阐释》,《东北大学学报(社会科学版)》2019 年第 6 期。

　　张彭松:《生态伦理思想的幸福之维》,《江西社会科学》2019 年第 1 期。

　　刘晓婷、董平:《正德 利用 厚生 惟和——论中国传统文化中的生态伦理原则》,《道德与文明》2019 年第 4 期。

　　冯正强、何云庵:《习近平的生态伦理思想初探》,《社会科学研究》2018 年第 3 期。

　　刘湘溶、曾晚生:《绿色发展理念的生态伦理意蕴》,《伦理学研究》2018 年第 3 期。

　　刘於清、李志良:《论友善品质与生态型和谐社会的构建》,《南京航空航天大学学报(哲学社会科学版)》2018 年第 2 期。

　　刘福森:《西方的"生态伦理观"与"形而上学困境"》,《哲学研究》2017 年第 1 期。

　　刘福森:《中国人应该有自己的生态伦理学》,《吉林大学社会科学学报》2011 年第 6 期。

　　庞昌伟、龚昌菊:《中西生态伦理思想与中国生态文明建设》,《新疆师范大学学报(哲学社会科学版)》2015 年第 2 期。

　　韩菲:《生态伦理的核心论题及其相关论争》,《内蒙古社会科学(汉文版)》2015 年第 2 期。

周光迅、王丽霞：《中国特色生态伦理话语权简论》，《浙江社会科学》2015 年第 8 期。

刘焕明：《中国梦实践的生态伦理向度》，《理论学刊》2015 年第 5 期。

路日亮、王丹：《生态伦理与理性生态人培育》，《河南师范大学学报（哲学社会科学版）》2014 年第 1 期。

叶冬娜：《以人为本的生态伦理自觉》，《道德与文明》2020 年第 6 期。

周中之：《用文明健康的消费伦理引领新时代美好生活的追求》，《湖北大学学报（哲学社会科学版）》2018 年第 45 卷第 4 期。

吴国林、曾云珍：《生态伦理的证成难题及其超越》，《哈尔滨工业大学学报（社会科学版）》2021 年第 2 期。

叶飞：《基于人类命运共同体理念的生态伦理教育》，《教育科学》2020 年第 36 卷第 6 期。

谢璐妍、杨乐馨、王晶：《论马克思生态伦理观的内在逻辑及当代价值》，《思想政治教育研究》2019 年第 35 卷第 6 期。

王蓉、渠彦超：《马克思生态伦理思想及其当代启示》，《理论导刊》2019 年第 8 期。

杨文燮：《论责任伦理视阈下绿色生态意识培育》，《南京师大学报（社会科学版）》2019 年第 4 期。

姜帅：《基于人与自然和谐发展视野的生态伦理观的建构》，《理论月刊》2013 年第 8 期。

唐新华：《生态伦理视域中的德育新思维及生态德育体系建构》，《南京社会科学》2011 年第 12 期。

邵鹏、安启念：《中国传统文化中的生态伦理思想及其当代启示》，《理论月刊》2014 年第 4 期。

李彬庆、张志国：《推进自然教育 共筑生态文明》，《绿色中国》2020 年第 23 期。

三、 学位论文类

潘丹丹：《生态伦理及其实践研究》，北京交通大学，2016 年。

侯俊莹：《习近平生态伦理思想研究》，辽宁师范大学，2020 年。

王顺玲：《生态伦理及生态伦理教育研究》，北京交通大学，2013 年。

江丽：《马克思恩格斯生态思想研究与中国生态文明建设研究》，湖北大学，2016 年。

李琏:《生态文明视域下政府的环境伦理责任》,南京林业大学,2009 年。

李冉:《"美丽中国"建设的生态伦理路径思考》,成都理工大学,2019 年。

谢薇:《美丽中国建设背景下的生态消费伦理研究》,宁夏大学,2018 年。

尚红霞:《当代我国公民环境责任伦理研究》,山东师范大学,2018 年。

郭令西:《环境伦理教育的理论与实践》,长沙理工大学,2011 年。

戴钰:《生态道德教育公众参与问题研究》,东北林业大学,2020 年。

施长春:《新时代中国公民生态伦理观研究》,辽宁师范大学,2019 年。

王云:《生态伦理规范构建研究》,长安大学,2019 年。

张然:《爱国主义教育的文化载体研究》,东南大学,2018 年。

后　记

　　在此书付梓出版之际,许多记忆和感慨涌上心头。很早的时候我就想写一部生态伦理方面的书,一方面由于我学习和从事的思想政治教育学科背景使我不断思考相关问题,在这方面有一种夙愿,希望能够从思想政治教育学科角度对生态文明建设和生态伦理问题有一个回答,那就是新时代生态文明建设必须要有坚实思想基础和生态伦理支撑。另一方面自从接触生态文明研究后,我一直有一个感受和认识,就是生态文明建设的推进、生态环境问题的解决固然需要依靠物质生活的改变和科学技术的革新,但更深层次应该从思想、意识、伦理等认识层面下功夫,必须付诸全体社会成员思想观念的深刻转变、生态文明意识的牢固树立和生态伦理的现代构建,这是从根本上实现生态文明社会和解决生态环境问题的必然选择。尽管这样的认识可能有一定的局限性,但正是学科经历的原因,我更坚定这样的认识。所以经过多年的酝酿,终于有了一个对生态伦理问题的基本思考。尤其是中国特色社会主义进入新时代,给我提供了思考生态伦理问题的宏阔时空背景,也给了我更大的研究动力,遂将命题确定为新时代生态伦理基本问题研究。

　　进入新时代,国际国内形势发生了广泛而深刻的变化,生态环境保护领域形成了鲜明对比。国际方面,一些国家为谋求自身利益而对生态环境问题的冷漠自私和将生态环境问题作为政治工具的本质暴露无遗,这些做法令人心寒和担忧,正因如此,使得人类面临的全球性生态环境问题和生态危机雪上加霜。国内方面,新时代给生态环境问题的有效破解注入了新的动能,党和国家高度重视生态环境问题,在习近平生态文明思想的指导下,我国把生态文明建设作为关系中华民族永续发展的根本大计,开展了一系列开创性工作,决心之大、力度之大、成效之大前所未有,生态文明建设从理论到实践都发生了历史性、转折性、全局性变化,美丽中国建设迈出重大步伐。习近平在全国生态环境保护大会上强调:"我们从解决突出生态环境问题入手,注重点面结合、标本兼治,实现由重点整治到系统治理的重大转变;坚持转变观念、压实责任,不断增强全党全国推进生态文明建设的自觉性主动性,实现由被动应对到主动作为的重大转变;紧跟时代、放眼世界,承担大国责任、展现大国担当,实现由全球环境治理参与者到引领者的重大转变;不断深化对生态文明建设规律的认识,形成新时代中国特色社会主义生态文明思想,实现由实践探索到科学理论指导的重大转变。"①这都充分证明了习近平生态文明思想的真理力量和实践伟力,进一步增强了全党全国人民建设人与自然和谐共生现代化的历史自信和历史主动,深刻反映了中国对共建繁荣清洁美丽世界和人类文明发展贡献出的中国智慧、中国方案和中国力量。国内国外的这种反差,让我深深地感到,新时代生态伦理问题研究的重要性和必要性,也让我清楚地看到,新时代生态伦理已然有了思想的指引和清晰的脉络,即以习近平生态文明思想为科学指引和根本遵循。

新时代生态伦理需要首先回答生态伦理的基本理论问题,即生态伦理的生成基础、主要内容、基本原则、表现形式、鲜明特点和重要功能,也需要回答生态伦理的理论来源问题,即马克思主义生态伦理思想、马克思主义中国化生态伦理思想、中国传统生态伦理思想和西方生态伦理思想,在此基础上,面

---

① 《习近平在全国生态环境保护大会上强调 全面推进美丽中国建设 加快推进人与自然和谐共生的现代化》,《人民日报》2023 年 7 月 19 日。

对新时代新任务新要求,新时代生态伦理的时代价值、发展现状、理论建构、实践指向等问题跃然纸上。有了这些基本思考和认识后,这些想法也得到了我的恩师王学俭教授的大力支持,并给了我专业的指导。之后,我对新时代生态伦理问题的研究思路和框架更加清晰。我深知这是一个很大的理论问题,我的思考只是学海中一个初步的探索和尝试,遂将问题的研究定位在"基本问题"的层面,希望对新时代生态伦理有一些常识性和基础性的认识和回答,这也是本书要完成的主要任务。同时,在书稿撰写过程中,我的研究生刘夏怡、祁悦、杨榕、轩宣、张乃亮、张迎、咸国军、卜凡钦、吴琳琳、张静、肖麒等参与了资料收集、部分初稿撰写和文字校对工作,尤其是张乃亮在书稿最后完成阶段进行了大量琐碎的文字校对,与他们交流探讨过程中我产生了很多奇思妙想,也让我看到了他们的快速进步。努力与汗水、奋斗与彷徨,终将成为人生的宝贵财富,也让我们在这一问题的研究中共同成长。

本书得到了教育部哲学社会科学研究重大专项一般项目"坚持和完善党对生态文明建设的领导研究"、兰州大学教育高校思想政治工作创新发展中心系列丛书招标项目"新时代生态伦理构建研究"、兰州大学人文社会科学类高水平著作出版经费资助、兰州大学中央高校基本科研业务费重点研究基地项目"中国共产党领导生态文明建设的精神力量研究"等项目的扶持,正是有这些项目在研究和出版经费方面的资助,才使得本书能够不断推进和成熟,促使本书从最初的简单想法到最终付梓出版。尤其是兰州大学社科处和兰州大学马克思主义学院先后邀请专家对书稿进行理论指导和技术帮助,使得我们的研究不断修改完善。同时,本书在出版过程中得到人民出版社的大力支持,在此对以上支持和帮助深表感谢!

在写作过程中,我们参考和借鉴了学界前辈和同仁的许多重要观点和论述,也听取了相关专家学者的意见建议,这些都为本书提供了丰厚的有益养料,在此一并感谢。新时代生态伦理问题是一个复杂的理论与实践问题,我们的研究水平有限,研究还较为基础,研究中仍存在很多不足,敬请同行专家和广大读者批评指正,我们将诚恳接受。

宫长瑞

2024 年 2 月 20 日

责任编辑：忽晓萌
封面设计：汪　阳

图书在版编目（CIP）数据

新时代生态伦理研究/宫长瑞 著 .—北京：人民出版社，2024.5
ISBN 978－7－01－026500－1

Ⅰ.①新…　Ⅱ.①宫…　Ⅲ.①生态伦理学-研究　Ⅳ.①B82-058

中国国家版本馆 CIP 数据核字（2024）第 077415 号

新时代生态伦理研究

XINSHIDAI SHENGTAI LUNLI YANJIU

宫长瑞　著

人民出版社 出版发行

（100706　北京市东城区隆福寺街 99 号）

北京九州迅驰传媒文化有限公司印刷　新华书店经销

2024 年 5 月第 1 版　2024 年 5 月北京第 1 次印刷
开本：710 毫米×1000 毫米 1/16　印张：16.75
字数：230 千字

ISBN 978－7－01－026500－1　定价：78.00 元

邮购地址 100706　北京市东城区隆福寺街 99 号
人民东方图书销售中心　电话（010）65250042　65289539